Colección: Puro Florido del Valle

2024 España

Diseño gráfico Jorge López Soriano

Maquetación y corrección por Maryam Boujatouy

Todos los derechos reservados.

Ninguna parte de esta publicación, incluidos textos, tablas e ilustraciones, puede ser reproducida, almacenada o transmitida en manera alguna ni por ningún medio, ya sea eléctrico, digital, de grabación, fotocopia o de cualquier otro tipo sin permiso previo del autor.

EL HOMBRE Y EL PERRO

PSICOLOGÍA DE LA DESNATURALIZACIÓN

POR: HÉCTOR DE LA VEGA

Agradecimientos

Este libro no habría sido posible sin el apoyo, la inspiración y el conocimiento de muchas personas que me han acompañado a lo largo de este viaje.

En primer lugar, quiero agradecer a mi familia, cuyo apoyo incondicional ha sido una constante en mi vida y en la creación de este libro. A mis amigos, por sus valiosos comentarios y palabras de aliento en los momentos difíciles, gracias por estar siempre ahí.

Quisiera expresar mi profunda gratitud a los expertos en Psicología que, con su trabajo y dedicación, han proporcionado las bases de los conocimientos aquí plasmados. Sus estudios y publicaciones han sido una fuente inagotable de inspiración y guía. En especial, agradezco a aquellos investigadores cuyo trabajo han abierto puertas a nuevas formas de comprender la mente y el comportamiento de los perros y los seres humanos.

A mis queridos compañeros peludos, que han sido una presencia constante en mi vida.

Ellos han sido, sin duda, una parte esencial de la inspiración detrás de este libro y con cada paso que hemos dado juntos, he entendido mejor la relación profunda que compartimos con nuestros amigos de cuatro patas.

Finalmente, te agradezco a ti, lector, por acompañarme en este viaje de reflexión y aprendizaje. Espero que este libro te inspire tanto como a mí me ha inspirado escribirlo.

Prólogo

Desde el inicio de los tiempos, los humanos y los perros han compartido una relación única, una simbiosis que no solo nos ha beneficiado mutuamente, sino que también nos han definido como especies. El perro, nuestro fiel compañero, ha sido cazador, guardián, protector y sobre todo, un vínculo vivo con el mundo natural del que alguna vez formamos parte de manera inseparable.

Sin embargo, en el mundo moderno, tanto el ser humano como el perro, han sido arrastrados hacia un entorno que poco tiene que ver con su origen natural. Nos encontramos desnaturalizados, alejados de la tierra, los ciclos naturales y los instintos que una vez nos guiaron. En lugar de correr libres y explorar el mundo, muchos de nosotros y nuestros perros vivimos confinados en entornos artificiales, sobrecargados de estímulos innecesarios y alejados de nuestras verdaderas necesidades físicas y emocionales.

Este libro nace de la necesidad de comprender cómo hemos llegado a este punto y cómo podemos, juntos, revertir este proceso. Al estudiar la desnaturalización del ser humano y del perro, encontraremos respuestas a las preguntas que han surgido en nuestra vida cotidiana: ¿Por qué los perros sufren de ansiedad, agresividad o depresión? ¿Por qué muchos de nosotros, humanos, experimentamos una sensación constante de desconexión y estrés? Y, lo más importante, ¿cómo podemos recuperar esa conexión profunda que hemos perdido?

A lo largo de estas páginas, explorarás el comportamiento humano y canino, los efectos de la desnaturalización y cómo podemos reconstruir una relación más equilibrada con nuestros compañeros caninos y con la naturaleza misma. Espero que este libro no solo te proporcione respuestas, sino que también te inspire a redescubrir ese vínculo fundamental con la tierra y con el perro, que al fin y al cabo, siempre ha sido parte de nuestra historia.

Bienvenido a este viaje de reconexión, donde el hombre y el perro vuelven a encontrarse con su esencia más pura.

ÍNDICE:

PARTE I: La Desnaturalización del Hombre

Capítulo 1: Principios de la Psicología Humana
1.1. Introducción a la Psicología
1.1.1. Definición y objetivos..17
1.1.2. Breve historia y evolución de la psicología como ciencia...20
1.2. Principales teorías y enfoques psicológicos....................28
1.2.1. Psicoanálisis..32
1.2.2. Conductismo...39
1.2.3. Humanismo...53
1.2.4. Cognitivismo...58
1.2.5. Neurociencia...64
1.3. Procesos psicológicos básicos...................................70
1.3.1. Percepción y atención..70
1.3.2. Aprendizaje y memoria..76
1.3.3. Emoción y motivación...93
1.3.4. Desarrollo cognitivo y social...................................99

Capítulo 2: El Alejamiento de la Naturaleza
2.1. El vínculo ancestral entre el hombre y la naturaleza...........103
2.2. La revolución agrícola, industrial y tecnológica...............108
2.3. Urbanización y aislamiento del entorno natural...............114
2.4. Impacto cultural y social de la desnaturalización.............125

Capítulo 3: Funcionamiento Cerebral y Neurológico del Ser Humano
3.1. Estructura y funciones del cerebro humano....................127
3.2. Neuroplasticidad y adaptación al entorno......................133
3.3. Impacto del estilo de vida moderno en el sistema nervioso..140
3.4. Beneficios neurológicos del contacto con la naturaleza......146
3.5. El cerebro en la era digital: desafíos y oportunidades.........152

Capítulo 4: Comportamiento y Psicología Humana en la Era Moderna
4.1. Cambios en los patrones de conducta..........................155
4.2. Estrés, ansiedad y trastornos relacionados con la

desnaturalización..**160**
4.3. Búsqueda de significado y reconexión con la naturaleza.......**167**
4.4. El papel de la tecnología en la reconexión y desconexión.......**168**
4.5. Construyendo hábitos para una vida más natural y consciente.**169**

Capítulo 5: Consecuencias de Alejarse de la Naturaleza
5.1. Salud física y enfermedades modernas............................**173**
5.2. Salud mental y bienestar emocional...............................**177**
5.3. El movimiento de reconexión con la naturaleza..................**180**
5.4. Beneficios de la reintegración con la naturaleza.................**181**
5.5. Estrategias para revertir la desnaturalización....................**182**

PARTE II: La Desnaturalización del Perro

Capítulo 6: Principios de la Psicología Canina
6.1. Introducción a la psicología canina...............................**195**
6.2. Teorías del aprendizaje en perros.................................**198**
6.3. Procesos cognitivos y emocionales en los perros.................**200**
6.4. Etapas del desarrollo canino y su influencia en el comportamiento...**204**
6.5. Inteligencia y capacidades cognitivas de los perros..............**208**

Capítulo 7: Orígenes y Evolución del Perro Doméstico
7.1. De lobo a compañero: la domesticación.........................**213**
7.2. Roles históricos del perro en la sociedad humana................**220**
7.3. Diversificación de razas y sus implicaciones.....................**224**
7.4. Coevolución del hombre y el perro................................**229**
7.5. El perro en la cultura contemporánea............................**232**

Capítulo 8: Funcionamiento Cerebral y Neurológico del Perro
8.1. Estructura cerebral y capacidades cognitivas.....................**255**
8.2. Emociones y percepción en los perros............................**259**
8.3. Influencia humana en el desarrollo neurológico canino.........**264**
8.4. Impacto del entorno moderno en el sistema nervioso canino....**271**
8.5. Beneficios de la reconexión con la naturaleza para los perros...**275**

Capítulo 9: Comportamiento y Psicología Canina en el Entorno Moderno
9.1. Adaptación a la vida urbana..**281**
9.2. Problemas de conducta derivados de la desnaturalización.......**283**

9.3. Necesidades instintivas vs vida doméstica……………………**287**
9.4. Herramientas y técnicas para mejorar el bienestar canino en la vida moderna………………………………………………………..**292**
9.5. El papel del dueño en la adaptación y bienestar del perro…….**296**

Capítulo 10: Salud y Bienestar del Perro Desnaturalizado
10.1. Enfermedades comunes por estilos de vida inadecuados…….**301**
10.2. Estrés y ansiedad en perros………………………………....**307**
10.3. Importancia del enriquecimiento ambiental y ejercicio………**312**
10.4. Alimentación y nutrición adecuada…………………………**316**
10.5. Atención veterinaria y prevención…………………………..**321**

PARTE III: La Interacción del Hombre con el Perro

Capítulo 11: Historia y Evolución de la Relación Hombre-Perro
11.1. Simbiosis y mutualismo a lo largo de la historia…………...**327**
11.2. Cambios en la percepción del perro en la sociedad…………**328**
11.3. El perro en la cultura contemporánea………………………..**332**

Capítulo 12: Impacto Mutuo de la Desnaturalización
12.1. Cómo la desnaturalización humana afecta a los perros………..**337**
12.2. Cómo la desnaturalización canina afecta al ser humano……..**343**
12.3. La interdependencia entre hombre y perro en la vida moderna……………………………………………………………**348**

Capítulo 13: Reconstruyendo el Vínculo Natural
13.1. Comprendiendo las necesidades naturales de humanos y perros…………………………………………………………..**353**
13.2. Prácticas para fomentar una convivencia más natural………**355**
13.3. Educación y conciencia sobre las necesidades caninas……..**358**
13.4. Plan de acción para una vida más natural con tu perro………**360**

Conclusión General del Libro
Invitación al lector
Agradecimientos
Preguntas Finales para la Reflexión
Epílogo
Referencias Bibliográficas

Parte I

La Desnaturalización del Hombre

Capítulo 1: Principios de la Psicología Humana

1.1. Introducción a la Psicología

1.1.1. Definición y Objetivos

La psicología, es la ciencia que estudia el comportamiento y los procesos mentales en seres humanos y otros animales. Se enfoca en entender cómo los individuos perciben, piensan, sienten, actúan y se relacionan con los demás y con su entorno. La palabra "Psicología" proviene de los términos griegos "psykhé" (alma o mente) y "logos" (estudio o tratado), lo que sugiere que la psicología es, en su esencia, el estudio de la mente y el comportamiento.
A lo largo de su desarrollo, la psicología ha evolucionado desde sus raíces filosóficas, hasta convertirse en una disciplina científica independiente. Aunque inicialmente se centraba en la introspección y la observación de los fenómenos mentales, hoy en día la psicología abarca una amplia gama de enfoques, desde los estudios cognitivos y neurocientíficos, hasta los enfoques humanistas y conductuales.

Objetivos de la psicología:
La psicología tiene varios objetivos fundamentales que guían la investigación y la práctica en la disciplina:

1. **Describir el comportamiento:** El primer objetivo de la psicología es observar y describir el comportamiento de los seres humanos y los animales. Esto implica detallar cómo actúan y reaccionan ante diferentes situaciones. La observación científica es esencial para recopilar información precisa y objetiva sobre el comportamiento y los procesos mentales.

Ejemplo: Describir los síntomas de la ansiedad o los patrones de aprendizaje en los niños.

2. **Explicar el comportamiento:** Una vez que se ha descrito el comportamiento, el siguiente objetivo es entender por qué sucede. Los psicólogos, buscan identificar las causas o factores que influyen en el comportamiento y los procesos mentales. Esto implica formular teorías que expliquen los mecanismos subyacentes.

   Ejemplo: Explicar por qué ciertas personas desarrollan trastornos de ansiedad o cómo la motivación afecta el rendimiento académico.

3. **Predecir el comportamiento:** Un objetivo clave es poder predecir cómo una persona o un grupo de individuos probablemente actuará en determinadas circunstancias, basándose en el conocimiento adquirido a través de la investigación y la teoría.

Ejemplo: Predecir que los estudiantes que reciben refuerzo positivo probablemente mejorarán su rendimiento académico.

4. **Modificar el comportamiento:** La psicología busca, además, desarrollar estrategias o intervenciones que permitan modificar el comportamiento cuando es necesario. Esto incluye ayudar a las personas a superar dificultades emocionales, trastornos mentales o problemas conductuales, así como fomentar comportamientos positivos.

   Ejemplo: Aplicar terapia cognitivo-conductual para reducir la ansiedad o desarrollar programas de intervención en las escuelas para mejorar la convivencia.

5. **Mejorar la calidad de vida:** Finalmente, la psicología tiene como objetivo general contribuir al bienestar y la calidad de vida de las personas. A través de la comprensión de los procesos mentales y conductuales, los psicólogos trabajan en la prevención de enfermedades mentales, la promoción de la salud y el bienestar emocional, en mejorar las relaciones humanas y la productividad.

Ejemplo: Programas de intervención psicológica para mejorar la salud mental en la población o técnicas de manejo del estrés en el entorno laboral.

Áreas de la psicología:

Para cumplir estos objetivos, la psicología se divide en diversas ramas y especialidades que abordan distintos aspectos del comportamiento y la mente:

- **Psicología clínica:** Diagnostica y trata los trastornos mentales y emocionales.
- **Psicología educativa:** Estudia los procesos de aprendizaje y cómo mejorar la enseñanza.
- **Psicología social:** Analiza cómo interactúan las personas y cómo los grupos influyen en el comportamiento individual.
- **Psicología cognitiva:** Investiga procesos mentales como la memoria, el razonamiento y la percepción.
- **Psicología del desarrollo:** Estudia cómo cambian las personas a lo largo de su vida, desde la infancia hasta la vejez.

En resumen, la psicología busca entender, explicar y mejorar el comportamiento humano en todas sus dimensiones, contribuyendo a mejorar el bienestar individual y colectivo.

Cita destacada:

"El objetivo de la psicología es tener una idea completamente diferente de las cosas que más conocemos."
— **Paul Valéry**

Contenido principal:

La psicología busca responder preguntas fundamentales sobre la naturaleza humana:
- ¿Cómo percibimos el mundo que nos rodea?
- ¿Qué motiva nuestras acciones?
- ¿Cómo aprendemos y recordamos información?

- ¿De qué manera nuestras emociones influyen en nuestro comportamiento?

A través de métodos científicos, la psicología intenta explicar y predecir comportamientos, así como desarrollar intervenciones para mejorar la calidad de vida.

Ejercicio práctico:

- **Actividad:** Tómate unos minutos para reflexionar sobre un comportamiento reciente que hayas tenido y que te haya sorprendido o desconcertado. Anota posibles factores internos (emociones, pensamientos) y externos (entorno, otras personas) que pudieron influir en ese comportamiento.

Pregunta reflexiva:

- ¿Cómo crees que entender los principios de la psicología puede ayudarte a comprender mejor tus propias acciones y decisiones?

1.1.2. Breve Historia y Evolución de la psicología como ciencia

La psicología tiene sus raíces en la filosofía y la fisiología. A lo largo de los siglos, han evolucionado para convertirse en una disciplina científica independiente.

Raíces filosóficas de la psicología:

Desde la Antigüedad, los filósofos, se han interesado por el estudio del ser humano, la mente y el comportamiento. Los primeros pensadores como Sócrates, Platón y Aristóteles, en la "Antigua Grecia", ya reflexionaban sobre temas fundamentales para la psicología actual: ¿Cómo percibimos el mundo? ¿Qué es la mente? ¿Cuál es la relación entre la mente y el cuerpo?
- **Sócrates** proponía la introspección como método para alcanzar el conocimiento personal, lo que anticipa el interés por el análisis de la mente.

- **Platón** argumentaba que el conocimiento y la realidad eran independientes de la experiencia sensorial, destacando la idea de la existencia de una mente separada del cuerpo.
- **Aristóteles** por su parte, se centraba en el estudio del alma (psyché) como principio vital y precursor de la vida. Defendía la idea de que la mente y el cuerpo estaban interrelacionados, una perspectiva importante que influiría más adelante en la psicología.

Estos filósofos sentaron las bases para muchas preguntas sobre el comportamiento humano, que siglos más tarde serían abordadas por los psicólogos desde un enfoque más empírico y científico.

Raíces fisiológicas de la psicología:

Mientras que la psicología, proporcionaba preguntas sobre la mente, la fisiología, como ciencia del cuerpo humano, aportaba las herramientas para comprender los procesos biológicos que subyacen al comportamiento. Desde la antigua medicina griega, se trataba de entender cómo el cuerpo influye en la mente.

- En el siglo XVII, "**René Descartes**" introdujo la teoría del dualismo, que proponía una separación entre el cuerpo (la materia) y la mente (lo inmaterial). Sin embargo, también defendía que el cuerpo influía en la mente a través del cerebro, un enfoque que influyó en los estudios sobre el sistema nervioso.
- En el siglo XIX, "**Hermann von Helmholtz**", un físico y fisiólogo, comenzó a medir la velocidad de los impulsos nerviosos, lo que dio lugar a investigaciones sobre cómo los procesos fisiológicos afectan a los pensamientos y acciones.
- **Charles Darwin**, con su teoría de la evolución, también influyó significativamente en la psicología al proponer que las emociones y comportamientos humanos tienen bases biológicas y estaban sujetos a las mismas leyes de la selección natural.

La transformación hacia una ciencia independiente:

Durante el siglo XIX, la psicología comenzó a desprenderse de la filosofía y la fisiología para constituirse como una disciplina científica independiente. Este proceso fue impulsado por la creciente adopción de métodos científicos en el estudio del comportamiento y los procesos mentales.

1. **Wilhelm Wundt y el nacimiento de la psicología experimental**: Uno de los hitos más importantes en la historia de la psicología fue la fundación del primer laboratorio de psicología experimental por "**Wilhelm Wundt**" en Leipzig, Alemania, en 1879. Wundt es considerado el "padre de la psicología moderna" porque fue el primero en aplicar un enfoque empírico y sistemático para estudiar la mente.

Wundt y sus colaboradores utilizaban la introspección controlada para analizar los procesos mentales básicos, como la percepción y la atención. Al utilizar métodos científicos, la psicología comenzó a alejarse de las especulaciones filosóficas y a establecerse como una ciencia empírica.

2. **William James y el funcionalismo**: En los Estados Unidos, "**William James**" promovió el enfoque funcionalista, que se centraba en cómo los procesos mentales ayudaban a las personas a adaptarse a su entorno. James, sostenía que la psicología debía estudiar no solo la estructura de la mente, sino también cómo el comportamiento y los pensamientos sirven a los fines de la supervivencia.

3. **El conductismo**: A comienzos del siglo XX, "**John B. Watson**" introdujo el **conductismo**, una corriente que argumentaba que la psicología debía concentrarse en estudiar el comportamiento observable, descartando el estudio de los procesos mentales internos por considerarlos inaccesibles a la observación científica. El conductismo dominó la psicología durante varias décadas, haciendo énfasis en los experimentos controlados y los principios del aprendizaje.

Esta corriente consolidó el carácter empírico de la psicología, aunque también limitó su alcance al enfocarse solo en lo visible.

4. **La psicología cognitiva**: En la segunda mitad del siglo XX, surgió la Psicología cognitiva como respuesta al conductismo. Investigadores como "**Jean Piaget** y **Noam Chomsky**"

argumentaron que para entender el comportamiento, es necesario estudiar también los procesos mentales internos, como la percepción, el razonamiento, la memoria y el lenguaje.

Este enfoque devolvió a la psicología el interés por los procesos mentales, pero desde una perspectiva más rigurosa y apoyada en datos científicos. Con el desarrollo de nuevas tecnologías, como las técnicas de neuroimagen, la Psicología cognitiva también se alió con la neurociencia para estudiar cómo el cerebro procesa información.

Evolución hacia una disciplina multidisciplinaria:

Hoy en día, la psicología se ha convertido en una ciencia que abarca una amplia gama de áreas y enfoques. Desde sus orígenes en la filosofía y la fisiología, la psicología ha evolucionado para incluir métodos rigurosos de investigación científica, como la experimentación, los estudios longitudinales, la observación controlada y las técnicas de neuroimagen.

Además, la psicología contemporánea se interrelaciona con otras disciplinas, como la neurociencia, la biología, la sociología y la antropología, lo que le permite abordar el comportamiento humano desde múltiples perspectivas, integrando aspectos biológicos, psicológicos y sociales.

En resumen:

La psicología, comenzó como una rama de la filosofía y la fisiología, pero, a través de un proceso de evolución, se estableció como una ciencia independiente. La influencia filosófica aportó preguntas fundamentales sobre la mente y el comportamiento, mientras que la fisiología, proporcionó las bases para comprender los procesos biológicos. A lo largo del tiempo, la psicología adoptó un enfoque empírico y científico, estableciendo sus propias teorías y métodos de investigación para estudiar y explicar el comportamiento humano y animal.

Contenido principal:

- **Antigüedad y Edad Media:** Filósofos como **Sócrates**, **Platón** y **Aristóteles** reflexionaron sobre la mente y el comportamiento humano.
- **Siglo XVII: René Descartes:** Propuso el dualismo mente-cuerpo, sentando bases para futuras discusiones.
- **Siglo XIX: Wilhelm Wundt:** Estableció el primer laboratorio de psicología experimental en 1879, marcando el inicio de la psicología como ciencia independiente.
- **Siglo XX:** Desarrollo de diversas escuelas y enfoques psicológicos, como el psicoanálisis, el conductismo y el humanismo.

Cita destacada:
"La psicología tiene un largo pasado, pero una corta historia."
— **Hermann Ebbinghaus**

Estudio clave:

Wilhelm Wundt y el Estructuralismo:

Wilhelm Wundt: El padre de la Psicología moderna
Wilhelm Wundt (1832-1920) es considerado el "padre de la Psicología moderna", debido a su contribución en el establecimiento de la psicología como una ciencia independiente. Antes de Wundt, el estudio de la mente y el comportamiento estaba más relacionado con la filosofía y la fisiología, pero él dio el paso crucial de llevar la psicología al ámbito experimental y empírico.

En 1879, Wundt, fundó el primer laboratorio de psicología experimental en la Universidad de Leipzig, Alemania, lo que marcó un hito histórico. Fue en este laboratorio donde Wundt y sus estudiantes llevaron a cabo experimentos que investigaban la naturaleza de la mente a través de la introspección y donde se formalizó el enfoque conocido como **estructuralismo**.

El Estructuralismo: Concepto básico

El **estructuralismo,** fue la primera escuela formal de psicología, impulsada por Wundt y su discípulo Edward Titchener. El enfoque estructuralista se basaba en la simple idea de que la mente podía descomponerse en sus elementos más básicos, de la misma manera que un químico descompone una sustancia en sus distintos componentes fundamentales.
El objetivo principal del estructuralismo era entender la estructura de la mente humana mediante la identificación y clasificación de los componentes básicos de la experiencia consciente, tales como sensaciones, imágenes y sentimientos.
Para lograr esto, los estructuralistas proponían que la mente pudiera analizarse mediante un método introspectivo controlado.

La introspección como método

Wundt, utilizó el método de la introspección, para estudiar los contenidos de la mente. La introspección consistía en que los participantes (generalmente personas entrenadas para este propósito), observaran y describieran de manera cuidadosa y objetiva sus propios procesos mentales y sus experiencias conscientes. A través de la introspección, los sujetos describían lo que experimentaban en términos de sensaciones y percepciones, como los colores, las formas, los sonidos y otros estímulos que se les presentaban en el laboratorio.
La introspección debía seguir criterios muy estrictos. Los sujetos no solo debían describir lo que veían o sentían, sino que también tenían que detallar cada componente de su experiencia de forma precisa y sistemática. Esto tenía el propósito de identificar los elementos básicos de la conciencia y cómo estos se combinaban para formar experiencias mentales más complejas.

Elementos de la experiencia consciente

El estructuralismo, postulaba que toda experiencia consciente estaba formada por tres componentes básicos:
1. **Sensaciones**: Las respuestas sensoriales ante estímulos externos, como el tacto, el sonido o la luz.

2. **Imágenes**: Las representaciones mentales de objetos o situaciones, derivadas de la memoria o la imaginación.
3. **Sentimientos**: Las respuestas emocionales que acompañan a las sensaciones e imágenes, como placer, dolor o indiferencia.

Wundt, creía que cualquier estado mental podía descomponerse en estos elementos esenciales. A partir del análisis de estas partes fundamentales, él y sus discípulos buscaban comprender cómo la mente integraba estos elementos para generar experiencias completas y significativas.

Diferencias entre Wundt y Titchener

Aunque el estructuralismo es generalmente atribuido a **"Wundt"**, su discípulo **"Edward Titchener"**, fue quien después lo desarrolló más formalmente y lo llevó a los Estados Unidos. No obstante, hay algunas diferencias en la forma en que ambos abordaron el estudio de la mente:

- **Wundt.** Estaba más interesado en estudiar cómo los elementos básicos de la experiencia consciente se organizaban y se relacionaban entre sí en el tiempo. Para él, la **voluntariedad** o el acto de seleccionar ciertos estímulos sobre otros era crucial en la organización de la experiencia consciente.
- **Titchener**, Por otro lado, fue más rígido en su enfoque estructuralista, insistiendo en que la psicología debía limitarse a la identificación y clasificación de los componentes de la mente, sin preocuparse por cómo se combinaban o por las funciones de la mente.

Críticas al estructuralismo

A pesar de ser una de las primeras escuelas de psicología, el estructuralismo enfrentó varias críticas, lo que contribuyó a su eventual declive:

1. **Problemas con la introspección**: La introspección como método era subjetiva y por lo tanto, poco fiable. Las experiencias conscientes variaban de una persona a otra, lo que hacía difícil replicar los resultados de todos los experimentos. Además, se argumentaba que los procesos mentales no podían ser observados directamente ni descritos de manera objetiva.

2. **Limitaciones del enfoque**: Por otro lado el estructuralismo se centraba exclusivamente en la descomposición de la mente en sus partes constitutivas, pero no abordaba **el propósito o la función de esos procesos mentales**. Esto dio lugar a la aparición del **funcionalismo**, una corriente que enfatizaba la función adaptativa del comportamiento y la conciencia, desarrollada principalmente por William James en Estados Unidos.
3. **Falta de aplicación práctica**: El estructuralismo se centraba en el estudio de los procesos mentales en el laboratorio, pero ofrecía pocas aplicaciones prácticas para resolver problemas del mundo real o comprender el comportamiento en contextos más dinámicos.

El legado de Wundt y el estructuralismo

A pesar de las críticas, el legado de Wundt y el estructuralismo es profundo. Gracias a Wundt, la psicología se consolidó como una disciplina científica independiente y su enfoque experimental sentó las bases para investigaciones futuras. Y además, aunque el estructuralismo fue reemplazado por otras corrientes como el funcionalismo y el conductismo, proporcionó una importante plataforma para el desarrollo de teorías y métodos que han moldeado la Psicología moderna.

Algunos aspectos clave del legado de Wundt incluyen:

- **Fundación de la psicología experimental**: Wundt, fue el primero en aplicar de manera sistemática el método científico al estudio de la mente, lo que permitió que la psicología se separara de la filosofía.
- **Enfoque en la conciencia**: Aunque los estructuralistas fueron criticados por su enfoque limitado, contribuyeron a establecer la conciencia como un objeto legítimo de estudio psicológico.
- **Desarrollo de la metodología**: Si bien la introspección fue abandonada, los intentos de Wundt por estandarizar las observaciones de los procesos mentales influyeron en la búsqueda de métodos más objetivos y fiables en la psicología

Ejercicio práctico: Actividad:
Investiga brevemente sobre un psicólogo o escuela psicológica que te interese. Escribe un resumen de sus principales contribuciones y cómo crees que han influido en la psicología moderna.

Pregunta reflexiva:

- ¿De qué manera crees que la historia de la psicología refleja los cambios en la comprensión de la naturaleza humana?

1.2 Principales Teorías y Enfoques Psicológicos

A lo largo de la historia, la psicología ha desarrollado una variedad de teorías y enfoques que buscan explicar el comportamiento humano y los procesos mentales. Cada uno de estos enfoques se centra en diferentes aspectos de la experiencia humana, desde el comportamiento observable hasta los procesos cognitivos internos o las influencias sociales y biológicas. A continuación, se describen los principales enfoques y teorías psicológicas que han marcado el desarrollo de la disciplina.

2. El Enfoque Conductista

El **conductismo,** es una teoría psicológica que sostiene que el comportamiento humano puede ser explicado en términos de respuestas observables a estímulos externos. Este enfoque rechaza el estudio de los procesos mentales internos, argumentando que solo los comportamientos observables son relevantes para la investigación científica.

Principales Teorías del Conductismo:

- **Condicionamiento Clásico (Ivan Pavlov)**: Pavlov, un fisiólogo ruso, descubrió que los perros podían aprender a asociar un estímulo neutral (como el sonido de una campana) con la comida y eventualmente, salivar en respuesta al sonido, aunque no hubiera comida presente. Esta forma de aprendizaje es conocida como **condicionamiento clásico**

- **Condicionamiento Operante (B.F. Skinner)**: Skinner, propuso que el comportamiento es moldeado por sus consecuencias. A través de **refuerzos** (recompensas) o **castigos**, el comportamiento puede aumentar o disminuir en frecuencia. Este proceso es conocido como
Condicionamiento operante.

- **Conductismo Radical (John B. Watson)**: Watson, influido por Pavlov, argumentó que el aprendizaje humano puede explicarse completamente a través de la asociación de estímulos y respuestas, sin necesidad de considerar la mente o los pensamientos internos. Famoso por su experimento con el pequeño Albert, Watson mostró cómo las respuestas emocionales (como el miedo) podían ser condicionadas.

El Enfoque Psicodinámico

El enfoque psicodinámico, basado en las ideas de "**Sigmund Freud**", sostiene que los comportamientos humanos son el resultado de fuerzas inconscientes, motivaciones y conflictos internos, muchos de los cuales se originan en la infancia.

Principales Teorías del Enfoque Psicodinámico:

- **Psicoanálisis (Sigmund Freud)**: Freud propuso que la mente humana se divide en tres componentes: el **ello** (impulsos instintivos), el **yo** (la parte racional y consciente) y el **superyó** (la conciencia moral). Según Freud, gran parte del comportamiento es influido por conflictos inconscientes entre estas partes de la mente y muchos de estos conflictos se originan en las primeras etapas de la infancia, a menudo relacionadas con el desarrollo psicosocial y sexual (teoría de las fases del desarrollo psicosexual).
- **Mecanismos de Defensa**: Freud también propuso que, para lidiar con los conflictos y tensiones internas, las personas utilizan mecanismos de defensa como la represión, la negación o la proyección. Estos mecanismos protegen al individuo de pensamientos o deseos inaceptables para la conciencia.
- **Teorías Neofreudianas**: Los seguidores de Freud, como "**Carl Jung, Alfred Adler**" y "**Erik Erikson**", ampliaron sus ideas. Por

ejemplo, Jung, propuso la existencia de un **inconsciente colectivo**, compartido por toda la humanidad y lleno de arquetipos universales, mientras que Adler, se centró en el concepto de la **superioridad** y el **complejo de inferioridad**. Erikson, por su parte, desarrolló una teoría del desarrollo psicosocial en ocho etapas que abarcaba toda la vida.

3. El Enfoque Humanista

El enfoque humanista se desarrolló como una reacción a las teorías psicodinámicas y conductistas, que se consideraban demasiado deterministas. Los psicólogos humanistas subrayan la capacidad del ser humano para el crecimiento personal y el libre albedrío, enfatizando la importancia de la **autorrealización** y la **experiencia subjetiva**.

Principales Teorías del Enfoque Humanista:

- **Jerarquía de Necesidades "Abraham Maslow"**: Maslow, es conocido por su teoría de la **jerarquía de necesidades**, que establece que los seres humanos tienen una serie de necesidades que deben satisfacerse en un orden jerárquico, comenzando con las necesidades fisiológicas básicas, como la comida, el agua y progresando hacia necesidades más elevadas, como la **autorrealización**, donde se busca el pleno potencial personal.
- **Terapia Centrada en el Cliente (Carl Rogers)**: Rogers, promovió una forma de terapia que se centraba en la experiencia consciente del paciente y en la creación de un entorno terapéutico en el que este pudiera explorar libremente sus emociones. El concepto de **autoestima positiva incondicional,** es central en su enfoque, argumentando que, para crecer, las personas necesitan ser aceptadas y valoradas, sin juicio, por parte de los demás.

4. El Enfoque Cognitivo

El **enfoque cognitivo**, se centra en los procesos mentales internos como la percepción, el pensamiento, la memoria y el lenguaje. A diferencia del conductismo, que solo se limita al estudio del comportamiento observable, el enfoque cognitivo busca entender cómo las personas procesan, almacenan y utilizan la información.

Principales Teorías del Enfoque Cognitivo:

- **Teoría del Procesamiento de la Información**: Esta teoría compara el funcionamiento de la mente humana con el de una computadora, sugiriendo que la mente recibe información, la procesa y produce una respuesta. Los estudios en memoria, percepción y toma de decisiones están basados en este modelo.
- **Teoría del Desarrollo Cognitivo "Jean Piaget"**: Piaget, investigó cómo los niños desarrollaban su capacidad para pensar y razonar. Propuso que el desarrollo cognitivo pasa por cuatro etapas: desde **sensorimotora**, **preoperacional**, **operacional concreta** y por último, **operacional formal**. En cada una de estas etapas, los niños adquieren nuevas habilidades cognitivas que les permiten comprender el mundo de formas cada vez más complejas.
- **Teoría Sociocultural (Lev Vygotsky)**: Vygotsky, argumentó que el desarrollo cognitivo está profundamente influido por las interacciones sociales y culturales. Introdujo el concepto de la **zona de desarrollo próximo**, que describe las tareas que un niño puede realizar con ayuda y cómo estas contribuyen a su aprendizaje.

5. El Enfoque Biológico

El enfoque biológico, sostiene que todo comportamiento tiene una base biológica y que los procesos biológicos subyacentes, como la actividad neuronal, la genética y las hormonas, son fundamentales para entender el comportamiento y los procesos mentales.

Principales Teorías del Enfoque Biológico:

- **Neurociencia Cognitiva**: Esta rama de la psicología, se centra en cómo el cerebro y el sistema nervioso influyen en los procesos cognitivos y emocionales. A través del uso de tecnologías como la neuroimagen, los psicólogos investigan cómo diferentes áreas del cerebro están involucradas en funciones como el aprendizaje, la memoria, el lenguaje y las emociones.

- **Teoría de la Herencia Genética**: Muchos psicólogos, estudian cómo los factores genéticos influyen en el comportamiento. La psicología evolutiva, por ejemplo, examina cómo ciertas características conductuales pueden haber surgido debido a su valor adaptativo a lo largo de la evolución humana.

6. El Enfoque Sociocultural

Este enfoque se centra en la influencia de la sociedad, la cultura y las interacciones sociales sobre el comportamiento humano. Los psicólogos socioculturales, investigan cómo los factores culturales, como las normas, los valores y las expectativas sociales, afectan la forma en que las personas piensan y actúan.

Principales Teorías del Enfoque Sociocultural:

- **Teoría de la Influencia Social "Albert Bandura"**: Bandura, desarrolló la **teoría del aprendizaje social**, que sostiene que las personas aprenden observando e imitando a los demás, especialmente a los modelos con los que se identifican. El experimento de Bandura con el muñeco Bobo, demostró cómo los niños podían aprender comportamientos agresivos simplemente observando a un modelo adulto.
- **Teoría de la Identidad Social "Henri Tajfel"**: Tajfel, argumentó que las personas definen su identidad en función de los grupos sociales a los que pertenecen. Esto puede llevar a la formación de **endogrupos** (el grupo propio) y **exogrupos** (los demás), lo que puede generar prejuicios y conflictos entre grupos.

1.2.1. Psicoanálisis

Sigmund Freud: El Fundador del Psicoanálisis

"Sigmund Freud" (1856-1939), fue un médico y neurólogo austríaco que revolucionó la psicología con la creación del **psicoanálisis**, un enfoque terapéutico y teórico que se centra en el estudio del inconsciente, los conflictos internos y la influencia de las experiencias tempranas en la conducta humana. Freud, es considerado uno de los pioneros más influyentes en la historia de la psicología y la psiquiatría.

El Contexto en que Surge el Psicoanálisis

A finales del siglo XIX, Freud, comenzó a interesarse por los problemas psicológicos, particularmente aquellos que no tenían una causa física aparente, como la **histeria**. En sus estudios, se dio cuenta de que los síntomas físicos de la histeria no podían explicarse a través de métodos médicos tradicionales. Esto lo llevó a explorar el papel de los pensamientos, deseos y recuerdos reprimidos en la aparición de trastornos psicológicos.

Freud, fue influenciado por los trabajos del médico francés "**Jean-Martin Charcot**", quien usaba la hipnosis para tratar la histeria y por "**Josef Breuer**", un colega con quien trabajó en el famoso caso de "**Anna O.**", una paciente que sufría de síntomas histéricos. Fue en este contexto que Freud, empezó a desarrollar su teoría del inconsciente y los mecanismos de represión.

Principales Conceptos del Psicoanálisis

1. **El Inconsciente:** Freud, propuso que la mente humana estaba dividida en tres niveles: el **consciente**, el **preconsciente** y el **inconsciente**. El inconsciente es el área más profunda y oculta de la mente, donde se almacenan deseos, impulsos, traumas y recuerdos que son reprimidos porque resultan inaceptables o dolorosos para la conciencia.

Según Freud, estos pensamientos reprimidos influyen de manera significativa en el comportamiento y las emociones, aunque no seamos conscientes de ellos. Una parte clave de la terapia psicoanalítica es ayudar al paciente a tomar conciencia de estos contenidos inconscientes.

2. **La Estructura de la Personalidad:** Freud, dividió la psique humana en tres componentes básicos:
    - **Ello (Id):** La parte más primitiva e instintiva de la mente, que busca la gratificación inmediata de deseos básicos como el

hambre, la agresión y la sexualidad. Opera según el principio del placer.
- **Yo (Ego):** La parte racional y consciente de la mente, que medía entre los impulsos del ello y las demandas de la realidad. Opera bajo el principio de la realidad, tratando de satisfacer los deseos del ello de manera socialmente aceptable.
- **Superyó (Superego):** El componente moral de la mente, que incorpora los valores y normas internalizados de la sociedad y los padres. El superyó se esfuerza por controlar los impulsos del ello, instando a la persona a comportarse de manera ética.

3. **Los Mecanismos de Defensa:** Freud, propuso que el ego utiliza **mecanismos de defensa** para lidiar con los conflictos entre el ello, el superyó y las demandas de la realidad. Estos mecanismos son procesos psicológicos automáticos que ayudan a proteger al individuo de la ansiedad y el malestar emocional. Algunos ejemplos incluyen:
   - **Represión:** Bloqueo de recuerdos o deseos inaceptables para que no lleguen a la conciencia.
   - **Proyección:** Atribuir a otras personas los sentimientos o impulsos de uno mismo.

Cita destacada:
"La mente es como un Iceberg; flota con una séptima parte de su volumen sobre el agua."
— **Sigmund Freud**

Contenido principal:

- **Inconsciente:** Parte de la mente que alberga deseos, recuerdos y emociones fuera de la conciencia.
- **Mecanismos de defensa:** Estrategias inconscientes para protegerse de la ansiedad (ej., represión, negación).
- **Etapas psicosexuales:** Desarrollo en etapas (oral, anal, fálica, latencia, genital) que influye en la personalidad adulta.

El análisis de los sueños, es uno de los conceptos más famosos y fundamentales del psicoanálisis de "**Sigmund Freud**". En su obra **"La interpretación de los sueños"** (1900), Freud, presenta la idea de que los sueños son una manifestación de los deseos reprimidos y conflictos internos del inconsciente. Para Freud, los sueños tienen un significado simbólico y su interpretación puede ofrecer una vía para acceder a los contenidos reprimidos del inconsciente que afectan el comportamiento consciente.

Teoría de los Sueños según Freud:

Freud, describió los sueños como el "camino real hacia el inconsciente", argumentando que reflejan los deseos, miedos y conflictos que no son accesibles a la mente consciente. Según su teoría, el contenido de los sueños está fuertemente influenciado por los pensamientos y deseos reprimidos, especialmente aquellos de carácter sexual o agresivo, que están prohibidos o inaceptables para la mente consciente y por lo tanto, son relegados al inconsciente.

Estructura de los Sueños:

Freud distinguió entre dos tipos de contenido en los sueños:

1. **Contenido manifiesto**:
    o Es el contenido del sueño tal y como lo recuerda el soñante. Es la narración explícita del sueño, es decir, las imágenes, situaciones y eventos que se presentan durante el sueño.
    o Aunque este contenido parece ser coherente o aleatorio, Freud, creía que el contenido manifiesto era una versión censurada y distorsionada del verdadero significado del sueño.
2. **Contenido latente**:

    o Es el significado oculto o simbólico del sueño, relacionado con los deseos inconscientes. Es la verdadera "motivación" o "mensaje" del sueño, que está disfrazado por el contenido manifiesto.
    o Este contenido latente está relacionado con deseos, conflictos y emociones reprimidas y es el que Freud trataba de descubrir a través del análisis de los sueños.

Mecanismos de transformación del contenido latente:
Freud, explicó que entre el contenido latente y el manifiesto existen una serie de procesos que distorsionan el significado original del sueño

para que sea más aceptable para el soñante. Estos mecanismos, conocidos como, "**procesos de Censura Onírica**", permiten que los deseos reprimidos se expresen, pero de una manera disimulada.
Los principales mecanismos de distorsión son:

1. **Condensación**:
   - En este proceso, varios elementos del contenido latente se fusionan en una sola imagen o situación del contenido manifiesto. Esto significa que una imagen del sueño puede representar varios significados a la vez o deseos inconscientes simultáneamente.
   - Ejemplo: Un sueño donde aparece una figura que tiene rasgos de varias personas puede ser un ejemplo de condensación, donde diferentes deseos o conflictos suelen combinarse en una sola representación.
2. **Desplazamiento**:
   - El desplazamiento ocurre cuando la importancia emocional de un elemento del contenido latente se transfiere a otro menos amenazante en el contenido manifiesto. Esto sirve para proteger al soñante del contenido real del sueño.
   - Ejemplo: Sería soñar con un objeto trivial o una situación aparentemente insignificante que en realidad es un sustituto de un deseo o conflicto emocional más profundo.

3. **Simbolización**:
   - Este proceso implica la representación de ideas o deseos reprimidos mediante símbolos. Freud, identificó numerosos símbolos que, según él, tienen significados universales, muchos de los cuales están relacionados con impulsos sexuales.
   - Ejemplo: Freud, creía que elementos como los túneles o agujeros podían simbolizar el útero o los órganos sexuales femeninos, objetos largos y delgados (bastones, cuchillos) podían simbolizar el pene.

4. **Elaboración secundaria**:
   - Después de que el sueño ha sido formado a través de la condensación, el desplazamiento y la simbolización, la mente consciente intenta darle coherencia y lógica al sueño. Esto puede introducir detalles adicionales o cambios en la narrativa para que el sueño tenga un sentido más comprensible.

Función de los sueños:

Freud, sostenía que los sueños son una **vía de escape** para los deseos reprimidos que no pueden ser expresados conscientemente debido a la censura interna. Dado que el yo (la parte consciente de la mente), no permite que estos deseos inaceptables surjan en la conciencia durante el día, encuentran una salida durante el sueño, cuando la censura del yo es menos activa.
Sin embargo, el yo sigue ejerciendo cierto control incluso en los sueños, lo que resulta en la necesidad de que los deseos reprimidos se disfracen y aparezcan de forma simbólica o indirecta. Así, los sueños cumplen una función psicológica importante al permitir que los deseos inconscientes se liberen de una manera que no perturbe la conciencia del soñante.

Interpretación de los sueños:

La **interpretación de los sueños,** en el psicoanálisis freudiano implica la búsqueda del contenido latente detrás del contenido manifiesto. Freud creía que, mediante la interpretación de los símbolos y mecanismos oníricos, un Psicoanalista podía ayudar al paciente a descubrir los deseos y conflictos inconscientes que estaban siendo expresados a través de los sueños.
El proceso de interpretación generalmente implicaba que el soñante relatara su sueño y luego se utilizara la **asociación libre**, en la cual el paciente hablaba libremente sobre cada parte del sueño, lo que permitía al analista identificar conexiones con aspectos reprimidos de su vida.

Ejemplos de símbolos comunes en los sueños según Freud:

- **Escaleras** o **subir/bajar** escaleras: Generalmente, Freud interpretaba esto como un símbolo de actividad sexual.
- **Cuerpos de agua**: Pueden representar el nacimiento o la muerte.
- **Animales**: Representan deseos instintivos y salvajes que pueden estar reprimidos.
- **Vuelo o caída**: A menudo relacionado con deseos de libertad o ansiedad por perder el control.

- **Cosas largas y estrechas** (bastones, torres): Freud los asociaba con símbolos fálicos (relacionados con el pene).
- **Cavidades, cuevas o túneles**: Asociados con órganos sexuales femeninos o el útero.

Críticas y desarrollo posterior:

Si bien la teoría de Freud sobre los sueños ha sido influyente, también ha sido objeto de críticas. Muchos psicólogos consideran que las interpretaciones de Freud, están demasiado centradas en la sexualidad y que sus ideas sobre los símbolos oníricos son demasiado rígidas y universalistas. Además, los críticos señalan que su enfoque es subjetivo, ya que los sueños pueden tener múltiples interpretaciones y la interpretación depende en gran medida del analista.

A pesar de esto, el enfoque freudiano sobre los sueños abrió el camino para la exploración del inconsciente y la interpretación simbólica en psicología, influyendo no solo en la psicoterapia, sino también en la literatura, el arte y la cultura popular.

Conclusión:

El **análisis de los sueños** de Freud es un componente central de su teoría psicoanalítica, ya que ofrecía una ventana al inconsciente, donde se albergaban deseos y conflictos reprimidos. A través de la introspección y la interpretación de los símbolos presentes en los sueños, Freud creía que era posible revelar la dinámica interna de la psique y tratar problemas psicológicos no resueltos. Aunque ha sido revisado y criticado con el tiempo, su visión sobre los sueños como un fenómeno significativo y revelador sigue siendo una parte crucial en la comprensión del comportamiento humano en la psicología y la terapia.

Ejercicio práctico:

- **Actividad:** Lleva un diario de sueños durante una semana. Cada mañana, anota los sueños que recuerdes y reflexiona sobre posibles significados o emociones asociadas.

Pregunta reflexiva:

- ¿Has experimentado alguna vez una reacción emocional que no pudiste explicar fácilmente? ¿Podría estar relacionada con conflictos inconscientes?

1.2.2. Conductismo

El **conductismo** o (conductivismo), es una teoría y enfoque psicológico que se centra en el estudio del **comportamiento observable** y medible, dejando de lado los procesos mentales internos como pensamientos, emociones o deseos, ya que estos no pueden ser observados de manera directa. Este enfoque sostiene que todo comportamiento humano y animal es el resultado de la interacción con el ambiente, particularmente a través del aprendizaje.

El conductismo, fue desarrollado a principios del siglo XX como una reacción contra la psicología introspectiva y el psicoanálisis, que se enfocaban en los procesos internos y subjetivos. Los conductistas argumentaban que la psicología, para ser verdaderamente científica, debía limitarse a estudiar fenómenos que pudieran ser observados y medidos objetivamente, como el comportamiento.

Principios clave del conductismo:

1. **El comportamiento es aprendido**: Los conductistas creen que todos los comportamientos se adquieren a través de la **interacción con el entorno**. Los seres humanos y los animales nacen con un repertorio básico de comportamientos y el resto se desarrolla mediante la experiencia.

2. **Condicionamiento**: El **condicionamiento,** es el proceso mediante el cual se aprende un comportamiento. Existen dos tipos principales de condicionamiento en el conductismo:
   - **Condicionamiento clásico**: Propuesto por "**Iván Pavlov**", este tipo de aprendizaje ocurre cuando un estímulo previamente neutro se asocia con un estímulo que provoca una respuesta automática. Eventualmente, el estímulo neutro desencadena la misma respuesta. Un ejemplo clásico es el experimento de Pavlov con perros, donde un sonido de campana (estímulo neutro) fue asociado con la presentación de comida (estímulo

incondicionado), lo que hizo que los perros salivaran (respuesta condicionada) solo al escuchar la campana.
- **Condicionamiento operante**: Desarrollado por "**B.F. Skinner**", este tipo de aprendizaje ocurre cuando un comportamiento es seguido por una **recompensa o castigo**. Los comportamientos que son reforzados (por una recompensa) tienden a repetirse, mientras que los que son castigados o no recompensados tienden a disminuir. Skinner, utilizó la famosa "**Caja de Skinner**", un dispositivo en el que un animal (por ejemplo, una rata) podía aprender a realizar una acción específica (como presionar una palanca) para obtener una recompensa (comida).

3. **Refuerzo y castigo**: En el condicionamiento operante, el refuerzo y el castigo juegan un papel central en el aprendizaje:
   - **Refuerzo positivo**: Ocurre cuando se agrega algo positivo (como una recompensa) después de un comportamiento, lo que aumenta la probabilidad de que el comportamiento se repita.
   - **Refuerzo negativo**: Ocurre cuando se elimina algo negativo (como un estímulo desagradable) tras un comportamiento, lo que también aumenta la probabilidad de que se repita.
   - **Castigo positivo**: Implica agregar algo desagradable (como una reprimenda) para reducir la probabilidad de que un comportamiento se repita.
   - **Castigo negativo**: Implica quitar algo positivo (como un privilegio) para reducir la probabilidad de que un comportamiento ocurra nuevamente.

4. **Tabula rasa**: Los conductistas tienden a creer que las personas nacen como una "tabula rasa" (una hoja en blanco), sin predisposiciones innatas, que el entorno y las experiencias son los principales determinantes del comportamiento. Este enfoque rechaza la idea de que los comportamientos estén determinados biológicamente o de que las emociones y los pensamientos internos jueguen un papel significativo en la explicación del comportamiento observable.

Principales figuras del conductismo:
- **John B. Watson**: Es considerado uno de los padres del conductismo. Watson, propuso que la psicología debería ser el

estudio objetivo y científico del comportamiento observable, dejando de lado cualquier análisis subjetivo sobre los pensamientos o emociones. Watson, fue pionero en el uso del condicionamiento clásico en humanos, como en el famoso experimento del "Pequeño Albert", donde un bebé fue condicionado para temer a una rata blanca mediante la asociación de la rata con un sonido fuerte y aterrador.

- **B.F. Skinner**: Skinner, es probablemente el conductista más influyente, y su trabajo en el **condicionamiento operante** ayudó a desarrollar muchos principios del aprendizaje. Skinner, creía que la mayoría de los comportamientos podían explicarse mediante el uso de refuerzos y castigos, propuso que las conductas más complejas podían descomponerse en series de respuestas condicionadas.

Críticas al conductismo:

Aunque el conductismo tuvo una gran influencia en la psicología durante el siglo XX, ha sido criticado por varios motivos:

1. **Ignora los procesos mentales**: Los críticos argumentan que el conductismo es demasiado simplista, ya que reduce el comportamiento humano a una serie de estímulos y respuestas, ignorando aspectos cruciales como las emociones, los pensamientos, las creencias y los deseos que también influyen en el comportamiento.
2. **Limitaciones en el estudio de comportamientos complejos**: Aunque el conductismo es efectivo para explicar el aprendizaje básico y algunos tipos de comportamiento, ha sido criticado por no poder abordar completamente comportamientos más complejos como la creatividad, la resolución de problemas y las decisiones morales.
3. **Negación del libre albedrío**: Algunos críticos consideran que el enfoque conductista es excesivamente determinista, ya que sugiere que los individuos son simplemente el producto de su entorno y sus experiencias de aprendizaje, negando el libre albedrío y la capacidad de elección consciente.
4. **Surgimiento de la psicología cognitiva**: Durante la segunda mitad del siglo XX, el conductismo, fue reemplazado en gran medida por el **enfoque cognitivo**, que ponía más énfasis en los procesos

mentales internos como el pensamiento, la percepción y la memoria.

Aplicaciones del conductismo:

A pesar de las críticas, el conductismo ha tenido un gran impacto en varias áreas de la psicología y la educación:
- **Terapia conductual**: Basada en los principios del condicionamiento, esta terapia se utiliza para modificar comportamientos problemáticos mediante el uso de refuerzos y castigos. Es efectiva en el tratamiento de fobias, adicciones y trastornos del comportamiento.
- **Modificación de conducta**: En el ámbito educativo, los principios conductistas se utilizan para promover el aprendizaje y la disciplina a través de sistemas de refuerzo positivo, como los premios por buen comportamiento o el uso de contratos de conducta.
- **Entrenamiento animal**: Los principios del condicionamiento operante de Skinner, se utilizan ampliamente en el entrenamiento de animales, utilizando recompensas para reforzar comportamientos deseados.

Conclusión:

El **conductismo,** es una teoría psicológica que enfatiza el estudio del comportamiento observable y el aprendizaje a través del condicionamiento. Aunque ha sido criticado por su visión reduccionista de la mente humana y su enfoque exclusivamente en el comportamiento externo, sus aportes han sido fundamentales para el desarrollo de la psicología, especialmente en áreas como el aprendizaje, la educación y la modificación de la conducta.

Cita destacada:
"Dadme una docena de niños sanos y mi propio mundo para criarlos y garantizo que puedo tomar a cualquiera y entrenarlo para convertirse en cualquier tipo de especialista."
— **John B. Watson**

Contenido principal:

Condicionamiento clásico: El **condicionamiento clásico,** es un concepto central en la psicología del aprendizaje, desarrollado originalmente por el fisiólogo ruso "**Iván Pavlov**", a finales del siglo XIX. Esta forma de aprendizaje se basa en la **asociación entre estímulos** y fue descubierta accidentalmente por Pavlov, mientras estudiaba la digestión en perros. El condicionamiento clásico es un proceso mediante el cual un organismo aprende a asociar un estímulo neutro con un estímulo que naturalmente provoca una respuesta, hasta que el estímulo neutro por sí solo puede desencadenar la misma respuesta.

Conceptos clave del condicionamiento clásico:

1. **Estímulo incondicionado (EI):**
   o Es un estímulo que naturalmente y de manera automática provoca una respuesta sin necesidad de aprendizaje previo.
   o Ejemplo: En el experimento de Pavlov, la comida es un estímulo incondicionado, ya que provoca la respuesta de salivación en los perros de manera natural.
2. **Respuesta incondicionada (RI):**
   o Es la respuesta automática e innata que se produce en presencia del estímulo incondicionado.
   o Ejemplo: La salivación de los perros cuando ven o huelen comida es una respuesta incondicionada.
3. **Estímulo neutro (EN):**
   o Es un estímulo que inicialmente no provoca una respuesta relevante por sí mismo.
   o Ejemplo: En los experimentos de Pavlov, el sonido de una campana era un estímulo neutro ya que no provocaba salivación en los perros antes de ser asociado con la comida.
4. **Estímulo condicionado (EC):**
   o Después de repetidas asociaciones con el estímulo incondicionado, el estímulo neutro se transforma en un estímulo condicionado. Este estímulo ahora puede provocar una respuesta similar a la que provoca el estímulo incondicionado.

- Ejemplo: Después de ser repetidamente emparejado con la comida, el sonido de la campana se convierte en un estímulo condicionado, capaz de provocar la respuesta de salivación.

5. **Respuesta condicionada (RC)**:
   - Es la respuesta que se ha aprendido mediante la asociación del estímulo neutro con el estímulo incondicionado. Ahora, la respuesta ocurre cuando solo se presenta el estímulo condicionado.
   - Ejemplo: La salivación que los perros muestran cuando escuchan la campana (sin la presencia de comida) es la respuesta condicionada.

Fases del condicionamiento clásico:

1. **Adquisición**:
   - Esta es la fase en la que se forma la asociación entre el estímulo neutro y el estímulo incondicionado. Durante la adquisición, se presentan juntos el estímulo neutro (por ejemplo, la campana) y el estímulo incondicionado (la comida) repetidamente, hasta que el estímulo neutro por sí solo puede provocar la respuesta condicionada (salivación).

Cuanto más frecuentes son las asociaciones, más fuerte es la respuesta condicionada.

2. **Extinción**:
   - Si el estímulo condicionado (la campana) se presenta repetidamente sin el estímulo incondicionado (la comida), la respuesta condicionada (salivación) comenzará a debilitarse y eventualmente desaparecerá. Esto se llama **extinción** y ocurre porque el organismo aprende que el estímulo condicionado ya no predice el estímulo incondicionado.

3. **Recuperación espontánea**:
   - Después de que una respuesta condicionada se ha extinguida, puede reaparecer inesperadamente tras un período de descanso sin nuevas exposiciones al estímulo condicionado. Este

fenómeno se llama **recuperación espontánea**, aunque la respuesta suele ser más débil que antes.

4. **Generalización del estímulo**:
   o Después de que se ha establecido una asociación entre el estímulo condicionado y la respuesta condicionada, el organismo puede responder de manera similar a otros estímulos que sean similares al estímulo condicionado original.
   o Ejemplo: Si un perro ha sido condicionado a salivar con el sonido de una campana, también podría salivar ante otros sonidos similares, como una campanilla o un timbre.

5. **Discriminación de estímulo**:
   o A medida que el aprendizaje progresa, el organismo puede aprender a distinguir entre el estímulo condicionado y otros estímulos similares y solo responder al estímulo específico que ha sido asociado con el estímulo incondicionado.
   o Ejemplo: El perro podría aprender a salivar solo ante el sonido específico de la campana utilizada en el condicionamiento y no ante otros sonidos similares.

Ejemplo clásico: El experimento de Pavlov

El experimento de Pavlov es el ejemplo más famoso de condicionamiento clásico:

- **Fase inicial**: Pavlov, notó que los perros salivaban automáticamente al ver la comida (estímulo incondicionado que provocaba una respuesta incondicionada).
- **Asociación**: Pavlov, comenzó a tocar una campana (estímulo neutro) justo antes de presentar la comida. Después de varias repeticiones, los perros comenzaron a asociar el sonido de la campana con la llegada de la comida.
- **Condicionamiento**: Eventualmente, los perros salivaban (respuesta condicionada) solo al escuchar la campana (estímulo condicionado), incluso cuando no se les presentaba comida.

El condicionamiento clásico ha tenido una gran influencia en diversos campos, como la educación, la psicoterapia y la modificación de la conducta. Algunas aplicaciones prácticas incluyen:

1. **Fobias**: El condicionamiento clásico puede explicar cómo se forman ciertas fobias. Por ejemplo, si una persona tiene una experiencia negativa (estímulo incondicionado) con un objeto o situación neutral (como una araña), puede desarrollar una respuesta de miedo (respuesta condicionada) ante ese estímulo neutral. La terapia de **desensibilización sistemática** utiliza los principios del condicionamiento clásico para ayudar a las personas a superar sus fobias al asociar el estímulo temido con una respuesta de relajación en lugar de miedo.
2. **Publicidad**: Los anunciantes utilizan el condicionamiento clásico al asociar productos con estímulos positivos (por ejemplo, música alegre, personas atractivas), de manera que los consumidores asocien el producto con sensaciones agradables.
3. **Condicionamiento del sistema inmunológico**: Estudios han demostrado que el sistema inmunológico puede ser condicionado. Por ejemplo, un sabor o un olor específico puede asociarse con una respuesta inmunitaria, lo que sugiere posibles aplicaciones en el tratamiento de enfermedades o en la mejora de la respuesta inmunológica.
4. **Modificación del comportamiento**: El condicionamiento clásico se emplea en el entrenamiento animal y en técnicas de modificación de conducta, donde se asocian estímulos positivos con comportamientos deseados para fortalecer su aparición.

Condicionamiento Clásico:

Aunque el condicionamiento clásico ha sido un pilar del estudio del aprendizaje, algunos críticos señalan sus limitaciones:
- **Falta de consideración de los procesos mentales**: El condicionamiento clásico se centra en las respuestas automáticas y no explica los comportamientos más complejos que implican toma de decisiones, razonamiento o aprendizaje cognitivo. Esto llevó al surgimiento de la psicología cognitiva, que amplió el estudio del aprendizaje para incluir la comprensión de los procesos mentales internos.
- **Aplicaciones limitadas**: Aunque el condicionamiento clásico es eficaz para explicar el aprendizaje de respuestas simples y reflejas,

es menos útil para entender comportamientos más complejos, como la resolución de problemas o la creatividad.

Conclusión:

El **condicionamiento clásico,** es un proceso fundamental en la psicología del aprendizaje, que explica cómo se pueden formar asociaciones entre estímulos y respuestas automáticas. Su descubrimiento y estudio por parte de "**Iván Pavlov**", revolucionó la psicología, sentando las bases para teorías posteriores sobre el aprendizaje, como el conductismo. Aunque ha sido criticado por su enfoque limitado en el comportamiento observable, sigue siendo un concepto clave en la comprensión de cómo los seres humanos y los animales aprenden a responder a su entorno.

Condicionamiento operante:

El **condicionamiento operante**, es un tipo de aprendizaje que se centra en cómo las consecuencias de una conducta influyen en la probabilidad de que dicha conducta se repita en el futuro. Este concepto fue desarrollado por el psicólogo estadounidense "**B.F. Skinner**", en la primera mitad del siglo XX, como una ampliación del conductismo. Mientras que el **condicionamiento clásico** se basa en la asociación entre estímulos, el **condicionamiento operante** se enfoca en cómo las acciones de un organismo están influenciadas por sus consecuencias, es decir, si las acciones son recompensadas o castigadas.

Conceptos clave del condicionamiento operante:

1. **Refuerzo**:
   o El refuerzo es cualquier evento que **aumenta la probabilidad** de que una conducta se repita. Puede ser positivo o negativo:
   o **Refuerzo positivo**: Ocurre cuando se presenta un **estímulo agradable** o deseado después de una conducta, lo que incrementa la probabilidad de que esa conducta vuelva a ocurrir.
      - Ejemplo: Un niño recibe una golosina (refuerzo positivo) después de hacer su tarea, lo que hace que sea más probable que haga su tarea en el futuro.

- **Refuerzo negativo**: Ocurre cuando se **elimina un estímulo aversivo** o desagradable después de una conducta, lo que también aumenta la probabilidad de que esa conducta vuelva a ocurrir.
    - Ejemplo: Un estudiante termina su tarea (conducta) para que su profesor deje de regañarlo (refuerzo negativo). Al eliminar el estímulo desagradable, el estudiante es más propenso a hacer su tarea en el futuro.

2. **Castigo**:
    - El castigo es cualquier evento que **disminuye la probabilidad** de que una conducta se repita. También puede ser positivo o negativo:
    - **Castigo positivo**: Ocurre cuando se **introduce un estímulo desagradable** tras una conducta, lo que reduce la probabilidad de que la conducta vuelva a ocurrir.
        - Ejemplo: Un niño toca una estufa caliente y se quema. El dolor (castigo positivo) disminuye la probabilidad de que el niño toque la estufa nuevamente.
    - **Castigo negativo**: Ocurre cuando se **retira un estímulo agradable** tras una conducta, lo que reduce la probabilidad de que esa conducta vuelva a ocurrir.
        - Ejemplo: Un adolescente llega tarde a casa y sus padres le quitan el uso del coche durante una semana (castigo negativo), lo que disminuye la probabilidad de que llegue tarde en el futuro.

3. **Extinción**:
    - La extinción en el condicionamiento operante ocurre cuando una conducta que anteriormente era reforzada **deja de ser recompensada o reforzada**. Como resultado, la conducta disminuye gradualmente hasta desaparecer.
    - Ejemplo: Si un perro ha aprendido a sentarse para recibir una galleta, pero deja de recibir galletas cuando se sienta, con el tiempo dejará de sentarse en respuesta a la orden.

Principios adicionales del condicionamiento operante:

1. **Moldeamiento (Shaping)**:
   - El **moldeamiento**, es el proceso mediante el cual se enseña una conducta compleja al reforzar de manera sistemática **aproximaciones sucesivas** a la conducta deseada. Skinner, utilizaba esta técnica para entrenar a animales en experimentos.
     - Ejemplo: Para enseñar a un perro a rodar, primero se le refuerza por acostarse, luego por girar una pequeña parte de su cuerpo, y así sucesivamente hasta que complete el giro completo.

2. **Programas de refuerzo**:

   - El **programa de refuerzo** se refiere a la frecuencia y el momento en que se administra el refuerzo. Los programas de refuerzo pueden ser continuos o intermitentes:
   - **Refuerzo continuo**: Se refuerza cada vez que ocurre la conducta deseada. Es útil al principio del aprendizaje, pero puede llevar a una rápida extinción si el refuerzo se detiene.
     - Ejemplo: Darle a un perro una galleta cada vez que obedece una orden.
   - **Refuerzo intermitente**: La conducta no se refuerza cada vez que ocurre, sino solo en algunos casos. Hay varios tipos de programas de refuerzo intermitente:

     - **Intervalo fijo**: El refuerzo se administra después de un tiempo específico.
       Recibir un pago cada 15 días por el trabajo realizado.
     - **Intervalo variable**: El refuerzo se administra después de intervalos de tiempo impredecibles.
       - Ejemplo: Revisar tu correo electrónico; puede que recibas un mensaje nuevo en cualquier momento.
     - **Razón fija**: El refuerzo se administra después de un número fijo de respuestas.
       - Ejemplo: Un trabajador recibe un bono después de ensamblar 10 productos.
     - **Razón variable**: El refuerzo se administra después de un número impredecible de respuestas.

- Ejemplo: Las máquinas tragamonedas en los casinos funcionan bajo un programa de razón variable, donde la recompensa puede llegar en cualquier momento, lo que mantiene al jugador jugando.

Ejemplo clásico: La caja de Skinner

Uno de los experimentos más conocidos que demuestran el condicionamiento operante es el de la **caja de Skinner**. En este experimento, un animal, generalmente una rata o una paloma, se coloca en una caja que tiene una palanca o un botón que puede presionar para obtener una recompensa, como comida.

- Si la rata presiona la palanca y recibe comida (refuerzo positivo), es probable que presione la palanca con más frecuencia en el futuro.
- Si presionar la palanca detiene una corriente eléctrica en el suelo de la caja (refuerzo negativo), la rata también aprenderá a presionar la palanca para evitar el estímulo desagradable.

A través de estos experimentos, Skinner, demostró que el comportamiento está controlado por las consecuencias y que el refuerzo y el castigo son herramientas poderosas para influir en la conducta.

Aplicaciones del condicionamiento operante:

El condicionamiento operante tiene muchas aplicaciones prácticas en diversas áreas, incluidas la educación, la psicología, la crianza y el entrenamiento animal:

1. **Educación**:
   - Los maestros utilizan el refuerzo positivo al premiar a los estudiantes por su buen desempeño con elogios, calificaciones altas o recompensas materiales. El **sistema de fichas**, donde los estudiantes reciben puntos o fichas que pueden canjear por premios, es una aplicación directa del condicionamiento operante en el aula.
2. **Modificación del comportamiento**:
   - Las terapias conductuales basadas en el condicionamiento operante se utilizan para tratar una variedad de trastornos, desde la ansiedad hasta el autismo. En la **terapia de modificación de**

conducta, los comportamientos problemáticos se reducen mediante castigos o refuerzos negativos, mientras que se promueven comportamientos deseables mediante refuerzos positivos.

3. **Crianza**:
   o En la crianza de los hijos, los padres usan el refuerzo positivo (elogios o recompensas) y el castigo negativo (retirar privilegios) para enseñar comportamientos adecuados o desalentar conductas no deseadas.

4. **Entrenamiento animal**:
   o Los principios del condicionamiento operante son ampliamente utilizados en el entrenamiento de animales. Los entrenadores utilizan refuerzos positivos, como recompensas con comida, para enseñar a los animales a realizar ciertos comportamientos.

Críticas al condicionamiento operante:

Aunque el condicionamiento operante ha demostrado ser una herramienta eficaz para comprender y modificar el comportamiento, también ha sido objeto de críticas:

1. **Ignora los procesos mentales internos**: Al igual que el condicionamiento clásico, el condicionamiento operante se enfoca exclusivamente en el comportamiento observable y no tiene en cuenta los procesos mentales internos como pensamientos, emociones o intenciones. Esta limitación fue uno de los factores que condujo al desarrollo de la psicología cognitiva, que estudia cómo el pensamiento y la percepción influyen en el comportamiento.
2. **Determinismo**: El enfoque conductista de Skinner, sostiene que el comportamiento está determinado completamente por las consecuencias ambientales. Algunos críticos argumentan que esta postura ignora el libre albedrío y la capacidad de las personas para actuar de manera independiente de las influencias externas.
3. **Ética en el uso de castigos**: El uso de castigos en el condicionamiento operante puede ser efectivo a corto plazo, pero a menudo se asocia con consecuencias negativas, como la ansiedad,

la agresividad o el resentimiento. Muchos psicólogos recomiendan enfocarse en el refuerzo positivo y minimizar el uso de castigos.

Conclusión:

El **condicionamiento operante,** es un enfoque poderoso para comprender cómo se adquieren, mantienen y eliminan los comportamientos a través de la **recompensa y el castigo**. Desarrollado por B.F. Skinner, este enfoque ha tenido una gran influencia en la psicología del aprendizaje, así como en áreas prácticas como la educación, la terapia y el entrenamiento. A pesar de sus limitaciones y críticas, sigue siendo un concepto clave para comprender cómo el entorno y las consecuencias influyen en nuestras acciones.

Ejercicio práctico:

- **Actividad:** Observa durante un día cómo las recompensas o consecuencias afectan tu comportamiento. Anota ejemplos específicos.

Pregunta reflexiva:

¿Puedes identificar hábitos en tu vida que se hayan formado a través de refuerzos positivos o negativos?

1.2.3. Humanismo

El **humanismo,** en psicología es una corriente que surgió a mediados del siglo XX, como una reacción contra el conductismo y el psicoanálisis, los enfoques dominantes en ese momento. Mientras que el conductismo se centraba en el comportamiento observable y el psicoanálisis en los conflictos inconscientes y los instintos, el **enfoque humanista** puso el énfasis en la experiencia subjetiva del individuo, la **libertad de elección** y el potencial humano para el crecimiento personal. Los psicólogos humanistas consideran que las personas son esencialmente buenas y tienen la capacidad inherente de **autorrealización** y **crecimiento personal**.

El humanismo se centra en aspectos como la **autoestima**, el **crecimiento personal**, la **libertad individual** y la **búsqueda de significado**. A diferencia de otros enfoques, pone un gran énfasis en el concepto de que los seres humanos son agentes activos que pueden influir en sus destinos y tienen la capacidad de mejorar.

Principales psicólogos humanistas:

1. Carl Rogers (1902–1987)
Carl Rogers, es uno de los fundadores del enfoque humanista y es conocido principalmente por su enfoque terapéutico denominado **Terapia Centrada en la Persona** o **Terapia No Directiva**. Rogers sostenía que los individuos poseen una capacidad inherente para el **crecimiento y desarrollo positivo** si se les proporciona un ambiente adecuado.

Principales conceptos de Carl Rogers:

- **Tendencia actualizante**: Para Rogers, todas las personas tienen una tendencia innata a desarrollar sus potenciales y a buscar lo mejor para sí mismos. Esta capacidad de crecimiento es inherente y está dirigida hacia la **autorrealización**, que es el proceso de convertirse en la mejor versión de uno mismo.
- **Autoconcepto**: El autoconcepto, se refiere a cómo una persona se percibe a sí misma, incluyendo su valor, habilidades y personalidad. Según Rogers, muchas veces las personas desarrollan un autoconcepto que no está alineado con su **yo real**, debido a las condiciones de valor que les imponen los demás.

- **Condiciones de valor**: Rogers propuso que, para sentirse amados o aceptados, muchas personas internalizan las expectativas o condiciones que les imponen los demás (padres, maestros, sociedad). Esto puede llevar a una desconexión entre el **yo ideal** (quién quieren ser) y el **yo real** (quiénes son realmente), lo que puede causar angustia psicológica.
- **Consideración positiva incondicional**: En la terapia centrada en la persona, Rogers creía que los terapeutas deben proporcionar a sus pacientes un entorno de **aceptación total y sin juicio** (consideración positiva incondicional). Esto permite que los

individuos se exploren y se desarrollen sin miedo a la crítica, facilitando así el crecimiento personal.
- **Congruencia**: Rogers, enfatizó la importancia de la congruencia entre el yo real y el yo ideal. Cuando una persona se percibe a sí misma de manera realista y sin distorsiones, hay congruencia, lo que contribuye a su bienestar psicológico.

2. Abraham Maslow (1908–1970)

"**Abraham Maslow**", es conocido por su "**Teoría de la Jerarquía de Necesidades**", una teoría que propone que los seres humanos están motivados por una serie de necesidades que deben ser satisfechas en un orden jerárquico. En su teoría, Maslow argumenta que las personas deben satisfacer necesidades más básicas antes de poder alcanzar su máximo potencial o **autorrealización**.

Jerarquía de necesidades de Maslow:

1. **Necesidades fisiológicas**: Estas son las necesidades más básicas, como el alimento, el agua, el aire, el sueño y la reproducción.
2. **Necesidades de seguridad**: Una vez satisfechas las necesidades fisiológicas, las personas buscan seguridad y protección, lo que incluye seguridad física, estabilidad económica y un entorno seguro.
3. **Necesidades sociales**: Después de la seguridad, las personas buscan satisfacer necesidades sociales, como el amor, la amistad, la pertenencia y las relaciones familiares.
4. **Necesidades de estima**: Una vez satisfechas las necesidades sociales, las personas buscan autoestima, respeto propio y reconocimiento de los demás. Las personas buscan sentirse competentes, valoradas y apreciadas.
5. **Autorrealización**: Este es el nivel más alto en la jerarquía de Maslow y representa el deseo de una persona de alcanzar su máximo potencial y desarrollarse plenamente como ser humano. La autorrealización implica el logro personal, la creatividad y la búsqueda de propósitos trascendentes en la vida.

Características de las personas autorrealizadas:

Maslow, estudió a personas que consideraba autorrealizadas, como **"Albert Einstein"** y **"Mahatma Gandhi"** y concluyó que estas personas tienen ciertas características en común, tales como:
- Ser autónomas e independientes.
- Tener un alto nivel de creatividad.
- Ser capaces de ver la vida de manera realista.
- Estar profundamente comprometidas con su trabajo o misión en la vida.
- Tener una gran capacidad para apreciar las pequeñas cosas de la vida.

3. Rollo May (1909–1994)

"Rollo May", es conocido por introducir una perspectiva **existencialista** en la psicología humanista. A diferencia de otros psicólogos humanistas que se centraban en la tendencia al crecimiento positivo, May, también reconocía los aspectos oscuros y desafiantes de la vida humana, como la ansiedad, la angustia y la muerte.

Principales conceptos de Rollo May:

- **Ansiedad existencial**: May, argumentaba que la ansiedad es una parte inevitable de la vida humana. La ansiedad surge cuando las personas confrontan la libertad, la responsabilidad y la posibilidad de la muerte. Sin embargo, para May, la ansiedad también puede ser una fuerza positiva que impulsa el crecimiento personal y la autocomprensión.
- **Libertad y responsabilidad**: Para May, la libertad es central en la vida humana, pero también viene acompañada de una gran responsabilidad. Los seres humanos son libres para tomar decisiones, pero esa libertad puede ser angustiante porque implica una responsabilidad sobre el propio destino.
- **Autenticidad**: May, enfatizaba la importancia de vivir de manera auténtica, es decir, de ser fiel a uno mismo y a los propios valores. El vivir de manera inauténtica, por conformarse a las expectativas de los demás, puede llevar a la alienación y a la ansiedad.

4. Viktor Frankl (1905–1997)

"**Viktor Frankl**", psiquiatra, desarrolló la **logoterapia**, una forma de terapia existencial centrada en la búsqueda del sentido de la vida. A diferencia de otras teorías que se centraban en el placer o el poder como motivaciones principales, Frankl creía que el **significado** es el motor principal de la conducta humana.

Principales conceptos de Viktor Frankl:

- **Voluntad de sentido**: Frankl, argumentaba que la motivación fundamental de los seres humanos es encontrar un sentido en la vida, especialmente en momentos de sufrimiento y adversidad.
- **Libertad interior**: Según Frankl, aunque los seres humanos no siempre pueden controlar sus circunstancias, siempre tienen la libertad de elegir cómo responder a esas circunstancias..
- **Trascendencia personal**: Frankl, proponía que las personas pueden encontrar significado al trascender sus propias preocupaciones personales y dedicarse a algo más grande que ellos mismos, como el servicio a los demás o el compromiso con una causa.

Características clave de la psicología humanista:

1. **Enfoque centrado en el individuo**: El humanismo, enfatiza el estudio de la persona como un todo, teniendo en cuenta tanto los aspectos conscientes como los inconscientes de su vida, sus emociones, pensamientos y experiencias.
2. **Libre albedrío**: A diferencia de los enfoques conductistas y psicoanalíticos, que veían el comportamiento como resultado de condicionamientos o impulsos inconscientes, el humanismo defiende que las personas tienen la capacidad de tomar decisiones conscientes y libres sobre su vida.
3. **Crecimiento personal**: El humanismo cree, en la tendencia natural de las personas a buscar el crecimiento y la autorrealización. Las personas no están simplemente motivadas por la satisfacción de necesidades básicas, sino por el deseo de desarrollarse plenamente.
4. **Experiencia subjetiva**: Los humanistas consideran que la experiencia subjetiva de una persona es fundamental para comprender su comportamiento. No se trata solo de observar la

conducta o los instintos, sino de entender cómo la persona percibe y da sentido a su mundo.

Conclusión:

El **Enfoque Humanista** en psicología, representado por figuras como Carl Rogers, Abraham Maslow, Rollo May y Viktor Frankl, ofrecen una visión positiva y optimista del ser humano. A diferencia de otros enfoques psicológicos que se centran en el comportamiento observable o en los conflictos inconscientes, el humanismo pone su énfasis en la **libertad**, la **responsabilidad personal** y la **capacidad innata de autorrealización**. Este enfoque ha tenido un impacto duradero en la psicoterapia, la educación y la psicología del bienestar.

Cita destacada:
"Lo que una persona puede ser, debe serlo."
— **Abraham Maslow**

Ejercicio práctico:

- **Actividad:** Reflexiona sobre tus necesidades actuales según la pirámide de Maslow. ¿En qué nivel te encuentras y qué podrías hacer para avanzar hacia la autorrealización?

Pregunta reflexiva:

- ¿Qué actividades o experiencias te hacen sentir realizado y pleno?

1.2.4. Cognitivismo

El **cognitivismo,** es un enfoque en psicología, que surgió a mediados del siglo XX, en gran parte como respuesta al conductismo. Mientras que el conductismo se centraba en el comportamiento observable, el **cognitivismo** se interesa por los **procesos mentales internos** que subyacen al comportamiento, tales como el pensamiento, la percepción, la memoria, el razonamiento y el lenguaje. Los psicólogos cognitivistas, estudian cómo las personas **procesan la información**, la **almacenan** y la **recuperan** y cómo estos procesos afectan la conducta. El cognitivismo es a menudo descrito como una "revolución cognitiva" porque marcó un cambio fundamental en la forma en que se entiende el comportamiento humano, incorporando el estudio de la mente como un sistema activo que procesa información de manera compleja.

Principales psicólogos y teóricos cognitivistas:

1. Jean Piaget (1896–1980)

Jean Piaget, fue un psicólogo suizo que revolucionó el estudio del desarrollo cognitivo. Piaget, está más conocido por su teoría sobre cómo los niños desarrollan su capacidad para pensar y razonar a medida que crecen. Desarrolló la "**teoría del desarrollo cognitivo**", que sostiene que los niños pasan por una serie de etapas cualitativamente diferentes de desarrollo intelectual.

Principales conceptos de Jean Piaget:
- **Esquemas**: Para Piaget, los esquemas son estructuras mentales o marcos organizados que utilizamos para interpretar el mundo. Los niños construyen y modifican estos esquemas a medida que interactúan con su entorno.
- **Asimilación y acomodación**:
  - **Asimilación**: Es el proceso mediante el cual una persona incorpora nueva información en esquemas preexistentes.
  - **Acomodación**: Es el proceso mediante el cual se modifican los esquemas existentes para incorporar nueva información que no encaja en los esquemas actuales.
- **Etapas del desarrollo cognitivo**:
  1. **Etapa sensorimotora** (0-2 años): El conocimiento del niño es limitado a las interacciones físicas y sensoriales con el mundo.
  2. **Etapa preoperacional** (2-7 años): Los niños comienzan a utilizar el lenguaje y las imágenes para representar objetos, pero todavía no comprenden la lógica abstracta.
  3. **Etapa de las operaciones concretas** (7-11 años): Los niños desarrollan el pensamiento lógico sobre eventos concretos y pueden realizar operaciones mentales como la clasificación y la ordenación.

4. **Etapa de las operaciones formales** (12 años en adelante): Los adolescentes y adultos jóvenes pueden pensar de manera abstracta y manejar conceptos hipotéticos.

Piaget, creía que el aprendizaje era un proceso activo, en el que los niños no solo absorben información, sino que la reorganizan de acuerdo con su desarrollo cognitivo.

2. Lev Vygotsky (1896–1934)

El psicólogo Ruso "**Lev Vygotsky**", también hizo contribuciones fundamentales al desarrollo de la teoría cognitiva, pero su enfoque difería de Piaget, en que subrayaba la **influencia social** y **cultural** en el desarrollo cognitivo. La teoría de Vygotsky, se conoce como el **constructivismo social**, que sostiene que el aprendizaje es un proceso colaborativo entre el individuo y su entorno social.

Principales conceptos de Lev Vygotsky:

- **Zona de desarrollo próximo (ZDP)**: Vygotsky, sugirió que el aprendizaje tiene lugar en un "espacio" entre lo que un niño puede hacer por sí solo y lo que puede hacer con la ayuda de un adulto o de un compañero más capaz. Esta área es conocida como la zona de desarrollo próximo y es el área en la que se produce el aprendizaje óptimo.
- **Andamiaje**: Este concepto está relacionado con la ZDP y se refiere al apoyo que se proporciona a un niño mientras aprende una nueva habilidad. Este apoyo se retira gradualmente a medida que el niño adquiere competencia.
- **Lenguaje y pensamiento**: Vygotsky, creía que el lenguaje desempeña un papel crucial en el desarrollo cognitivo y que el lenguaje y el pensamiento están íntimamente relacionados. Para él, el lenguaje no solo es una herramienta de comunicación, sino también una herramienta para el desarrollo del pensamiento.

Vygotsky, a diferencia de Piaget, enfatizó el papel de la cultura y la interacción social en el desarrollo cognitivo. Mientras que Piaget creía que el desarrollo cognitivo precede al aprendizaje, Vygotsky argumentaba que el aprendizaje precede al desarrollo.

3. Noam Chomsky (1928)

"**Noam Chomsky**", es un lingüista y psicólogo que ha tenido una enorme influencia en el desarrollo de la psicología cognitiva, particularmente a través de su trabajo en el **lenguaje**. Chomsky, desafió las teorías conductistas del lenguaje, que sostenían que el lenguaje se aprende únicamente a través de la **imitación y el refuerzo**.

Principales conceptos de Noam Chomsky:

- **Gramática generativa**: Chomsky, argumentó que los seres humanos están equipados con una capacidad innata para aprender el lenguaje. Desarrolló la teoría de la **gramática generativa**, que sugiere que los seres humanos tienen una estructura mental, conocida como **dispositivo de adquisición del lenguaje (LAD)**, que les permite aprender cualquier idioma al que estén expuestos.
- **Estructura superficial y estructura profunda**: Chomsky hizo una distinción entre la "estructura superficial" (las palabras y frases que realmente se dicen) y la "estructura profunda" (el significado subyacente o la representación mental de esas palabras).

Chomsky, demostró que los niños son capaces de producir frases que nunca han oído antes, lo que sugiere que el aprendizaje del lenguaje no puede explicarse únicamente mediante el refuerzo o la imitación. Sus ideas dieron un impulso a la revolución cognitiva, subrayando la importancia de los procesos mentales en la adquisición del lenguaje.

4. Ulric Neisser (1928–2012)

"**Ulric Neisser**", es considerado uno de los fundadores de la **psicología cognitiva**. En su libro de 1967, titulado **"Cognitive Psychology"**, Neisser, sintetizó y formalizó muchas de las ideas que conformaron el campo del cognitivismo.

Principales conceptos de Ulric Neisser:

- **Percepción y procesamiento de la información**: Neisser, comparó la mente humana con un **ordenador**, sugiriendo que los humanos

procesan la información en una serie de etapas, como la entrada de datos, el almacenamiento y la recuperación.
- **Percepción activa**: Neisser, argumentaba que la percepción no es un proceso pasivo, sino **activo**, donde las personas seleccionan, organizan e interpretan activamente la información que proviene del entorno.

Neisser, fue clave para establecer la idea de que el procesamiento de la información es fundamental para entender la cognición humana, lo que abrió la puerta a una comprensión más profunda del pensamiento, la memoria y la resolución de problemas.

5. Albert Bandura (1925–2021)
Aunque "**Albert Bandura**", es conocido principalmente por su trabajo en la teoría del **aprendizaje social**, su enfoque también es cognitivo en esencia, ya que incluye conceptos como la **observación**, el **pensamiento** y la **motivación interna** en el proceso de aprendizaje.
Principales conceptos de Albert Bandura:

- **Aprendizaje por observación**: Bandura, mostró a través de su famoso experimento del "Muñeco Bobo", que las personas pueden aprender observando las acciones de los demás, incluso en ausencia de refuerzos directos. Este concepto es central en la teoría del aprendizaje social, donde los comportamientos se modelan a partir de la observación de modelos sociales.
- **Autoeficacia**: Bandura, introdujo el concepto de **autoeficacia**, que es la creencia de una persona en su capacidad para realizar tareas y lograr objetivos. La autoeficacia tiene un papel crucial en la motivación, el aprendizaje y el éxito.

6. George Miller (1920–2012)

"**George Miller**", es conocido por su trabajo en el "**procesamiento de la información**" y es famoso por su artículo titulado "**El número mágico siete, más o menos dos**", que establece que la capacidad de la memoria a corto plazo humana es limitada a **siete elementos, más o menos dos**.

Principales conceptos de George Miller:

- **Memoria a corto plazo**: Miller estudió la **capacidad de la memoria a corto plazo**, mostrando que los seres humanos solo pueden manejar una cantidad limitada de información a la vez y que organizamos la información en **trozos** o **bloques** para maximizar la retención.
- **Procesamiento de la información**: Junto con otros investigadores, Miller, fue clave en la conceptualización de la mente humana como un **sistema de procesamiento de información**, donde la información es codificada, almacenada y recuperada.

Características clave del cognitivismo:

1. **Procesamiento de la información**: El cognitivismo compara la mente humana con una **computadora**, donde la información es recibida, procesada y almacenada. Se enfoca en estudiar cómo las personas perciben, interpretan y recuerdan la información.
2. **Importancia de los procesos mentales**: A diferencia del conductismo, el cognitivismo subraya la importancia de los **procesos mentales internos**, como la percepción, el razonamiento, la memoria y la resolución de problemas.
3. **Enfoque en el desarrollo**: Psicólogos como Piaget y Vygotsky destacaron que el **desarrollo cognitivo** es un proceso activo e interactivo, influido tanto por los factores biológicos como por el entorno social.
4. **Constructivismo**: El cognitivismo, especialmente en las teorías de Piaget y Vygotsky, adopta un enfoque constructivista, lo que significa que el aprendizaje es visto como un proceso activo donde los individuos construyen su propio conocimiento a través de la experiencia.

Conclusión:

El **cognitivismo,** revolucionó la psicología, al devolver el estudio de los procesos mentales a un lugar central en la investigación del comportamiento humano. Psicólogos como "**Piaget, Vygotsky, Chomsky y Bandura**", desarrollaron teorías que subrayaron la importancia de cómo los individuos perciben, interpretan y responden al mundo a través de sus pensamientos y cogniciones. Hoy en día, el cognitivismo sigue siendo un enfoque fundamental en el estudio de la psicología, y ha influido en el desarrollo de múltiples disciplinas, incluidas la inteligencia artificial, la neurociencia cognitiva y la psicología educativa.

Cita destacada:
"La inteligencia es lo que usas cuando no sabes qué hacer."
— **Jean Piaget**

Ejercicio práctico:

- **Actividad:** Realiza un rompecabezas o juego de estrategia y analiza qué procesos mentales utilizaste para resolverlo.

Pregunta reflexiva:

- ¿Cómo enfrentas nuevos problemas o desafíos intelectuales en tu vida diaria?

1.2.5. Neurociencia

La **neurociencia en la psicología,** es un enfoque interdisciplinario que combina la psicología y la neurociencia, para estudiar cómo el cerebro y el sistema nervioso influyen en el comportamiento, los procesos mentales, las emociones y la cognición. Se basa en la idea de que todos los procesos psicológicos, como el pensamiento, la memoria, las emociones y la percepción, tienen una base biológica y están conectados con la actividad cerebral. Esta área de estudio ha crecido significativamente en las últimas décadas gracias a los avances en tecnologías de imagen cerebral y a una mayor comprensión del funcionamiento del cerebro.

Definición de neurociencia:

La **neurociencia,** es el campo científico que estudia el sistema nervioso, incluyendo su estructura, funcionamiento, desarrollo y patologías. En el contexto de la psicología, la neurociencia cognitiva y la neurociencia afectiva son las áreas que exploran cómo el cerebro produce y regula los pensamientos, emociones y comportamientos.

Relación entre neurociencia y psicología:

La **psicología,** tradicionalmente se enfocaba en el estudio del comportamiento y los procesos mentales mediante la observación y la introspección. Sin embargo, la neurociencia añade una **perspectiva biológica,** para entender cómo los procesos cerebrales subyacen y explican estos fenómenos psicológicos.

La **neurociencia en psicología,** busca responder preguntas sobre cómo el cerebro organiza nuestras experiencias, cómo la actividad neuronal está relacionada con la conducta y cómo el daño en diferentes áreas del cerebro puede afectar los pensamientos y emociones. Esta rama incluye diversas subdisciplinas, como la **neurociencia cognitiva**, la **neuropsicología** y la **neurociencia afectiva**, que se centran en diferentes aspectos del comportamiento humano.

Principales áreas de la neurociencia aplicada a la psicología:

1. Neurociencia Cognitiva

La **neurociencia cognitiva,** estudia cómo los procesos mentales, como el aprendizaje, la memoria, la atención, el lenguaje, la percepción y la toma de decisiones, están relacionados con la actividad cerebral. Se enfoca en entender los mecanismos neuronales que subyacen a las funciones cognitivas.

Herramientas y técnicas:
- **Imagen por resonancia magnética funcional (fMRI)**: Se utiliza para observar qué áreas del cerebro están activas durante ciertas tareas cognitivas, como resolver problemas, recordar o tomar decisiones.
- **Electroencefalograma (EEG)**: Registra la actividad eléctrica del cerebro, útil para medir cómo el cerebro responde a estímulos en tiempo real.

- **Tomografía por emisión de positrones (PET)**: Mide el flujo sanguíneo y la actividad metabólica en el cerebro para mapear su actividad durante diferentes tareas.

Contribuciones clave:

- **Memoria**: La neurociencia cognitiva, ha identificado el **hipocampo** como una estructura clave en la formación y almacenamiento de la memoria. El daño en esta área puede llevar a trastornos como la **Amnesia**.
- **Percepción**: Se han identificado diferentes áreas del cerebro que procesan la información sensorial, como la **corteza visual** (para la visión) y la **corteza auditiva** (para el oído).

2. Neuropsicología

La **neuropsicología,** se centra en cómo las **lesiones cerebrales** o anomalías en el funcionamiento cerebral afectan el comportamiento y los procesos cognitivos. Es una rama aplicada que utiliza el conocimiento de las estructuras cerebrales para diagnosticar y tratar trastornos mentales y cognitivos.

Principales áreas de interés:

- **Lateralización del cerebro**: Los neuropsicólogos, estudian cómo los dos hemisferios del cerebro desempeñan funciones diferentes. Por ejemplo, el hemisferio izquierdo está más relacionado con el lenguaje, mientras que el hemisferio derecho está más implicado en la percepción espacial.

- **Trastornos neuropsicológicos**: Algunos trastornos, como la **afasia** (dificultades del lenguaje causadas por daños en el área de Broca o de Wernicke) y la **agnosia** (incapacidad para reconocer objetos), son estudiados para entender qué áreas específicas del cerebro están involucradas en diferentes funciones cognitivas.

Evaluación neuropsicológica: Los neuropsicólogos, utilizan pruebas específicas para evaluar las capacidades cognitivas, como la memoria, la atención, el razonamiento lógico y el lenguaje, para identificar qué áreas del cerebro pueden estar comprometidas.

3. Neurociencia afectiva

La **neurociencia afectiva,** se centra en estudiar las bases neuronales de las emociones y cómo los procesos emocionales afectan el comportamiento. Se investiga cómo diferentes regiones del cerebro, como la **amígdala** y la **corteza prefrontal**, están involucradas en la regulación emocional, la motivación y la toma de decisiones.

Principales áreas de interés:
- **Regulación emocional**: La **amígdala,** juega un papel crucial en la respuesta emocional, especialmente en el miedo y la ansiedad.
- La **corteza prefrontal**, por otro lado, está implicada en la regulación de emociones, ayudando a controlar impulsos y evaluar riesgos.
- **Estrés y cerebro**: La investigación en neurociencia afectiva, también estudia cómo el estrés crónico afecta estructuras cerebrales como el **hipocampo** y la **amígdala,** lo que puede llevar a trastornos como la depresión y la ansiedad.

4. Plasticidad cerebral

Uno de los descubrimientos más importantes de la neurociencia es el concepto de "**plasticidad cerebral**", que se refiere a la capacidad del cerebro para **reorganizarse** y **adaptarse**, como respuesta al aprendizaje, la experiencia o las lesiones. Esto ha demostrado que el cerebro no es estático, sino que puede cambiar a lo largo de la vida.

Ejemplos de plasticidad cerebral:

- **Recuperación de funciones después de lesiones**: En algunos casos, si una parte del cerebro está dañada, otras áreas pueden adaptarse para asumir las funciones de la zona afectada.
- **Aprendizaje**: Cada vez que aprendemos algo nuevo, se forman nuevas conexiones sinápticas entre las neuronas. Este proceso se conoce como **potenciación a largo plazo** y es esencial para el aprendizaje y la memoria

5. Neurociencia y trastornos mentales

El campo de la neurociencia, ha sido crucial para avanzar en la comprensión de los "**Trastornos Mentales**". Investigaciones recientes han revelado las bases neurobiológicas, de muchos trastornos psicológicos, como la esquizofrenia, la depresión, el trastorno bipolar y el trastorno de estrés postraumático (TEPT).

Ejemplos:

- **Esquizofrenia**: Los estudios de neuroimagen, han mostrado anomalías estructurales en el cerebro, como una reducción en el volumen de la **corteza prefrontal** y una mayor actividad en áreas asociadas con la percepción auditiva, lo que podría explicar los síntomas de alucinaciones.
- **Depresión**: Se ha descubierto que la **disfunción en los sistemas de neurotransmisores**, particularmente la **serotonina** y la **dopamina**, está relacionada con la depresión. Además, el **hipocampo** puede verse afectado por el estrés prolongado, lo que contribuye a los síntomas depresivos.

Herramientas tecnológicas clave en la neurociencia aplicada a la psicología:

- **Imagen por Resonancia Magnética Funcional (fMRI)**: Permite a los investigadores observar qué partes del cerebro se activan durante ciertas tareas mentales o emocionales.
- **Electroencefalografía (EEG)**: Mide la actividad eléctrica cerebral, lo que permite estudiar la respuesta cerebral a estímulos en tiempo real.
- **Estimulación Magnética Transcraneal (TMS)**: Técnica no invasiva que puede activar o inhibir áreas específicas del cerebro, útil para el tratamiento de trastornos como la depresión.
- **Magnetoencefalografía (MEG)**: Similar al EEG, pero mide los campos magnéticos producidos por la actividad cerebral, lo que proporciona una mayor resolución espacial.

Aportes de la neurociencia a la psicología:

1. **Comprensión de las bases biológicas de la cognición y el comportamiento**: La neurociencia, ha permitido entender que fenómenos psicológicos como la percepción, la atención, la memoria y las emociones tienen un correlato fisiológico en el cerebro.

2. **Intervenciones y tratamientos más efectivos**: La comprensión de los mecanismos cerebrales que subyacen a los trastornos mentales ha permitido el desarrollo de terapias más efectivas, como los tratamientos con medicamentos y las intervenciones basadas en la estimulación cerebral, como la "**Estimulación Magnética Transcraneal**", para la depresión.

3. **Neuropsicología clínica**: La neuropsicología, ha mejorado el diagnóstico y el tratamiento de personas con lesiones cerebrales, demencias y otros trastornos neurológicos. Las pruebas neuropsicológicas y las técnicas de imagen cerebral permiten una evaluación precisa de las funciones cognitivas y emocionales.

4. **Investigación en Aprendizaje y Educación**: El estudio de la **plasticidad cerebral,** ha transformado el campo de la educación, proporcionando información sobre cómo optimizar el aprendizaje y ayudar a estudiantes con dificultades cognitivas.

Conclusión:

La **neurociencia en la psicología,** ha permitido una comprensión mucho más profunda y detallada de cómo el cerebro influye en los pensamientos, emociones y comportamientos humanos. Este enfoque multidisciplinario ha integrado el estudio de la biología cerebral con la psicología, revelando las complejas interacciones entre los procesos mentales y la actividad neuronal. A medida que la tecnología continúa avanzando, la neurociencia seguirá revolucionando nuestra comprensión de la mente y contribuyendo al tratamiento y mejora de los trastornos psicológicos y neurológicos.

Cita destacada:
"El cerebro es un mundo que contiene un universo."
— Santiago Ramón y Cajal

Ejercicio práctico:

- **Actividad:** Investiga sobre un neurotransmisor (ej., serotonina, dopamina) y cómo afecta al estado de ánimo y comportamiento.

Pregunta reflexiva:

- ¿Cómo crees que tus hábitos diarios (sueño, alimentación, ejercicio) influyen en la química de tu cerebro?

1.3. Procesos psicológicos básicos

1.3.1. Percepción y Atención

Percepción y **atención,** son dos procesos psicológicos fundamentales que permiten a las personas interpretar y dar sentido al mundo que los rodea. Ambos están estrechamente interrelacionados y juegan un papel crucial en la forma en que los seres humanos procesan la información sensorial y reaccionan a los estímulos del entorno. A continuación, se desarrolla en detalle cada uno de estos conceptos y su relación en psicología.

1. Percepción en psicología

La **percepción,** es el proceso mediante el cual el cerebro organiza e interpreta la información sensorial que recibe a través de los sentidos (vista, oído, olfato, gusto y tacto), para formar una representación coherente del mundo externo. La percepción no es una simple recepción pasiva de estímulos, sino un proceso activo donde el cerebro selecciona, organiza e interpreta la información sensorial para darle significado.

Principales características del proceso perceptivo:
- **Entrada sensorial**: La percepción comienza con los **estímulos sensoriales**, que son captados por los receptores sensoriales (por

ejemplo, los ojos, los oídos, la piel) y convertidos en señales eléctricas que el cerebro puede procesar.
- **Organización perceptual**: El cerebro organiza la información sensorial a través de **procesos perceptivos** como la agrupación, la segmentación y el reconocimiento de patrones. Esto permite que la información percibida tenga una estructura coherente.

Interpretación: Una vez organizada, la información sensorial se interpreta según nuestras experiencias previas, expectativas y conocimientos. Es decir, no percibimos los estímulos de manera aislada, sino dentro de un contexto que les da significado.

Modelos teóricos de la percepción:

a. Teoría de la Gestalt

La "**teoría de la Gestalt**", desarrollada por psicólogos como "**Max Wertheimer, Wolfgang Köhler y Kurt Koffka**", sostiene que la **percepción es más que la suma de sus partes**. Según esta teoría, las personas tienden a percibir patrones y formas completas en lugar de partes individuales. La mente organiza los elementos sensoriales en formas y estructuras coherentes. Los principios más importantes de la Gestalt incluyen:

- **Figura y fondo**: La mente organiza la información en figuras (los objetos que enfocamos) y fondo (el resto del espacio no enfocado). Ejemplo: En una imagen, distinguimos un objeto frente a un fondo.
- **Proximidad**: Los objetos cercanos entre sí tienden a ser percibidos como un grupo.
- **Semejanza**: Los objetos que se parecen son agrupados juntos.
- **Continuidad**: Se perciben líneas y patrones continuos, incluso si están interrumpidos.
- **Cierre**: La mente tiende a completar figuras incompletas o fragmentadas para percibir formas completas.

b. Procesamiento de abajo hacia arriba (Bottom-up) y de arriba hacia abajo (Top-down)

La percepción involucra dos tipos de procesamiento:

- **Procesamiento de abajo hacia arriba (bottom-up)**: Este tipo de procesamiento es impulsado por los **datos sensoriales** que recibimos del entorno. Se basa en los estímulos sensoriales entrantes para construir una percepción. Es un proceso más directo, que parte de la información bruta captada por los sentidos.

Ejemplo: Reconocer una palabra porque vemos las letras que la componen.

- **Procesamiento de arriba hacia abajo** (top-down): Este tipo de procesamiento está **influenciado por nuestras expectativas, conocimientos previos y experiencias**. En este caso, el cerebro utiliza información y contexto anteriores para interpretar los estímulos.

Ejemplo: Leer una palabra mal escrita en un contexto coherente, porque nuestro cerebro anticipa lo que debería decir.

Ambos tipos de procesamiento ocurren simultáneamente y colaboran en la creación de una percepción coherente del mundo.

c. Constancias perceptivas

Uno de los aspectos más interesantes de la percepción es que el cerebro mantiene ciertas "**constancias perceptivas**", lo que nos permite percibir el mundo de manera estable a pesar de los cambios en el estímulo sensorial:

- **Constancia de tamaño**: Percibimos un objeto como del mismo tamaño, aunque cambie su distancia y por lo tanto, el tamaño de la imagen proyectada en la retina.
- **Constancia de forma**: Percibimos la forma de un objeto como constante, aunque cambie su ángulo de visión.
- **Constancia de color**: Mantenemos una percepción estable del color de los objetos, incluso bajo diferentes condiciones de iluminación.

Factores que influyen en la percepción:

- **Experiencia y aprendizaje**: Lo que hemos aprendido a través de experiencias previas influye en cómo percibimos el mundo. La

cultura, la educación y las experiencias personales juegan un papel en la interpretación de los estímulos sensoriales.
- **Motivación y expectativas**: Las expectativas sobre lo que esperamos ver o escuchar influyen en cómo percibimos la realidad. Por ejemplo, si estamos buscando un objeto en una habitación desordenada, es probable que lo percibamos más rápidamente.
- **Contexto**: El contexto en el que se presenta un estímulo influye en su percepción. El mismo estímulo puede percibirse de diferentes maneras según el entorno en el que se encuentra.

2. Atención en psicología

La **atención,** es el proceso cognitivo que nos permite seleccionar, focalizar y procesar la información relevante mientras ignoramos la información irrelevante. Es un **filtro mental,** que nos ayuda a concentrarnos en ciertos estímulos del entorno, mientras excluimos otros que no son importantes en un momento dado. La atención es fundamental para realizar tareas cognitivas complejas como la toma de decisiones, el aprendizaje y la resolución de problemas.

Tipos de atención:

a. Atención Selectiva

La atención selectiva, es la capacidad de **focalizar la atención en un solo estímulo o tarea,** mientras se ignoran otros estímulos presentes en el entorno. Es crucial en situaciones donde estamos rodeados de distracciones y necesitamos concentrarnos en una tarea específica.

- **Ejemplo**: Mientras hablamos con una persona en una fiesta ruidosa, utilizamos la atención selectiva para concentrarnos en la conversación y filtrar el ruido de fondo (esto también se llama "efecto cóctel").

b. Atención Dividida

La atención dividida, es la capacidad de **prestar atención a más de una tarea o estímulo simultáneamente.** Sin embargo, las investigaciones sugieren que dividir la atención entre múltiples tareas puede reducir la eficacia con la que realizamos cada tarea ya que los recursos cognitivos son limitados.

- **Ejemplo**: Conducir mientras se habla por teléfono (algo que puede ser peligroso porque la atención se divide entre las dos tareas).

c. Atención sostenida (vigilancia)

La atención sostenida, es la capacidad de mantener la concentración durante un período prolongado de tiempo, en una tarea o estímulo específico. Es crucial en situaciones que requieren un monitoreo continuo y prolongado, como en tareas de vigilancia o control.

- **Ejemplo**: Un controlador aéreo que debe mantener la concentración en las pantallas durante largas horas.

d. Atención Alternante

La atención alternante, es la capacidad de cambiar el enfoque entre dos o más tareas diferentes de manera eficiente. Es un tipo de atención esencial para situaciones que requieren que cambiemos de actividad de manera rápida y efectiva.

- **Ejemplo**: Un estudiante que alterna entre leer un libro de texto y tomar notas sobre lo que está aprendiendo.

Teorías sobre la atención:

a. Teoría del filtro de Broadbent (1958)

Esta teoría sostiene que la atención, actúa como un filtro temprano en el procesamiento de la información sensorial. Según **"Broadbent"**, los estímulos llegan a través de los sentidos, pero solo una parte de esa información es seleccionada para su procesamiento consciente. Este filtro atenúa o bloquea la información irrelevante antes de que llegue a la conciencia.

b. Modelo de la atenuación de Treisman (1960)

"**Anne Treisman**", propuso un modelo similar, pero argumentó que el filtro de atención no bloquea completamente la información irrelevante, sino que simplemente la atenúa. En su modelo, la información irrelevante puede llegar al procesamiento consciente si es lo suficientemente fuerte o importante.

c. Teoría de la carga perceptiva de Lavie (1995)

Según "**Lavie**", la atención está influenciada por la **carga perceptiva** de una tarea. Si una tarea requiere mucha atención y recursos cognitivos, habrá menos atención disponible para otros estímulos. Sin embargo, si una tarea es más simple, es más fácil que se desvíe la atención hacia estímulos irrelevantes.

Relación entre percepción y atención:

La **percepción y la atención,** están estrechamente interrelacionadas. La atención actúa como un **filtro,** que determina qué información sensorial será procesada de manera consciente, lo que a su vez influye en cómo percibimos el mundo. Sin atención, la percepción sería caótica y sobrecargada ya que estaríamos expuestos a demasiados estímulos a la vez.

- **Ejemplo**: Si caminamos por una calle concurrida, nuestra atención se centrará en los vehículos en movimiento, las personas y las señales, lo que permitirá una percepción más clara de los elementos relevantes para nuestra seguridad.

Conclusión:

Percepción y **atención,** son procesos fundamentales en la psicología, que permiten a los seres humanos interactuar de manera efectiva con el mundo que los rodea. Mientras que la percepción organiza e interpreta la información sensorial, la atención selecciona los estímulos más relevantes para procesarlos de manera eficiente. La interacción entre ambos procesos es clave para comprender cómo los seres humanos experimentan y responden a su entorno y son esenciales para el comportamiento y la cognición diaria.

Ejercicio práctico:

- **Actividad:** Realiza una caminata en la naturaleza y enfoca tu atención en un sentido a la vez (vista, oído, olfato). Anota las diferencias en tu experiencia.

Pregunta reflexiva:
- ¿Qué elementos del entorno sueles pasar por alto y cómo podrías mejorar tu percepción del mundo que te rodea?

1.3.2. Aprendizaje y Memoria

Aprendizaje y **memoria,** son dos procesos fundamentales en la psicología que están estrechamente interrelacionados. Ambos juegan un papel crucial en la forma en que los seres humanos adquieren, almacenan y utilizan el conocimiento y las habilidades a lo largo del tiempo. A continuación, se desarrolla en detalle cada uno de estos conceptos y su relación en el contexto psicológico.

1. Aprendizaje en psicología

El **aprendizaje,** es el proceso a través del cual los individuos adquieren nuevas habilidades, conocimientos, conductas o actitudes como resultado de la experiencia. Es un proceso activo que implica cambios duraderos en el comportamiento o en las capacidades de un individuo debido a la práctica o experiencia.

Principales teorías del aprendizaje:

a. **Condicionamiento clásico (Pavlov)**

b. **Condicionamiento operante (Skinner)**

c. **Teoría del aprendizaje social "Bandura".** El aprendizaje social propuesto por **"Albert Bandura",** es una teoría que sugiere que las personas aprenden no solo a través de la experiencia directa (como en el condicionamiento clásico y operante), sino también **observando a los demás**. Este enfoque se aparta de las teorías conductistas más tradicionales, que se centraban exclusivamente en el aprendizaje a través de la recompensa y el castigo, al introducir el papel fundamental de la **observación**, el **modelado** y los **procesos cognitivos** en el aprendizaje.

Conceptos clave del aprendizaje social de Bandura:

1. Aprendizaje por observación (modelado)

Bandura, argumentó que gran parte del aprendizaje humano ocurre al observar el comportamiento de otras personas, a quienes llama **"modelos"**. En lugar de aprender exclusivamente a través de la experiencia directa, las personas pueden aprender comportamientos nuevos observando a otros y luego imitando esos comportamientos.

El **modelado,** implica que una persona observa el comportamiento de un modelo (padres, amigos, figuras de autoridad, personajes de los medios de comunicación, etc.) y posteriormente reproduce ese comportamiento, especialmente si el modelo es recompensado o admirado
- **Ejemplo**: Un niño aprende a saludar con la mano después de ver a un adulto realizar ese gesto en diversas situaciones.

2. Procesos cognitivos en el aprendizaje

El aprendizaje social de Bandura, subraya la importancia de los **procesos cognitivos** que intervienen en el aprendizaje. No basta con observar, el individuo debe procesar, interpretar y evaluar la información observada. Estos procesos mentales influyen en si una persona adoptará o no un comportamiento observado.
Bandura, identificó cuatro procesos esenciales en el aprendizaje por observación:

1. **Atención**: Para que ocurra el aprendizaje, es fundamental prestar atención al modelo. La atención puede depender de factores como la relevancia del comportamiento, la similitud

entre el modelo y el observador, la atracción o prestigio del modelo.
2. **Retención**: Una vez que se presta atención, es necesario retener la información en la memoria para poder reproducirla más adelante. La retención implica la capacidad de almacenar lo que se ha observado en forma de imágenes mentales o descripciones verbales.
3. **Reproducción motora**: Este proceso implica la capacidad de reproducir físicamente el comportamiento observado. La persona debe ser capaz de traducir lo que ha visto en acciones. A veces, aunque el observador haya prestado atención y retenido la información, puede no tener la habilidad motora para realizar la conducta de inmediato, lo cual requerirá práctica.
4. **Motivación**: Finalmente, para que el comportamiento observado se repita, debe haber alguna motivación. El refuerzo positivo, ya sea externo (recompensas) o interno (satisfacción personal), es clave para que la persona decida adoptar el comportamiento.

3. Reforzamiento vicario

El concepto de **reforzamiento vicario,** es uno de los aportes más importantes de Bandura. Sugiere que las personas no solo aprenden de las consecuencias directas de sus acciones, sino también al observar las consecuencias que otros experimentan.

- Si un individuo, observa que otro es recompensado por una acción (reforzamiento vicario positivo), es más probable que imite ese comportamiento.
- Si observa que otro es castigado por una acción (reforzamiento vicario negativo), es menos probable que lo imite.

Ejemplo: Un niño que ve a su hermano ser recompensado por limpiar su habitación es más probable que imite ese comportamiento, incluso si no recibe la misma recompensa directamente.

4. Autoeficacia

Un concepto crucial en la teoría de Bandura, es el de **autoeficacia**, que se refiere a la creencia de una persona en su capacidad para ejecutar acciones específicas y alcanzar resultados deseados. Las personas con una alta autoeficacia, tienen más confianza en su capacidad para aprender y realizar tareas, lo que las motiva a intentarlo y perseverar.
La autoeficacia se desarrolla a partir de:

- **Experiencias de éxito**: El éxito en tareas previas aumenta la creencia en la propia capacidad.
  - **Modelos observados**: Ver a personas similares a nosotros realizar con éxito una tarea puede aumentar nuestra autoeficacia.
  - **Persuasión social**: Las palabras de aliento o motivación de los demás también pueden aumentar la autoeficacia.
  - **Estados emocionales**: Los niveles de estrés o ansiedad pueden influir en la autoeficacia. Si una persona está calmada y enfocada, es más probable que se sienta capaz de enfrentar desafíos.

5. Determinismo recíproco

El **determinismo recíproco,** es uno de los conceptos más influyentes de Bandura, que establece que el comportamiento de una persona está influido por la interacción entre tres factores:

1. **El individuo** (sus pensamientos, emociones, creencias).
2. **El comportamiento** (las acciones que el individuo realiza).
3. **El entorno** (los estímulos externos, sociales y físicos que rodean al individuo).

Según el determinismo recíproco, no es solo el entorno el que influye en el comportamiento, como sugerían los conductistas tradicionales, sino que el comportamiento también influye en el entorno y en los procesos cognitivos de la persona. Este modelo destaca la naturaleza interactiva del aprendizaje y el comportamiento.

- **Ejemplo**: Si un estudiante es introvertido y tímido (factores personales), puede evitar interactuar con compañeros (comportamiento), lo que, a su vez, influye en su entorno social (es posible que reciba menos atención o interacción social), lo que refuerza su introversión.

6. El experimento del muñeco Bobo

Uno de los experimentos más conocidos de Bandura, es el **"experimento del muñeco Bobo"**, que demostró cómo los niños pueden aprender comportamientos agresivos al observar a otros.
- En este experimento, un grupo de niños observó cómo un adulto actuaba de manera agresiva golpeando un muñeco inflable llamado "Bobo". Luego, cuando los niños tuvieron la oportunidad de jugar con el muñeco, imitaron la conducta agresiva que habían observado.
- Los resultados mostraron que los niños que observaron comportamientos agresivos eran más propensos a imitar esos comportamientos, mientras que los niños que no observaron agresiones actuaron de manera menos agresiva.

Este experimento, proporcionó evidencia de que el aprendizaje puede ocurrir sin la experiencia directa de refuerzos o castigos y que el **aprendizaje por observación** es una forma potente de adquisición de conductas.

Aplicaciones del aprendizaje social:

El enfoque de Bandura, ha tenido una gran influencia en diversas áreas de la psicología y la educación:

a. Educación

En el contexto educativo, el **aprendizaje social,** resalta la importancia del **modelado** por parte de maestros y compañeros. Los estudiantes no solo aprenden de la enseñanza directa, sino también observando cómo sus maestros y compañeros actúan y responden a las tareas.

- Los maestros pueden actuar como **modelos positivos** de comportamiento, mostrando cómo resolver problemas, manejar el estrés o interactuar de manera respetuosa con los demás.

- El refuerzo vicario en el aula también es importante. Si los estudiantes ven a sus compañeros ser recompensados por participar en clase, es más probable que también lo hagan.

b. Medios de comunicación

La teoría del aprendizaje social ha sido utilizada para comprender cómo los **medios de comunicación** (televisión, películas, videojuegos, redes sociales…), influyen en el comportamiento humano, especialmente en los niños. Los modelos presentados en los medios pueden servir de referencia para los comportamientos que las personas adoptan, tanto positivos como negativos.
- Por ejemplo, se ha observado que los niños expuestos a contenidos violentos en la televisión o los videojuegos pueden volverse más agresivos, lo que está relacionado con el concepto de **modelado** de comportamientos violentos.

c. Psicoterapia

En el ámbito de la psicoterapia, la teoría del aprendizaje social se ha utilizado en enfoques como la **terapia cognitivo-conductual** (TCC), donde los terapeutas ayudan a los pacientes a **modelar** nuevas conductas más adaptativas. El terapeuta puede actuar como un modelo al demostrar habilidades sociales, técnicas de relajación o estrategias de afrontamiento.

d. Intervenciones sociales

La teoría del aprendizaje social, también se ha utilizado para diseñar programas de intervención dirigidos a cambiar comportamientos sociales. Por ejemplo, en programas de prevención de la violencia o de promoción de la salud, se utilizan modelos positivos para enseñar comportamientos saludables y prevenir conductas problemáticas.

Críticas al aprendizaje social de Bandura:

Aunque la teoría del aprendizaje social ha sido muy influyente, también ha recibido algunas críticas:
- **Falta de consideración de factores biológicos**: Algunos críticos han señalado que la teoría de Bandura, no aborda adecuadamente el

papel de los factores biológicos, como la predisposición genética, en el comportamiento.
- **Énfasis en el ambiente**: Aunque el determinismo recíproco sugiere que el comportamiento está influido por la interacción entre el individuo, el comportamiento y el entorno, algunos críticos argumentan que la teoría da demasiado peso al entorno social y no explora suficientemente la personalidad individual o las diferencias biológicas.

Conclusión:

La **teoría del aprendizaje social,** de Albert Bandura, introdujo una visión innovadora del aprendizaje que combinaba los aspectos conductuales con los procesos cognitivos.
 El aprendizaje no se produce solo a través de la experiencia directa, sino también mediante la observación de otros y la imitación de sus comportamientos, especialmente si estos comportamientos son reforzados de manera positiva. La teoría de Bandura, ha tenido una gran influencia en la psicología, la educación, los medios de comunicación y la psicoterapia, demostrando que las personas son **agentes activos** en su propio proceso de aprendizaje y no simplemente receptores pasivos de estímulos del entorno.

d. Aprendizaje cognitivo (Piaget y Vygotsky)

El **aprendizaje cognitivo,** se refiere al proceso mediante el cual las personas adquieren y procesan información, formando estructuras mentales que les permiten interactuar con el mundo. Dos de los principales teóricos del aprendizaje cognitivo son "**Jean Piaget y Lev Vygotsky**", cuyas teorías ofrecen visiones complementarias pero diferentes sobre cómo los seres humanos aprenden y desarrollan sus habilidades cognitivas. A continuación, se desarrolla el enfoque de cada uno.

1. Jean Piaget y su teoría del desarrollo cognitivo

Jean Piaget (1896-1980) fue un psicólogo suizo, que centró su investigación en el **desarrollo cognitivo infantil**. Según Piaget, el aprendizaje es un proceso activo de construcción del conocimiento, en el que los niños interactúan con su entorno y construyen su comprensión del mundo a través de la experiencia. Piaget, creía que el desarrollo cognitivo ocurre en **etapas** y que los niños pasan por una serie de fases cualitativamente diferentes a medida que crecen.

Principales conceptos de la teoría de Piaget:

a. Esquemas:

Un esquema es una **estructura mental** o un marco organizativo que utilizamos para interpretar y entender el mundo. Los esquemas son como "guiones" que guían nuestro comportamiento y pensamiento en diversas situaciones. A medida que aprendemos, desarrollamos y modificamos nuestros esquemas.

- **Ejemplo**: Un niño puede tener un esquema para "perro", que le dice que los perros son animales que ladran y tienen cuatro patas. Cuando el niño ve un nuevo tipo de perro que nunca antes había visto, puede ajustar su esquema para incluir ese nuevo tipo.

b. Asimilación y acomodación:

Piaget, describió dos procesos fundamentales que guían el desarrollo cognitivo:

1. **Asimilación**: Es el proceso de **incorporar nueva información** en los esquemas ya existentes.
   - **Ejemplo**: Un niño que conoce a un perro pequeño y luego ve un perro grande lo asimila en su esquema de "perro".
2. **Acomodación**: Es el proceso de **ajustar los esquemas** existentes o crear esquemas nuevos cuando la nueva información no encaja en los esquemas actuales.
   - **Ejemplo**: Si un niño ve un gato y al principio lo llama "perro", porque ambos tienen cuatro patas y pelo, el niño deberá modificar su esquema de "animal" para acomodar al gato como una categoría diferente a la de los perros.

c. Equilibrio y desequilibrio:

El **equilibrio,** es el estado de estabilidad cognitiva que ocurre cuando una persona puede comprender su entorno a través de los esquemas existentes. El **desequilibrio** ocurre cuando hay una discrepancia entre lo que una persona sabe y lo que encuentra en su entorno, lo que impulsa a la persona a adaptarse mediante la asimilación o la acomodación.

- **Ejemplo**: Un niño que siempre ha visto perros amigables entra en desequilibrio si un día un perro lo muerde. Debe ajustar su esquema para incluir que algunos perros pueden ser peligrosos.

d. Etapas del desarrollo cognitivo:

Piaget, propuso que el desarrollo cognitivo ocurre en una serie de **cuatro etapas** distintas, cada una caracterizada por una forma cualitativamente diferente de pensar y entender el mundo. Estas etapas son:

1 **Etapa sensorimotora (0-2 años)**:
    o Durante esta etapa, los niños aprenden principalmente a través de sus **sentidos** y **acciones motoras**. El desarrollo clave en esta etapa es el concepto de **permanencia del objeto**, que es la comprensión de que los objetos continúan existiendo incluso cuando no pueden ser vistos.
2 **Etapa preoperacional (2-7 años)**:
    o En esta etapa, los niños comienzan a utilizar el **lenguaje** y los **símbolos** para representar objetos y eventos. Sin embargo, su pensamiento es todavía **egocéntrico**, lo que significa que les resulta difícil ver las cosas desde la perspectiva de los demás. También tienen dificultad para realizar **operaciones mentales** lógicas.
3 **Etapa de las operaciones concretas (7-11 años)**:
    o Los niños en esta etapa comienzan a pensar de manera más lógica, pero su pensamiento está todavía muy **ligado a situaciones concretas**. Pueden realizar operaciones mentales como la conservación (la comprensión de que la cantidad de un objeto no cambia aunque su forma o apariencia lo haga).

4 **Etapa de las operaciones formales (12 años en adelante)**:
   o En esta etapa, los adolescentes desarrollan la capacidad de pensar de manera **abstracta** y lógica. Pueden formular hipótesis, pensar en términos de lo posible y lo imaginario y realizar operaciones mentales complejas como la deducción.

Implicaciones educativas de Piaget:

- **Aprendizaje activo**: Según Piaget, los niños deben **aprender activamente** a través de la interacción con el entorno. Los educadores deben fomentar actividades que permitan a los niños explorar, experimentar y descubrir por sí mismos.
- **Enseñanza adecuada a la etapa**: Los maestros, deben adaptar las actividades de aprendizaje al **nivel de desarrollo cognitivo** del niño. En las primeras etapas, las actividades deben ser concretas y sensoriales, mientras que en etapas posteriores pueden ser más abstractas y basadas en el razonamiento lógico.

2. Lev Vygotsky y su teoría del constructivismo social

"**Lev Vygotsky**" (1896-1934), un psicólogo Ruso, es conocido por su enfoque del **constructivismo social**, que subraya la importancia de la **interacción social** y la **cultura** en el aprendizaje. A diferencia de Piaget, que se centró más en el desarrollo individual, Vygotsky creía que el aprendizaje es un proceso fundamentalmente social y que el desarrollo cognitivo está profundamente influenciado por la interacción con otros, especialmente adultos y compañeros más capaces.

Principales conceptos de la teoría de Vygotsky:

a. Zona de desarrollo próximo (ZDP):

Uno de los conceptos más influyentes de Vygotsky es la **zona de desarrollo próximo (ZDP)**, que se refiere al espacio entre lo que un niño puede hacer por sí solo y lo que puede hacer con la ayuda de otra persona más experta, como un maestro o un compañero. Esta zona representa el **potencial de aprendizaje** de un niño.

- **Ejemplo**: Si un niño puede resolver un rompecabezas sencillo por sí solo, pero necesita la ayuda de un adulto para resolver un rompecabezas más complicado, ese espacio de apoyo representa su ZDP. Con el tiempo, el niño será capaz de resolver el rompecabezas complicado sin ayuda ya que habrá aprendido nuevas habilidades a través de la interacción.

b. Andamiaje:

El **andamiaje,** es una técnica educativa basada en el concepto de "**ZDP**". Se refiere a la **ayuda temporal,** que un adulto o compañero más capacitado brinda a un niño para realizar una tarea. A medida que el niño desarrolla más habilidades y se vuelve más competente, esa ayuda se retira gradualmente hasta que el niño puede realizar la tarea de manera independiente.

- **Ejemplo**: Un maestro que ayuda a un estudiante a resolver problemas matemáticos puede comenzar dando pistas o soluciones parciales. A medida que el estudiante mejora, el maestro reduce gradualmente su nivel de ayuda.

c. Lenguaje y pensamiento:

Vygotsky, creía que el **lenguaje** desempeña un papel crucial en el desarrollo cognitivo. Según él, el lenguaje no solo es una herramienta de comunicación, sino también un **medio para el desarrollo del pensamiento**. A través de la interacción social, los niños desarrollan habilidades cognitivas utilizando el lenguaje como una herramienta para planificar, organizar y guiar su comportamiento.

- **Habla privada**: Vygotsky, destacó la importancia del **habla privada** (cuando los niños se hablan a sí mismos en voz alta), como una forma de guiar su comportamiento y resolver problemas. Eventualmente, esta forma de habla se internalizada y se convierte en **pensamiento interno**.

d. Constructivismo social:

El enfoque de Vygotsky, se denomina **constructivismo social,** porque enfatiza que el conocimiento es construido de manera activa a través de la **interacción social**. Según él, el aprendizaje siempre es un proceso social ya que las habilidades y el conocimiento son adquiridos a través de la cultura, la comunicación y la colaboración.

Diferencias entre Piaget y Vygotsky:

- **Desarrollo individual vs. social**: Mientras que Piaget, creía que el desarrollo cognitivo ocurre principalmente a través de la interacción directa del niño con su entorno, Vygotsky, subrayó el papel central de la **interacción social** en el desarrollo. Vygotsky, argumentaba que las habilidades cognitivas emergen primero en un nivel **social** (a través de la interacción) y luego en un nivel **individual** (a través de la internalización).
- **Etapas vs. aprendizaje continuo**: Piaget, propuso que el desarrollo cognitivo ocurre en etapas definidas, mientras que Vygotsky, consideraba el desarrollo como un proceso **continuo**, sin etapas rígidas y dependiente del contexto social y cultural.
- **Lenguaje**: Para Piaget, el lenguaje es simplemente una parte más del desarrollo cognitivo, que surge una vez que se han desarrollado las estructuras cognitivas necesarias. Para Vygotsky, en cambio, el lenguaje es fundamental para el desarrollo cognitivo ya que mediatiza el pensamiento y la resolución de problemas.

Implicaciones educativas de Vygotsky:

- **Aprendizaje colaborativo**: Vygotsky, subraya la importancia de las **interacciones sociales** en el aprendizaje. Los educadores deben fomentar el **trabajo en equipo**, la **colaboración** y las **interacciones** entre estudiantes ya que estas son claves para el desarrollo cognitivo.
- **Andamiaje en la enseñanza**: El concepto de **andamiaje,** implica que los maestros deben proporcionar apoyo temporal mientras los estudiantes aprenden nuevas habilidades. Este apoyo se retira a medida que los estudiantes desarrollan la competencia necesaria.
- **Importancia del contexto cultural**: Vygotsky, reconoció la influencia de la **cultura** en el desarrollo cognitivo, sugiriendo que las herramientas cognitivas que los niños adquieren dependen en gran medida de su entorno cultural.

Relación entre las teorías de Piaget y Vygotsky:

A pesar de sus diferencias, las teorías de Piaget y Vygotsky comparten ciertos principios comunes:
- Ambos teóricos creen que el aprendizaje es un proceso **activo**, en el que el niño es un agente activo en la construcción de su propio conocimiento.
- Reconocen que los niños tienen diferentes formas de pensar y aprender en distintos momentos de su desarrollo.
- Ambos destacan la importancia del **contexto** en el aprendizaje, aunque Piaget, pone más énfasis en la interacción con el entorno físico y Vygotsky, en la interacción social.

Conclusión:

Tanto "**Jean Piaget**" como "**Lev Vygotsky**", aportaron contribuciones fundamentales al estudio del aprendizaje cognitivo. Piaget, centró su investigación en cómo los niños construyen activamente su conocimiento a través de la interacción con el entorno, proponiendo una serie de etapas de desarrollo cognitivo. Por su parte, Vygotsky, subrayó la importancia del contexto social y cultural, destacando que el aprendizaje es un proceso colaborativo influenciado por la interacción con otros. Ambas teorías han tenido un impacto duradero en la educación y la psicología, influyendo en la forma en que se estructuran los programas de enseñanza y se abordan las necesidades cognitivas de los estudiantes.

e. Aprendizaje significativo (Ausubel)

"**David Ausubel**", propuso el concepto de "**aprendizaje significativo**", que ocurre cuando el nuevo conocimiento se relaciona de manera sustancial con los conocimientos previos del individuo. Esto contrasta con el **aprendizaje mecánico**, en el que la información se memoriza sin una comprensión profunda.

- **Ejemplo**: Si un estudiante ya conoce los principios básicos de la biología, el aprendizaje de un nuevo concepto (como la genética), será más efectivo porque podrá relacionarlo con sus conocimientos previos, facilitando una comprensión más profunda.

Factores que influyen en el aprendizaje:

- **Motivación**: Las personas tienden a aprender mejor cuando están motivadas. La motivación puede ser intrínseca (el deseo de aprender por el placer de aprender) o extrínseca (motivada por recompensas externas, como calificaciones o reconocimiento).
- **Atención**: El aprendizaje eficiente requiere **atención**. Sin la capacidad de concentrarse en la información relevante, el aprendizaje es menos probable. La distracción y la falta de concentración dificultan el procesamiento adecuado de la información.
- **Refuerzo y castigo**: Los **refuerzos** positivos y negativos, ayudan a consolidar el aprendizaje, mientras que el castigo puede reducir la probabilidad de que ciertos comportamientos se repitan.

2. Memoria en psicología

La **memoria,** es el proceso mediante el cual la información es **codificada, almacenada** y **recuperada** en el cerebro. Es fundamental para el aprendizaje ya que permite que la información se mantenga a lo largo del tiempo y se utilice cuando sea necesario. Sin memoria, no podríamos recordar lo que hemos aprendido ni aplicar ese conocimiento en situaciones futuras.

Etapas del proceso de la memoria:

a. Codificación

La codificación, es el proceso de **transformar la información** que percibimos en un formato que pueda ser almacenado en la memoria. La codificación puede ser automática (cuando ocurre sin esfuerzo) o controlada (cuando requiere atención y esfuerzo consciente).

- **Codificación visual**: Se refiere a la representación mental de las imágenes.

- **Codificación acústica**: Se refiere al procesamiento de la información a través del sonido.
- **Codificación semántica**: Se refiere a la interpretación de la información en términos de su significado.

b. Almacenamiento

El almacenamiento, es el proceso de **mantener la información** a lo largo del tiempo. Existen tres sistemas principales de almacenamiento en la memoria:

- **Memoria sensorial**: Es el sistema de almacenamiento inicial y temporal que capta la información sensorial (imágenes, sonidos, etc.) durante un período muy breve, típicamente menos de un segundo. Actúa como un "filtro" que selecciona la información que será procesada más profundamente.
- **Memoria a corto plazo (MCP)**: También llamada **memoria de trabajo**, es el sistema que retiene una cantidad limitada de información (aproximadamente 7 ítems) durante unos 20-30 segundos. Es la memoria que usamos para realizar tareas inmediatas, como recordar un número de teléfono temporalmente o resolver un problema de matemáticas simple.
- **Memoria a largo plazo (MLP)**: La memoria a largo plazo almacena información de forma más permanente. Esta memoria puede durar desde unos minutos hasta toda la vida y su capacidad es prácticamente ilimitada.

c. Recuperación

La recuperación es el proceso de **acceder a la información almacenada,** cuando es necesario. La información puede ser recuperada de manera consciente o inconsciente.

- **Recuperación por reconocimiento**: Ocurre cuando identificamos una información previamente aprendida entre varias opciones, como en un examen de opción múltiple.
- **Recuperación por recuerdo**: Implica recuperar información sin señales externas, como al responder una pregunta de desarrollo o ensayo.

Tipos de memoria:

a. Memoria explícita (declarativa)

La memoria explícita es la memoria consciente de hechos e información que podemos declarar verbalmente. Se subdivide en:

- **Memoria episódica**: Relacionada con recuerdos de experiencias personales o eventos específicos en la vida de una persona (por ejemplo, recordar tu último cumpleaños).
- **Memoria semántica**: Relacionada con hechos y conocimientos generales sobre el mundo, como el significado de palabras o conceptos (por ejemplo, recordar que París es la capital de Francia).

b. Memoria implícita (no declarativa)

La memoria implícita, no requiere un esfuerzo consciente para ser recordada. Es el tipo de memoria que nos permite realizar tareas automáticamente, una vez que han sido aprendidas.

- **Memoria procedimental**: Es el tipo de memoria que permite realizar acciones y habilidades motoras automáticas, como andar en bicicleta o atarse los zapatos, sin necesidad de pensar conscientemente en cómo se hacen.
- **Priming**: Es el fenómeno por el cual la exposición previa a un estímulo influye en la respuesta a un estímulo posterior, sin que necesariamente seamos conscientes de ello.

Factores que influyen en la memoria:

- **Atención**: La información solo puede ser codificada correctamente en la memoria si se presta suficiente atención a ella. Sin atención, la información se pierde en la memoria sensorial o no se transfiere a la memoria a largo plazo.
- **Repetición y práctica**: La repetición ayuda a reforzar la memoria ya que cada vez que se repasa la información, se fortalece la conexión neuronal relacionada con ese recuerdo. La práctica espaciada en el tiempo suele ser más efectiva que la práctica masiva.

- **Organización**: Agrupar la información de manera lógica y organizada facilita su almacenamiento y recuperación. Esto es lo que ocurre con el proceso de "**chunking**", en el que la información se organiza en bloques o unidades significativas.

Relación entre aprendizaje y memoria:

El aprendizaje y la memoria están íntimamente relacionados. El **aprendizaje implica la adquisición de nueva información** o habilidades, mientras que la **memoria, es el sistema que nos permite almacenar y recuperar esa información** a lo largo del tiempo. Sin la memoria, el aprendizaje no sería posible, ya que no podríamos retener la información adquirida ni aplicarla en futuras situaciones.

Por ejemplo, cuando aprendemos a conducir, inicialmente requiere una gran cantidad de atención y esfuerzo consciente (memoria a corto plazo). Con la práctica repetida, las habilidades de conducción se almacenan en la **memoria procedimental**, lo que nos permite realizar la tarea de manera automática sin esfuerzo consciente.

Conclusión:

El **aprendizaje** y la **memoria,** son procesos fundamentales en la psicología que nos permiten adquirir, almacenar y recuperar conocimientos y habilidades a lo largo del tiempo. Mientras que el aprendizaje se refiere a cómo adquirimos nuevas conductas o conocimientos, la memoria es el sistema que nos permite retener esa información. Ambos procesos están influenciados por factores como la atención, la motivación y la repetición y su estudio es clave para entender cómo las personas interactúan con su entorno y se adaptan a nuevas situaciones.

Ejercicio práctico:

- **Actividad:** Intenta aprender una nueva habilidad (ej., una palabra en otro idioma) y practica diferentes técnicas de memorización.

Pregunta reflexiva:
- ¿Qué estrategias de aprendizaje funcionan mejor para ti y por qué?

1.3.3. Emoción y Motivación

Emoción y motivación, son dos conceptos fundamentales en psicología que están estrechamente interrelacionados y juegan un papel crucial en la forma en que las personas experimentan el mundo, toman decisiones y se comportan. A continuación, se desarrollan en detalle ambos conceptos y su relación en el contexto psicológico.

1. Emoción en psicología

Definición de emoción:

Las **emociones** son **respuestas complejas,** que implican un componente fisiológico, un componente cognitivo y un componente conductual. Las emociones son reacciones ante estímulos internos o externos que nos preparan para actuar de una manera específica. Las emociones no solo son sentimientos subjetivos, sino que también incluyen cambios en la fisiología corporal, expresiones faciales y la predisposición a actuar de cierta manera.

Componentes de la emoción:

1. **Componente fisiológico**:
   - Las emociones, implican respuestas del sistema nervioso autónomo, como el aumento del ritmo cardíaco, la dilatación de las pupilas, el aumento de la sudoración, etc. Estas respuestas preparan al cuerpo para la acción, como ocurre en la **respuesta de lucha o huida.**
2. **Componente cognitivo**:
   - Las emociones involucran una **evaluación cognitiva** del estímulo o situación. Esta evaluación afecta cómo interpretamos el evento y la emoción que sentimos.

- Por ejemplo, dos personas pueden reaccionar de manera diferente a la misma situación dependiendo de cómo la evalúan.
3. **Componente conductual**:
   - Las emociones influyen en el **comportamiento**. Pueden provocar acciones visibles, como sonreír, llorar, gritar o huir, que son respuestas visibles a los estímulos emocionales.

Teorías principales de la emoción:

a. Teoría de James-Lange:

Propuesta por **"William James"** y **"Carl Lange"**, esta teoría sugiere que la emoción es la consecuencia de las respuestas fisiológicas ante un estímulo. Es decir, primero experimentamos una respuesta corporal y luego la interpretamos como una emoción.

- **Ejemplo**: Cuando ves un perro agresivo, tu corazón empieza a latir más rápido y sudas. Según esta teoría, estas respuestas fisiológicas son las que te hacen sentir miedo, no al revés.

b. Teoría de Cannon-Bard:

"Walter Cannon" y **"Philip Bard"**, propusieron una teoría alternativa, sugiriendo que las emociones y las respuestas fisiológicas ocurren **simultáneamente** e independientemente. Según esta teoría, no es la reacción fisiológica la que provoca la emoción, sino que ambas ocurren al mismo tiempo como resultado de la activación del sistema nervioso central.

- **Ejemplo**: Al ver un perro agresivo, sentirías miedo y al mismo tiempo, tu cuerpo respondería con un aumento del ritmo cardíaco y la sudoración.

c. Teoría bifactorial o de Schachter-Singer:

Esta teoría, desarrollada por **"Stanley Schachter"** y **"Jerome Singer"**, sostiene que las emociones son el resultado de una combinación de la activación fisiológica y la interpretación cognitiva de esa activación. Es decir, la emoción depende de cómo se interprete la activación fisiológica en un contexto específico.

- **Ejemplo**: Si tu corazón late rápido después de un entrenamiento físico, lo interpretarás como resultado del ejercicio. Pero si tu corazón late rápido en una situación de peligro, lo interpretarás como miedo.

d. Teoría del cerebro tripartito de Le Doux:

"**Joseph Le Doux**", propuso que el cerebro tiene **diferentes vías** para procesar las emociones. Las emociones básicas, como el miedo, se procesan en la **amígdala**, lo que permite respuestas rápidas sin pasar por el procesamiento cognitivo. Las emociones más complejas requieren un procesamiento más elaborado en áreas superiores del cerebro, como la **corteza prefrontal**.

e. Teoría del feedback facial:

Según esta teoría, las expresiones faciales no solo son el resultado de las emociones, sino que también **influyen en la experiencia emocional**. Por ejemplo, sonreír puede hacer que una persona se sienta más feliz, incluso si no estaba experimentando esa emoción antes.

Funciones de las emociones:

1. **Preparación para la acción**: Las emociones activan el cuerpo para que esté listo para actuar de manera apropiada en situaciones relevantes. Por ejemplo, el miedo prepara al cuerpo para luchar o huir ante el peligro.
2. **Comunicación social**: Las emociones también sirven como **señales sociales**. Las expresiones faciales y otros comportamientos emocionales comunican cómo nos sentimos a los demás, lo que facilita la interacción social.
3. **Regulación y toma de decisiones**: Las emociones influyen en la **toma de decisiones**. Por ejemplo, emociones como el miedo o la ansiedad pueden hacer que evitemos situaciones peligrosas, mientras que la alegría puede motivarnos a repetir comportamientos que nos producen placer.

2. Motivación en psicología
Definición de motivación:

La **motivación**, es el proceso que **inicia, guía y mantiene** el comportamiento orientado hacia un objetivo. Implica una serie de factores internos y externos que energizan y dirigen el comportamiento hacia el logro de una meta o la satisfacción de una necesidad. La motivación está estrechamente relacionada con los **deseos**, las **necesidades** y los **objetivos** de las personas.

Tipos de motivación:

1. **Motivación intrínseca**:
   o Es el tipo de motivación que proviene de **factores internos**, como la satisfacción personal, el interés o el placer que se experimenta al realizar una tarea. Las personas motivadas intrínsecamente realizan actividades porque las encuentran **gratificantes en sí mismas**, no porque busquen una recompensa externa.
   o **Ejemplo**: Un estudiante que estudia porque disfruta aprender sobre el tema está motivado intrínsecamente.
2. **Motivación extrínseca**:
   o Es el tipo de motivación que proviene de **factores externos**, como recompensas (dinero, premios) o la evitación de castigos. Las personas motivadas extrínsecamente realizan actividades para obtener una recompensa externa o evitar una consecuencia negativa.
   o **Ejemplo**: Un estudiante que estudia para obtener una buena calificación o para evitar ser castigado está motivado extrínsecamente.

Principales teorías de la motivación:

a. **Teoría de la jerarquía de necesidades de Maslow:**

"**Abraham Maslow**", propuso una **jerarquía de necesidades** que motivan el comportamiento humano. Según Maslow, las personas están motivadas para satisfacer una serie de necesidades que se organizan en una jerarquía y las necesidades más básicas deben satisfacerse antes de que las personas puedan centrarse en necesidades más altas.

La jerarquía de Maslow, consta de cinco niveles:

1. **Necesidades fisiológicas**: Alimentación, agua, refugio, sueño.
2. **Necesidades de seguridad**: Seguridad física, estabilidad, protección.
3. **Necesidades sociales**: Amor, pertenencia, relaciones sociales.
4. **Necesidades de estima**: Logro, reconocimiento, respeto.
5. **Autorrealización**: Alcanzar el máximo potencial, creatividad, crecimiento personal.

b. Teoría de la autodeterminación (Deci y Ryan):

La **teoría de la autodeterminación** (TAD), desarrollada por "**Edward Deci**" y "**Richard Ryan**", sostiene que las personas están motivadas por la necesidad de satisfacer tres necesidades psicológicas fundamentales:
1. **Autonomía**: Sentir que tenemos el control de nuestras acciones.
2. **Competencia**: Sentirnos eficaces y capaces de realizar nuestras tareas.
3. **Relación**: Sentirnos conectados con los demás y ser parte de una comunidad.

Cuando estas necesidades están satisfechas, las personas experimentan **motivación intrínseca** y bienestar.

c. Teoría del impulso:

La **teoría del impulso**, propuesta por "**Clark Hull**", sugiere que la motivación surge de los **impulsos fisiológicos,** que buscan satisfacer necesidades básicas. Los seres humanos y los animales están motivados a actuar para reducir estos impulsos, como el hambre o la sed, que generan un estado de desequilibrio interno.

- **Ejemplo**: Comer para reducir el impulso causado por el hambre.

d. Teoría de la expectativa-valor:

La **teoría de la expectativa-valor**, propuesta por "**John Atkinson**", sugiere que la motivación depende de dos factores principales:

1. **Expectativa**: La creencia de que podemos tener éxito en una tarea.
2. **Valor**: El grado en que valoramos la tarea o la recompensa que obtenemos de ella.

Si una persona cree que puede tener éxito y valora el resultado, es más probable que esté motivada a realizar la tarea.

e. Teoría del refuerzo:

Esta teoría, derivada del **condicionamiento operante** de B.F. Skinner, sostiene que la motivación está controlada por los **refuerzos** y **castigos**. Las conductas que son seguidas por refuerzos (recompensas) tienden a repetirse, mientras que las conductas que son seguidas por castigos tienden a disminuir.

f. Teoría de las metas:

La **teoría de las metas,** sugiere que el establecimiento de **metas claras** y específicas es un factor clave en la motivación. Las personas están más motivadas cuando tienen objetivos bien definidos y cuando esos objetivos son desafiantes pero alcanzables.

Relación entre emoción y motivación:

- **Emoción como impulsor de la motivación**: Las emociones pueden influir en nuestra motivación. Por ejemplo, las emociones positivas como la alegría y el entusiasmo tienden a aumentar la motivación para participar en actividades, mientras que las emociones negativas como la tristeza o el miedo pueden reducir la motivación.
- **Motivación como regulador de la emoción**: Por otro lado, la motivación también puede regular nuestras emociones. Las personas motivadas para lograr objetivos importantes pueden regular sus emociones negativas (como el miedo al fracaso) para seguir adelante y alcanzar sus metas.

Conclusión:

Emoción y **motivación,** son procesos interdependientes que influyen en el comportamiento humano. Las emociones afectan la forma en que las personas perciben sus metas y la motivación para alcanzarlas, mientras que la motivación puede influir en cómo las personas gestionan sus emociones. Ambos procesos son esenciales para comprender el comportamiento humano en su totalidad ya que impulsan nuestras acciones, decisiones y bienestar psicológico.

Pregunta reflexiva:

- ¿Qué te motiva a alcanzar tus objetivos y cómo influyen tus emociones en este proceso?

1.3.4. Desarrollo Cognitivo y Social

El **desarrollo cognitivo** y el **desarrollo social,** son dos áreas clave en la psicología, que explican cómo las personas crecen y se adaptan a lo largo de su vida en términos de su capacidad para pensar, razonar y entender (cognición) y su habilidad para interactuar, relacionarse y funcionar dentro de un contexto social.

Desarrollo cognitivo:

El **desarrollo cognitivo,** se refiere a los **cambios mentales** que una persona experimenta desde la infancia hasta la adultez. Este proceso implica la evolución de habilidades como el **pensamiento lógico,** la **resolución de problemas,** la **toma de decisiones,** la **memoria** y la **comprensión del lenguaje.** A lo largo del tiempo, las personas pasan de formas de pensamiento simples, basadas en lo concreto y lo inmediato, a formas más abstractas y complejas.

Principales aspectos del desarrollo cognitivo:

- **Capacidad para procesar información**: A medida que los niños crecen, mejoran en su capacidad para recibir, interpretar y almacenar información. Esto incluye un mejor uso de la memoria de trabajo y la capacidad de concentración.

- **Flexibilidad mental**: Con el tiempo, las personas desarrollan la habilidad de cambiar de perspectiva y considerar múltiples puntos de vista o estrategias al enfrentarse a un problema. Esto es clave en la resolución de problemas y en la toma de decisiones complejas.
- **Desarrollo del lenguaje y del pensamiento abstracto**: Durante la adolescencia, la capacidad de pensar de manera abstracta y simbólica mejora. Esto se refleja en la habilidad para comprender conceptos que no están directamente presentes en el entorno físico, como las metáforas o los conceptos matemáticos.
- **Autorregulación**: El desarrollo cognitivo también involucra la capacidad de **regular los propios procesos mentales** y de pensamiento, como la planificación de acciones a futuro, la reflexión sobre las propias decisiones y la inhibición de comportamientos impulsivos.

Desarrollo social:

El **desarrollo social,** se refiere a cómo una persona **aprende a interactuar** con los demás, a comprender las normas sociales, a construir relaciones y a desenvolverse dentro de una sociedad. Este proceso también incluye el desarrollo de la **empatía**, el **entendimiento de las emociones ajenas** y la capacidad para adaptarse a roles sociales específicos a lo largo de la vida.

Principales aspectos del desarrollo social:

- **Formación de relaciones**: Desde la infancia, el ser humano comienza a formar vínculos con sus cuidadores principales, lo que establece la base para futuras relaciones. Los vínculos tempranos, como los lazos afectivos con los padres, influyen en cómo una persona forma amistades y relaciones románticas más adelante.
- **Desarrollo del sentido del "yo" en relación con los demás**: A medida que las personas crecen, desarrollan una conciencia de sí mismas en el contexto social. Esto incluye comprender cómo los demás los ven y desarrollar una identidad social.
- **Desarrollo de habilidades sociales**: Estas son las habilidades necesarias para interactuar eficazmente con otras personas, como la cooperación, la negociación, la resolución de conflictos y el uso adecuado de la comunicación verbal y no verbal.

- **Empatía y comprensión de las emociones**: El desarrollo social incluye la capacidad de reconocer las emociones en los demás y de responder de manera adecuada a las señales emocionales, lo que es fundamental para establecer relaciones saludables y adaptarse al entorno social.
- **Normas y roles sociales**: Durante la adolescencia y la adultez, las personas aprenden a cumplir con las expectativas y los roles sociales en diferentes contextos, como en la familia, en el trabajo o en la sociedad en general. Aprenden a adaptarse a las reglas y expectativas que guían el comportamiento social, lo que facilita la integración en grupos y comunidades.

Interrelación entre desarrollo cognitivo y social:

El **desarrollo cognitivo** y el **desarrollo social,** están profundamente interrelacionados. A medida que una persona desarrolla sus habilidades cognitivas, mejora su capacidad para entender situaciones sociales complejas, lo que a su vez facilita la adaptación a las dinámicas sociales. Por ejemplo:

- La **empatía**, una habilidad clave en el desarrollo social, requiere de procesos cognitivos como la **toma de perspectiva** y la **comprensión de las emociones** de los demás.
- El crecimiento en el ámbito cognitivo permite a las personas entender reglas sociales más abstractas, como los principios éticos y morales, lo que influye en su comportamiento dentro de una comunidad.
- En contextos sociales, la capacidad para resolver problemas de manera efectiva (desarrollo cognitivo) es esencial para mantener relaciones y gestionar conflictos.

Conclusión:

El **desarrollo cognitivo** y el **desarrollo social,** no ocurre de forma aislada, sino que se influyen mutuamente a lo largo de la vida de una persona. Mientras que el desarrollo cognitivo facilita una mayor comprensión del mundo y de las situaciones complejas, el desarrollo social permite a las personas integrarse en la sociedad, construir relaciones y comprender mejor las normas que guían el comportamiento dentro de un grupo. Ambas áreas son cruciales para el crecimiento humano y el funcionamiento eficaz dentro de una sociedad.

Pregunta reflexiva:

* ¿De qué manera sigues creciendo y desarrollándote en la etapa actual de tu vida?

Resumen del Capítulo

En este capítulo, hemos explorado los principios fundamentales de la psicología humana, proporcionando una base sólida para entender cómo funcionamos. A través de las principales teorías y enfoques psicológicos, hemos visto diferentes perspectivas sobre el comportamiento y los procesos mentales.

Capítulo 2:
El Alejamiento de la Naturaleza

2.1. El Vínculo Ancestral entre el Hombre y la Naturaleza

El **vínculo ancestral entre el hombre y la naturaleza** es una conexión profunda y fundamental que ha existido desde los primeros momentos de la humanidad. A lo largo de la historia, los seres humanos han dependido de la naturaleza no solo para la supervivencia física, como el alimento, el refugio y el agua, sino también para su bienestar espiritual, emocional y psicológico. Esta relación ha sido una fuente de inspiración, un medio de subsistencia y un marco simbólico que ha moldeado las culturas, las creencias y las formas de vida.

1. Orígenes del vínculo: la supervivencia y el entorno

Los primeros seres humanos, vivían en contacto directo con la naturaleza. En las sociedades de cazadores y recolectores, la vida dependía enteramente del conocimiento del entorno natural, cuándo y dónde cazar, qué plantas recolectar, cómo protegerse del clima y cómo utilizar los recursos naturales para sobrevivir. Esta interacción directa con la naturaleza formó una **conciencia profunda del entorno**, donde cada elemento natural (animales, plantas, ríos, montañas), era esencial para la supervivencia.

a. Dependencia física y ecológica:

La tierra proporcionaba los **alimentos**, el **agua** y los **materiales** para herramientas y refugios. La observación de los ciclos naturales, como las estaciones, la migración de animales y los patrones climáticos, era crucial para planificar las actividades cotidianas. Los seres humanos desarrollaron una comprensión íntima de la naturaleza, adaptándose y formando un conocimiento ecológico tradicional que se transmitía de generación en generación.

b. Relaciones simbólicas y espirituales:

En muchas culturas antiguas, la naturaleza no solo era una fuente de recursos, sino también de **significado espiritual**. Las culturas indígenas, por ejemplo, veían a la naturaleza como un ente vivo, dotado de espíritu y propósito. Los árboles, las montañas, los animales y los ríos a menudo se consideraban sagrados y los seres humanos se veían a sí mismos como parte de un gran sistema interconectado con la naturaleza.

- **Animismo**: Muchas culturas antiguas creían en el animismo, la idea de que todas las cosas en la naturaleza (tanto animada como inanimada), tienen un alma o espíritu. Los rituales, las ceremonias y las ofrendas eran formas de honrar a los espíritus de la naturaleza y mantener una relación equilibrada y respetuosa con el entorno.
- **Totemismo**: En varias culturas tribales, ciertos animales o plantas se veían como **totems** sagrados, que representaban a una tribu o clan y proporcionaban protección espiritual. Estos vínculos simbolizaban la idea de que los seres humanos y la naturaleza estaban interconectados de maneras profundas y misteriosas.

2. El impacto de la civilización en la relación con la naturaleza

A medida que las sociedades se hicieron más complejas y avanzaron hacia la **agricultura**, las ciudades y las civilizaciones, la relación con la naturaleza comenzó a transformarse. La agricultura permitió el control de los recursos naturales, lo que llevó a la creación de asentamientos permanentes. Aunque este proceso trajo consigo el avance tecnológico y cultural, también marcó el comienzo de una separación gradual entre el hombre y el mundo natural.

a. Domesticación de la naturaleza:

La agricultura, permitió a las sociedades humanas **modificar el paisaje natural** para sus propios fines. La domesticación de animales y plantas permitió una mayor independencia del entorno salvaje, pero también cambió la forma en que las personas veían la naturaleza. De ser un socio o espíritu con el cual convivir en armonía, la naturaleza comenzó a verse como algo a **controlar y explotar**.

b. Crecimiento de las ciudades y urbanización:

Con el crecimiento de las ciudades, la distancia física y emocional entre el hombre y la naturaleza se amplió aún más. Las personas empezaron a vivir en entornos construidos por el ser humano, rodeadas de estructuras artificiales en lugar de paisajes naturales. La urbanización creó un sentido de alienación de la naturaleza y con el tiempo, las personas se volvieron menos conscientes de su conexión directa con los ecosistemas que sustentaban sus vidas.

3. La desconexión moderna y sus consecuencias

En la era moderna, con el avance de la tecnología, la industrialización y la globalización, esta **desconexión entre el hombre y la naturaleza** se ha intensificado. Hoy en día, muchas personas viven en ciudades densamente pobladas, rodeadas de tecnología y productos artificiales y tienen poco contacto con el entorno natural. Esta desconexión tiene profundas consecuencias, tanto para el ser humano como para el planeta.

a. Crisis ambiental:

La explotación excesiva de los recursos naturales, la deforestación, la contaminación y el cambio climático son consecuencias directas de esta desconexión. Al ver la naturaleza como una fuente de recursos infinitos para ser explotada, las sociedades modernas han contribuido a una **crisis ambiental global,** que amenaza no solo a los ecosistemas, sino también al bienestar humano.

b. Efectos psicológicos de la desconexión:

La desconexión de la naturaleza, no solo ha tenido consecuencias ambientales, sino también psicológicas. Diversos estudios han mostrado que el **contacto con la naturaleza** tiene un efecto positivo en la salud mental y el bienestar general. La naturaleza tiene la capacidad de reducir el estrés, mejorar el estado de ánimo y aumentar la creatividad y la concentración. Por otro lado, la falta de exposición a entornos naturales ha sido asociada con mayores niveles de ansiedad, depresión y otros trastornos psicológicos.

4. Renovando el vínculo: el regreso a la naturaleza

En las últimas décadas, ha habido un creciente reconocimiento de la necesidad de **reconectar** con la naturaleza, tanto a nivel individual como colectivo. Movimientos como el **ecologismo**, el **desarrollo sostenible** y la **agricultura regenerativa,** buscan restaurar la relación entre el hombre y el entorno natural, fomentando un enfoque más equilibrado y respetuoso hacia el planeta.

a. Ecología profunda:

El movimiento de la **ecología profunda,** promueve la idea de que los seres humanos no son superiores a la naturaleza, sino que son solo una parte más de un **ecosistema interdependiente**. Esta visión enfatiza la necesidad de **reducir el impacto humano** en el medio ambiente y vivir en armonía con todos los seres vivos.

b. Baños de bosque y terapia natural:

Prácticas como los **baños de bosque** (shinrin-yoku, en Japón) y otras formas de terapia natural subrayan los beneficios de pasar tiempo en la naturaleza para la salud física y emocional. Estas prácticas buscan restaurar el equilibrio entre el hombre y la naturaleza, reconociendo el poder curativo de los entornos naturales.

c. Movimientos por la conservación y el rewilding:

El **rewilding** o "resalvajización" es un movimiento ecológico que busca restaurar los ecosistemas naturales mediante la **reintroducción de especies clave** y la regeneración de áreas naturales. Estos esfuerzos no solo tienen como objetivo proteger la biodiversidad, sino también reequilibrar la relación entre los humanos y el medio ambiente, devolviendo partes del mundo a su estado natural, aunque no deben haber intereses privados de por medio o podría contribuir a todo lo contrario...

5. El vínculo simbólico y espiritual en la actualidad

A pesar de la desconexión moderna, muchos grupos y culturas mantienen una relación espiritual con la naturaleza. En las culturas indígenas de todo el mundo, la tierra sigue siendo vista como sagrada y el hombre como su cuidador. Esta visión del mundo reconoce la naturaleza como algo que proporciona vida y equilibrio, no solo recursos materiales.

- **Ecospiritualidad**: En la actualidad, muchas personas están encontrando nuevas formas de espiritualidad basadas en el respeto y la conexión con la naturaleza. Estos movimientos, a menudo inspirados por tradiciones ancestrales, buscan cultivar una **relación de reciprocidad** con el mundo natural.

Conclusión:

El **vínculo ancestral entre el hombre y la naturaleza,** no solo es una conexión histórica, sino una parte fundamental de la identidad humana. A pesar de la desconexión provocada por la urbanización y la industrialización, la naturaleza sigue siendo un componente esencial del bienestar humano, tanto física como espiritualmente. En la actualidad, el desafío es reconstruir esta conexión, promoviendo un enfoque más respetuoso y consciente hacia la naturaleza que garantice la supervivencia tanto de la humanidad como del planeta.

Ejercicio práctico:

- **Actividad:** Investiga sobre una cultura ancestral de tu región y cómo interactuaba con la naturaleza. Anota tres prácticas que evidencien esa conexión profunda.

Pregunta reflexiva:

- ¿De qué manera crees que estas prácticas ancestrales podrían aplicarse en tu vida moderna para mejorar tu bienestar?

2.2. La Revolución Agrícola, Industrial y Tecnológica

La **revolución agrícola, industrial y tecnológica,** han sido hitos fundamentales en la evolución humana, marcando puntos de inflexión en la forma en que las sociedades interactúan con la naturaleza y entre sí. Cada una de estas revoluciones trajo consigo avances significativos que impulsaron el desarrollo humano en términos de productividad, bienestar y progreso científico, pero también resultaron en una creciente desconexión con lo natural y las leyes de la naturaleza, lo que ha tenido consecuencias profundas tanto para el ser humano como para el medio ambiente. A continuación, se examina cada revolución y sus impactos en esta desconexión.

1. La Revolución Agrícola

La **Revolución Agrícola**, que tuvo lugar hace aproximadamente 10,000 años, marcó el paso de sociedades cazadoras-recolectoras nómadas a comunidades agrícolas sedentarias. Este cambio transformó radicalmente la relación de los humanos con la naturaleza ya que los humanos comenzaron a domesticar plantas y animales, alterando el paisaje para adaptarlo a sus necesidades.

Aspectos positivos:

- **Aumento de la producción de alimentos**: La agricultura permitió producir más alimentos de manera más consistente, lo que posibilitó el **crecimiento de la población** y la formación de aldeas y ciudades. Con la agricultura, los humanos ya no dependían exclusivamente de la caza y la recolección, lo que les permitió asentarse y desarrollar comunidades más grandes y complejas.
- **Innovaciones tecnológicas tempranas**: La invención de herramientas agrícolas, como arados y sistemas de riego, ayudó a mejorar la productividad y la eficiencia, lo que permitió a las sociedades empezar a almacenar excedentes de alimentos, creando seguridad alimentaria.

Aspectos negativos:

- **Desconexión con los ciclos naturales**: Aunque la agricultura mejoró la disponibilidad de alimentos, también dio lugar a una primera forma de **desconexión con lo natural**. En lugar de vivir en simbiosis con el entorno, los humanos comenzaron a modificar el paisaje de forma masiva: la deforestación, la modificación de ríos para regar cultivos y la domesticación de especies animales transformaron los ecosistemas.
- **Explotación de la tierra**: La agricultura intensiva llevó a una explotación de la tierra sin precedentes, agotando los suelos y forzando la expansión de tierras agrícolas. La idea de que la tierra podía ser explotada de manera indefinida sin considerar los ciclos naturales de regeneración de los suelos representó una primera ruptura con las leyes de la naturaleza, que posteriormente se intensificaría.
- **Jerarquización social**: La agricultura también introdujo desigualdades sociales al permitir la acumulación de recursos y el surgimiento de clases sociales. Las sociedades agrícolas dieron lugar a la propiedad privada de la tierra y a la concentración de poder, lo que, en algunos casos, favoreció la explotación de la naturaleza en beneficio de unos pocos.

2. La Revolución Industrial

La **Revolución Industrial**, que comenzó en el siglo XVIII en Europa, fue un cambio radical en la producción y el trabajo humano. Con la introducción de las **máquinas a vapor**, las fábricas y los nuevos métodos de producción en masa, la Revolución Industrial impulsó el crecimiento económico de manera espectacular, pero también aceleró la desconexión del ser humano con la naturaleza.

Aspectos positivos:

- **Aumento de la producción y acceso a bienes**: La Revolución industrial permitió producir bienes de manera masiva y a un menor costo. Esto democratizó el acceso a productos que antes solo estaban al alcance de unos pocos, mejorando las condiciones de vida de muchas personas.

- **Avances científicos y tecnológicos**: Los avances en ingeniería, ciencia y medicina que surgieron a partir de la revolución industrial impulsaron el desarrollo humano. Las vacunas, la electricidad, los motores de combustión interna y los sistemas de transporte global revolucionaron la forma en que las sociedades vivían y trabajaban.

Aspectos negativos:

- **Explotación intensiva de los recursos naturales**: La industrialización condujo a una extracción masiva de recursos naturales como el carbón, el petróleo y los minerales. Esto alteró profundamente los ecosistemas y provocó **daños ambientales** de gran escala, como la deforestación, la contaminación del aire, el agua y la destrucción de hábitats naturales.
- **Contaminación y crisis ecológica**: La quema de combustibles fósiles en fábricas y motores produjo cantidades sin precedentes de contaminación atmosférica, lo que contribuyó al **cambio climático** y a problemas de salud pública. La industrialización rompió el ciclo natural de regeneración de los ecosistemas, afectando gravemente el equilibrio climático.
- **Alienación del trabajador**: El sistema de producción industrial también trajo consigo la **alienación del ser humano** de su trabajo y su entorno natural. El trabajo en fábricas y líneas de montaje, repetitivo y mecánico, desconectó a los trabajadores de la naturaleza y de la satisfacción que se obtiene de trabajos más manuales y creativos.
- **Urbanización y separación del campo**: Con la revolución industrial, millones de personas migraron a las ciudades, lo que generó un **alejamiento físico** de los entornos rurales y naturales. Este proceso de urbanización aceleró la ruptura entre el ser humano y su entorno natural ya que las ciudades industrializadas crecieron rápidamente sin tener en cuenta la sostenibilidad ambiental.

3. La Revolución Tecnológica

La **Revolución Tecnológica**, que comenzó a mediados del siglo XX con la invención de las computadoras y la posterior digitalización de la sociedad, ha transformado profundamente la vida humana. La tecnología digital y las innovaciones en comunicaciones, inteligencia artificial, biotecnología y automatización han acelerado el ritmo del cambio social, económico y cultural.

Aspectos positivos:

- **Acceso a la información**: La revolución tecnológica ha democratizado el acceso al conocimiento. Hoy en día, millones de personas pueden acceder a información instantáneamente, lo que ha permitido un avance en la **educación global** y el intercambio de ideas.
- **Innovaciones en salud y bienestar**: La tecnología ha mejorado significativamente la medicina, con avances en diagnósticos, tratamientos y prevención de enfermedades. Las biotecnologías, la inteligencia artificial aplicada a la medicina y los sistemas de gestión de la salud han salvado millones de vidas.
- **Productividad y eficiencia**: Las tecnologías digitales han hecho posible una producción más eficiente, así como una mayor **automatización** en fábricas, oficinas y hogares, lo que ha reducido el esfuerzo físico en muchas tareas cotidianas y mejorado la calidad de vida de muchas personas.

Aspectos negativos:

- **Desconexión digital y alienación**: Si bien la tecnología ha traído enormes beneficios, también ha contribuido a una mayor **alienación del entorno natural**. El tiempo que pasamos frente a las pantallas ha reemplazado gran parte del tiempo que antes pasábamos al aire libre, lo que ha generado una desconexión psicológica y emocional de la naturaleza. Este fenómeno es particularmente pronunciado entre las generaciones más jóvenes.
- **Destrucción del medio ambiente**: La fabricación de dispositivos electrónicos y el consumo masivo de tecnología han creado una nueva forma de contaminación y explotación de recursos. Los residuos electrónicos, la minería de metales raros y la enorme cantidad de energía utilizada por los centros de datos han creado nuevas formas de degradación ambiental.
- **Crisis de identidad y bienestar mental**: La digitalización de la vida ha generado, en algunos casos, una crisis de identidad y

sentido de comunidad. El uso excesivo de redes sociales y la inmersión en entornos digitales han aumentado la sensación de **desconexión de lo real**, contribuyendo a mayores niveles de ansiedad, depresión y otros problemas de salud mental.
- **Desigualdad digital**: Aunque la tecnología ha democratizado el acceso a la información, también ha creado una **brecha digital** entre quienes tienen acceso a las tecnologías avanzadas y quiénes no. Esto agrava las desigualdades globales, limitando las oportunidades para muchos.

4. Desconexión con las leyes de la naturaleza

Cada una de estas revoluciones ha contribuido de manera creciente a una **ruptura entre los seres humanos y las leyes naturales**. Desde el control de la agricultura sobre los ecosistemas hasta la explotación industrial masiva y la vida digital contemporánea, el hombre ha buscado subyugar y controlar la naturaleza, olvidando su papel como parte de un sistema interconectado.

Impactos a largo plazo:

- **Ruptura del ciclo natural**: A medida que los humanos alteraron el entorno natural en busca de progreso, rompieron ciclos naturales vitales, como el equilibrio de los ecosistemas, los ciclos del carbono y los sistemas climáticos. Esto ha contribuido a problemas globales como el **cambio climático**, la pérdida de biodiversidad y la desertificación.
- **Pérdida de respeto por los límites naturales**: A lo largo de las revoluciones, se ha debilitado la comprensión de que la naturaleza opera bajo **leyes inmutables**, que incluyen el equilibrio de los ecosistemas, la regeneración de los suelos y la capacidad limitada de los recursos. La búsqueda del crecimiento económico y la expansión tecnológica ha ignorado estos límites, lo que ha puesto en riesgo la sostenibilidad de la vida en la Tierra.

Conclusión:

La revolución agrícola, industrial y tecnológica han sido cruciales en la evolución de la humanidad, trayendo avances que han mejorado la vida de millones de personas. Sin embargo, también han generado una **desconexión profunda con la naturaleza,** lo que ha causado una crisis ambiental y un alejamiento psicológico y espiritual del entorno natural. En la actualidad, el desafío es encontrar formas de reconciliar el progreso humano con el respeto por las leyes de la naturaleza, reconociendo los límites planetarios y restaurando una relación más equilibrada con el mundo natural.

Análisis psicológico:

- **Desconexión sensorial:** Reducción del contacto directo con estímulos naturales.
- **Estrés y sobre estimulación:** Consecuencias de entornos urbanos y digitales.
- **Pérdida de habilidades tradicionales:** Desconocimiento de técnicas de supervivencia y autogestión.

Ejercicio práctico:

- **Actividad:** Reflexiona sobre tu rutina diaria. Anota cuánto tiempo dedicas a actividades en entornos naturales versus actividades en entornos urbanos o digitales.

Pregunta reflexiva:

- ¿Cómo ha influido la tecnología en tu conexión con la naturaleza y en tu bienestar emocional?

2.3. Urbanización y Aislamiento del Entorno Natural

La **revolución agrícola, industrial y tecnológica,** han sido hitos fundamentales en la evolución humana, marcando puntos de inflexión en la forma en que las sociedades interactúan con la naturaleza y entre sí. Cada una de estas revoluciones trajo consigo avances significativos que impulsaron el desarrollo humano en términos de productividad, bienestar y progreso científico, pero también resultaron en una creciente desconexión con lo natural y las leyes de la naturaleza, lo que ha tenido consecuencias profundas tanto para el ser humano como para el medio ambiente. A continuación, se examina cada revolución y sus impactos en esta desconexión.

1. La Revolución Agrícola

La **Revolución Agrícola**, que tuvo lugar hace aproximadamente 10,000 años, marcó el paso de sociedades cazadoras-recolectoras nómadas a comunidades agrícolas sedentarias. Este cambio transformó radicalmente la relación de los humanos con la naturaleza ya que los humanos comenzaron a domesticar plantas y animales, alterando el paisaje para adaptarlo a sus necesidades.

Aspectos positivos:

- **Aumento de la producción de alimentos**: La agricultura permitió producir más alimentos de manera más consistente, lo que posibilitó el **crecimiento de la población** y la formación de aldeas y ciudades. Con la agricultura, los humanos ya no dependían exclusivamente de la caza y la recolección, lo que les permitió asentarse y desarrollar comunidades más grandes y complejas.
- **Innovaciones tecnológicas tempranas**: La invención de herramientas agrícolas, como arados y sistemas de riego, ayudó a mejorar la productividad y la eficiencia, lo que permitió a las sociedades empezar a **almacenar excedentes de alimentos**, creando seguridad alimentaria.

Aspectos negativos:

- **Desconexión con los ciclos naturales**: Aunque la agricultura mejoró la disponibilidad de alimentos, también dio lugar a una primera forma de **desconexión con lo natural**. En lugar de vivir en simbiosis con el entorno, los humanos comenzaron a modificar el paisaje de forma masiva: la deforestación, la modificación de ríos para regar cultivos y la domesticación de especies animales transformaron los ecosistemas.
- **Explotación de la tierra**: La agricultura intensiva llevó a una explotación de la tierra sin precedentes, agotando los suelos y forzando la expansión de tierras agrícolas. La idea de que la tierra podía ser explotada de manera indefinida sin considerar los ciclos

naturales de regeneración de los suelos representó una primera ruptura con las leyes de la naturaleza, que posteriormente se intensificaría.
- **Jerarquización social**: La agricultura también introdujo **desigualdades sociales** al permitir la acumulación de recursos y el surgimiento de clases sociales. Las sociedades agrícolas dieron lugar a la propiedad privada de la tierra y a la concentración de poder, lo que, en algunos casos, favoreció la explotación de la naturaleza en beneficio de unos pocos.

2. La Revolución Industrial

La **Revolución Industrial**, que comenzó en el siglo XVIII en Europa, fue un cambio radical en la producción y el trabajo humano. Con la introducción de las **máquinas a vapor**, las fábricas y los nuevos métodos de producción en masa, la revolución industrial impulsó el crecimiento económico de manera espectacular, pero también aceleró la desconexión del ser humano con la naturaleza.

Aspectos positivos:

- **Aumento de la producción y acceso a bienes**: La revolución industrial permitió producir bienes de manera masiva y a un menor costo. Esto democratizó el acceso a productos que antes solo estaban al alcance de unos pocos, mejorando las condiciones de vida de muchas personas.
- **Avances científicos y tecnológicos**: Los avances en ingeniería, ciencia y medicina que surgieron a partir de la revolución industrial impulsaron el desarrollo humano. Las vacunas, la electricidad, los motores de combustión interna y los sistemas de transporte global revolucionaron la forma en que las sociedades vivían y trabajaban.

Aspectos negativos:

- **Explotación intensiva de los recursos naturales**: La industrialización condujo a una extracción masiva de recursos naturales como el carbón, el petróleo y los minerales. Esto alteró profundamente los ecosistemas y provocó **daños ambientales** de

gran escala, como la deforestación, la contaminación del aire y el agua y la destrucción de hábitats naturales.
- **Contaminación y crisis ecológica**: La quema de combustibles fósiles en fábricas y motores produjo cantidades sin precedentes de contaminación atmosférica, lo que contribuyó al **cambio climático** y a problemas de salud pública. La industrialización rompió el ciclo natural de regeneración de los ecosistemas, afectando gravemente el equilibrio climático.
- **Alienación del trabajador**: El sistema de producción industrial también trajo consigo la **alienación del ser humano** de su trabajo y su entorno natural. El trabajo en fábricas y líneas de montaje, repetitivo y mecánico, desconectó a los trabajadores de la naturaleza y de la satisfacción que se obtiene de trabajos más manuales y creativos.
- **Urbanización y separación del campo**: Con la revolución industrial, millones de personas migraron a las ciudades, lo que generó un **alejamiento físico** de los entornos rurales y naturales. Este proceso de urbanización aceleró la ruptura entre el ser humano y su entorno natural ya que las ciudades industrializadas crecieron rápidamente sin tener en cuenta la sostenibilidad ambiental.

3. La Revolución Tecnológica

La **Revolución Tecnológica**, que comenzó a mediados del siglo XX con la invención de las computadoras y la posterior digitalización de la sociedad, ha transformado profundamente la vida humana. La tecnología digital y las innovaciones en comunicaciones, inteligencia artificial, biotecnología y automatización han acelerado el ritmo del cambio social, económico y cultural.

Aspectos positivos:

- **Acceso a la información**: La revolución tecnológica ha democratizado el acceso al conocimiento. Hoy en día, millones de personas pueden acceder a información instantáneamente, lo que ha permitido un avance en la **educación global** y el intercambio de ideas.
- **Innovaciones en salud y bienestar**: La tecnología ha mejorado significativamente la medicina, con avances en diagnósticos,

tratamientos y prevención de enfermedades. Las biotecnologías, la inteligencia artificial aplicada a la medicina y los sistemas de gestión de la salud han salvado millones de vidas.
- **Productividad y eficiencia**: Las tecnologías digitales han hecho posible una producción más eficiente, así como una mayor **automatización** en fábricas, oficinas y hogares, lo que ha reducido el esfuerzo físico en muchas tareas cotidianas y mejorado la calidad de vida de muchas personas.

Aspectos negativos:

- **Desconexión digital y alienación**: Si bien la tecnología ha traído enormes beneficios, también ha contribuido a una mayor **alienación del entorno natural**. El tiempo que pasamos frente a las pantallas ha reemplazado gran parte del tiempo que antes pasábamos al aire libre, lo que ha generado una desconexión psicológica y emocional de la naturaleza. Este fenómeno es particularmente pronunciado entre las generaciones más jóvenes.
- **Destrucción del medio ambiente**: La fabricación de dispositivos electrónicos y el consumo masivo de tecnología han creado una nueva forma de **contaminación y explotación de recursos**. Los residuos electrónicos, la minería de metales raros y la enorme cantidad de energía utilizada por los centros de datos han creado nuevas formas de degradación ambiental.
- **Crisis de identidad y bienestar mental**: La digitalización de la vida ha generado, en algunos casos, una crisis de identidad y sentido de comunidad. El uso excesivo de redes sociales y la inmersión en entornos digitales han aumentado la sensación de **desconexión de lo real**, contribuyendo a mayores niveles de ansiedad, depresión y otros problemas de salud mental.
- **Desigualdad digital**: Aunque la tecnología ha democratizado el acceso a la información, también ha creado una **brecha digital** entre quienes tienen acceso a las tecnologías avanzadas y quiénes no. Esto agrava las desigualdades globales, limitando las oportunidades para muchos.

4. Desconexión con las leyes de la naturaleza

Cada una de estas revoluciones ha contribuido de manera creciente a una ruptura entre los seres humanos y las leyes naturales. Desde el control de la agricultura sobre los ecosistemas hasta la explotación industrial masiva y la vida digital contemporánea, el hombre ha buscado subyugar y controlar la naturaleza, olvidando su papel como parte de un sistema interconectado.

Impactos a largo plazo:

- **Ruptura del ciclo natural**: A medida que los humanos alteraron el entorno natural en busca de progreso, rompieron ciclos naturales vitales, como el equilibrio de los ecosistemas, los ciclos del carbono y los sistemas climáticos. Esto ha contribuido a problemas globales como el cambio climático, la pérdida de biodiversidad y la desertificación.
- **Pérdida de respeto por los límites naturales**: A lo largo de las revoluciones, se ha debilitado la comprensión de que la naturaleza opera bajo **leyes inmutables**, que incluyen el equilibrio de los ecosistemas, la regeneración de los suelos y la capacidad limitada de los recursos. La búsqueda del crecimiento económico y la expansión tecnológica ha ignorado estos límites, lo que ha puesto en riesgo la sostenibilidad de la vida en la Tierra.

Conclusión:

Las revoluciones agrícolas, industriales y tecnológicas, han sido cruciales en la evolución de la humanidad, trayendo avances que han mejorado la vida de millones de personas. Sin embargo, también han generado una desconexión profunda con la naturaleza, lo que ha causado una crisis ambiental y un alejamiento psicológico y espiritual del entorno natural. En la actualidad, el desafío es encontrar formas de reconciliar el progreso humano con el respeto por las leyes de la naturaleza, reconociendo los límites planetarios y restaurando una relación más equilibrada con el mundo natural.

La **urbanización** y el **aislamiento del entorno natural** han sido procesos que, a lo largo del tiempo, han transformado radicalmente la forma en que los seres humanos viven, piensan y se comportan. A medida que más personas se han trasladado a entornos urbanos, cada vez más alejados de la naturaleza, la relación del ser humano con su entorno y su propio bienestar psicológico ha sufrido una serie de cambios profundos. Este fenómeno ha tenido consecuencias significativas para la psicología humana, afectando nuestra forma de entender el mundo, nuestro comportamiento y nuestro estado emocional.

1. Consecuencias psicológicas del aislamiento del entorno natural

a. Desconexión emocional con la naturaleza

El desplazamiento hacia entornos urbanos densamente poblados ha generado una **desconexión emocional con la naturaleza**. Vivir en ciudades rodeadas de estructuras artificiales, donde el acceso a espacios verdes es limitado o inexistente, ha hecho que muchas personas pierdan el **sentido de pertenencia** a la naturaleza. Esta desconexión no solo es física, sino también psicológica y espiritual, lo que lleva a una disminución de la **apreciación** y el **respeto** por el entorno natural.
- **Consecuencia psicológica**: La falta de contacto con la naturaleza se ha relacionado con una mayor incidencia de **estrés**, **ansiedad** y **depresión**. La ausencia de estímulos naturales puede afectar el bienestar mental ya que la naturaleza tiene efectos calmantes y restauradores sobre el cerebro humano, lo que ayuda a reducir la fatiga mental y emocional.

b. Déficit de naturaleza

El déficit de naturaleza, un concepto desarrollado por el autor **"Richard Louv"**, describe cómo las generaciones actuales, especialmente los niños que crecen en áreas urbanas, experimentan una falta de contacto directo con el entorno natural. Este déficit tiene efectos duraderos en el desarrollo cognitivo, emocional y social de las personas.
- **Impacto en el desarrollo infantil**: Los niños que crecen sin contacto con la naturaleza muestran una mayor propensión a

problemas de **hiperactividad, falta de concentración** y **trastornos de comportamiento**. La naturaleza actúa como un entorno que fomenta la creatividad, la exploración y el juego no estructurado, lo que es crucial para el desarrollo infantil. La urbanización limita estas oportunidades, lo que puede tener efectos negativos a largo plazo en la **capacidad de atención** y en la **regulación emocional** de los niños.

c. Aislamiento social y aumento de la soledad

La urbanización también ha incrementado los niveles de **aislamiento social**, a pesar de que las ciudades albergan a grandes cantidades de personas. La densidad de población y el ritmo de vida acelerado en los entornos urbanos pueden paradójicamente conducir a una mayor sensación de **soledad**. Los entornos urbanos, donde las interacciones son más impersonales, han disminuido las conexiones comunitarias cercanas y han fomentado un **individualismo** exacerbado.

- **Impacto psicológico**: Este aislamiento social contribuye a la aparición de **trastornos mentales**, como la **depresión** y la **ansiedad social** y puede afectar la percepción del bienestar general. Las personas que viven en entornos urbanos tienden a reportar un mayor sentimiento de alienación, lo que se asocia con un menor sentido de propósito y satisfacción en la vida.

d. Agotamiento cognitivo

Los entornos urbanos, caracterizados por un exceso de estímulos artificiales (ruidos, luces, tráfico, aglomeraciones), pueden llevar al **agotamiento cognitivo**. El cerebro humano, al estar expuesto constantemente a este tipo de estímulos, debe mantener un estado de **vigilancia constante**, lo que provoca un desgaste en las funciones cognitivas y emocionales.

- **Consecuencias en la salud mental**: El agotamiento cognitivo provocado por el ruido urbano y el exceso de información puede reducir la capacidad de las personas para concentrarse, tomar decisiones y regular sus emociones. Esto contribuye al aumento de los niveles de **estrés crónico** y la **fatiga mental**, lo que a su vez está vinculado a enfermedades como la hipertensión, el insomnio y problemas cardiovasculares.

2. Cambio en la manera de entender el mundo y la naturaleza

a. Percepción fragmentada de la naturaleza

Con el crecimiento de las ciudades y el aumento de la urbanización, la percepción de la naturaleza se ha fragmentado. Para muchas personas que viven en áreas urbanas, la naturaleza se ha convertido en algo **distante** y **aislado**. En lugar de formar parte de su vida cotidiana, la naturaleza ha pasado a ser vista como un lugar de **escapismo**, algo al que se accede ocasionalmente, como en parques o vacaciones en áreas rurales.

- **Cambio en la visión del medio ambiente**: Este alejamiento ha reducido el sentido de **responsabilidad ambiental** de las personas. Si la naturaleza se percibe como algo externo y separado de la vida urbana, es menos probable que se valore o proteja. Esto contribuye a la **degradación ambiental**, ya que las personas no sienten una conexión directa con los ecosistemas que sostienen la vida.

b. Tecnocentrismo y control del entorno

El desarrollo urbano y tecnológico ha fomentado una mentalidad **tecnocéntrica**, en la que se cree que la tecnología puede resolver todos los problemas, incluidos los ambientales. La confianza excesiva en las soluciones tecnológicas ha generado una desconexión de las leyes naturales ya que se tiende a ignorar los límites ecológicos en favor del crecimiento económico y la urbanización.

- **Efecto en la conducta humana**: Este enfoque ha promovido una conducta que busca el **dominio** sobre la naturaleza, en lugar de una coexistencia armoniosa con ella. Las personas que viven en ciudades tienden a subestimar la interdependencia entre los seres humanos y los ecosistemas, lo que puede resultar en comportamientos destructivos hacia el medio ambiente, como el consumo excesivo y la producción de residuos.

c. Mente orientada hacia la producción y el consumo

La urbanización y el alejamiento de la naturaleza han fomentado una mentalidad orientada hacia la productividad y el consumo. En entornos urbanos, el éxito a menudo se mide por el nivel de productividad y acumulación de bienes, lo que ha reforzado una cultura del trabajo que prioriza la eficiencia y el rendimiento por encima del bienestar personal y la conexión con el entorno natural.

- **Impacto en la salud mental**: Este enfoque basado en la productividad constante ha contribuido a altos niveles de **estrés laboral** y **agotamiento emocional**, lo que ha generado un aumento en los casos de **"burnout"** (síndrome de agotamiento). Las personas que viven en entornos urbanos tienden a tener menos tiempo para el ocio y el contacto con la naturaleza, lo que disminuye su capacidad para relajarse y disfrutar de actividades que promueven el bienestar emocional.

3. Consecuencias en la conducta humana

a. Aumento del comportamiento destructivo hacia el medio ambiente

La desconexión entre los humanos y la naturaleza ha llevado a un aumento de comportamientos que **dañan el medio ambiente**. La falta de conciencia sobre los impactos del consumo y la urbanización ha contribuido a la sobreexplotación de los recursos naturales y a la contaminación. Muchas personas no comprenden el vínculo entre su estilo de vida urbano y las crisis ambientales globales, lo que perpetúa un ciclo de comportamiento insostenible.

- **Ejemplo de conducta**: En las ciudades, las personas tienden a consumir más productos de un solo uso y generan más residuos. Las prácticas de reciclaje y conservación del agua a menudo son secundarias en comparación con la conveniencia y la rapidez que ofrece la vida urbana.

b. Conducta orientada a la tecnología

En las ciudades, la tecnología ha reemplazado muchos de los aspectos de la vida que antes estaban relacionados con la naturaleza. Las personas pasan cada vez más tiempo en **entornos virtuales** (internet, redes sociales, videojuegos), lo que afecta su forma de interactuar con el mundo físico y social.

- **Cambio en las relaciones interpersonales**: La comunicación digital ha reemplazado muchas interacciones cara a cara, lo que puede generar **relaciones más superficiales** y una mayor dificultad para conectarse de manera auténtica con los demás. Además, la tendencia a estar constantemente conectado a dispositivos tecnológicos afecta la calidad del descanso y el sueño, lo que contribuye a un aumento en los niveles de fatiga y estrés.

c. Desensibilización hacia el bienestar natural

La falta de exposición directa a la naturaleza ha creado una **desensibilización** hacia los ciclos y procesos naturales. Las personas que viven en entornos urbanos tienden a **ignorar** o **subestimar** los impactos de sus acciones en la flora y fauna, así como en el equilibrio de los ecosistemas.

- **Consecuencia**: Esta desensibilización refuerza una mentalidad de consumo desmedido y explotación ya que los ciclos naturales no se comprenden ni se valoran. Las personas pueden seguir viviendo en ciudades, consumiendo grandes cantidades de recursos sin tomar en cuenta las repercusiones ecológicas.

4. Revertir el aislamiento: reconexión con la naturaleza

A medida que se hace más evidente el impacto del aislamiento urbano en la psicología y el comportamiento humano, surge la **necesidad de reconectar** con la naturaleza para restaurar el equilibrio psicológico y social.

Conclusión:

La urbanización y el aislamiento del entorno natural han tenido profundas consecuencias para la psicología humana, alterando la manera en que entendemos el mundo, nos relacionamos con los demás y nos comportamos con respecto a la naturaleza. Este alejamiento ha generado estrés, ansiedad y un deterioro del bienestar emocional, a la vez que ha promovido conductas destructivas hacia el medio ambiente. Restaurar el equilibrio entre el ser humano y la naturaleza, especialmente en entornos urbanos, es fundamental para mejorar tanto nuestra salud mental como el futuro del planeta.

Estudio destacado:

- **Síndrome del déficit de naturaleza:** Concepto introducido por **"Richard Louv"**, que sugiere que la falta de contacto con la naturaleza puede contribuir a problemas de salud y bienestar en niños y adultos.

Ejercicio práctico:

- **Actividad:** Visita un parque o área natural cercana. Durante tu estancia, desconecta de dispositivos electrónicos y concéntrate en tus sentidos: ¿qué ves, oyes, sientes?

Pregunta reflexiva:

- Después de esta experiencia, ¿notaste algún cambio en tu estado de ánimo o nivel de estrés?

2.4. Impacto Cultural y Social de la Desnaturalización

La separación del hombre respecto a la naturaleza no solo afecta a nivel individual, sino también en la forma en que las sociedades se estructuran y operan.

Contenido principal:
- **Cambios en valores y prioridades:**

- o **Consumo masivo:** Énfasis en la adquisición de bienes materiales.
  - o **Productividad sobre bienestar:** Sociedades orientadas al logro económico.
- **Desconexión intergeneracional:**
  - o **Pérdida de tradiciones:** Olvido de prácticas culturales relacionadas con la naturaleza.
  - o **Brecha tecnológica:** Diferencias en la relación con la tecnología entre generaciones.
- **Efectos en la educación:**
  - o **Reducción del tiempo al aire libre:** Menor incorporación de actividades en la naturaleza en currículos escolares.
  - o **Enfoque en habilidades digitales:** Prioridad a competencias tecnológicas sobre conocimientos ambientales.

Ejercicio práctico:

Actividad: Conversa con una persona mayor en tu familia o comunidad sobre cómo era su relación con la naturaleza en su juventud. ¿Qué actividades realizaban? ¿Cómo ha cambiado esto con el tiempo?

Pregunta reflexiva:

- ¿Qué enseñanzas podrías aplicar de las experiencias de generaciones pasadas para mejorar tu conexión con la naturaleza hoy?

Capítulo 3: Funcionamiento Cerebral y Neurológico del Ser Humano

3.1. Estructura y Funciones del Cerebro Humano

El **cerebro humano,** es una estructura central y compleja que desempeña un papel fundamental en el comportamiento, los procesos cognitivos y las funciones psicológicas. Desde la perspectiva de la psicología, el cerebro es el órgano responsable de procesar la información, controlar las emociones, regular las acciones físicas y mediar en la percepción del entorno. A continuación, se detalla la estructura del cerebro humano y sus principales funciones en relación con la psicología.

1. Estructura del cerebro humano

El cerebro humano está compuesto por varias áreas y sistemas interconectados que trabajan de manera coordinada para regular tanto funciones básicas como actividades cognitivas superiores. A nivel estructural, el cerebro se divide en tres partes principales: el **cerebro anterior**, el **cerebro medio** y el **cerebro posterior**

a. Cerebro anterior: Él **cerebro anterior,** es la parte más grande y avanzada del cerebro e incluye el **cerebro propiamente dicho** (hemisferios cerebrales) y estructuras clave como el **hipotálamo** y el **tálamo**.

- **Corteza cerebral**: Es la capa más externa del cerebro y es responsable de las **funciones cognitivas superiores**, como el razonamiento, el lenguaje, la toma de decisiones y la percepción

sensorial. Se divide en dos hemisferios, izquierdo y derecho, cada uno con **lóbulos** que cumplen funciones específicas:
  - **Lóbulo frontal**: Asociado con la **toma de decisiones**, el **pensamiento crítico**, el **control de impulsos** y el **movimiento voluntario**. El área de Broca, en el lóbulo frontal izquierdo, está implicada en la **producción del habla**.
  - **Lóbulo parietal**: Procesa la **información sensorial** relacionada con el tacto, la temperatura y el dolor. También se encarga de la integración espacial y la percepción del entorno.
  - **Lóbulo temporal**: Está relacionado con la **memoria**, el **reconocimiento de rostros**, el **lenguaje** (especialmente la comprensión a través del área de Wernicke) y el procesamiento auditivo.
  - **Lóbulo occipital**: Es el principal centro de **procesamiento visual**. Toda la información visual que recibimos es interpretada en esta región.

- **Tálamo**: Actúa como un **centro de procesamiento sensorial**. Toda la información sensorial, excepto la olfativa, pasa por el tálamo antes de ser enviada a las áreas correspondientes de la corteza cerebral para un procesamiento más detallado.
- **Hipotálamo**: Regula las funciones vitales como el **sueño**, la **temperatura corporal**, la **sed** y el **hambre**. También está involucrado en el control del **sistema endocrino**, mediando en la liberación de hormonas a través de la glándula pituitaria.

b. **Cerebro medio:**

El **cerebro medio** se encuentra justo debajo del cerebro anterior y es responsable de varias funciones sensoriales y motoras.
- **Colículos superiores**: Involucrados en la coordinación de los **movimientos oculares** y el procesamiento de la **información visual**.
- **Colículos inferiores**: Responsables de procesar la **información auditiva** y coordinar las respuestas a estímulos sonoros.
- **Sustancia negra**: Está relacionada con el **control del movimiento** y es la región que se ve afectada en enfermedades neurodegenerativas como el **Parkinson**.

c. Cerebro posterior

El **cerebro posterior**, también conocido como **tronco encefálico**, regula las funciones corporales más básicas y esenciales para la supervivencia.

- **Cerebelo**: Ubicado en la parte posterior e inferior del cerebro, el cerebelo es clave en la **coordinación motora**, el **equilibrio** y el **aprendizaje motor**. Aunque no está directamente implicado en la función cognitiva superior, juega un papel fundamental en la **fluidez del movimiento** y la adaptación de los movimientos según el entorno.
- **Protuberancia**: Regula funciones automáticas como la **respiración** y el **sueño**. También transmite señales entre la corteza cerebral y el cerebelo.
- **Médula oblonga**: Controla funciones vitales como la respiración, la frecuencia cardíaca y la presión arterial.

2. Funciones del cerebro humano en psicología

El cerebro, es el órgano que hace posible todos los **procesos psicológicos** y **cognitivos** que definen la experiencia humana, desde las emociones hasta la memoria, el razonamiento y el lenguaje. A continuación se describen algunas de las principales funciones relacionadas con la psicología:

a. Percepción sensorial

El cerebro, procesa la información recibida a través de los sentidos y la convierte en una **experiencia consciente**. Diferentes áreas del cerebro están especializadas en la interpretación de estímulos sensoriales:

- **Vista**: Procesada principalmente en el **lóbulo occipital**. La información visual captada por los ojos es enviada a esta área para ser interpretada como formas, colores y movimientos.
- **Audición**: La **corteza auditiva,** en el **lóbulo temporal** procesa los sonidos, permitiendo a los seres humanos comprender el habla y distinguir entre diferentes tonos y ritmos.

- **Tacto**: El **lóbulo parietal** recibe información sobre la sensación táctil, incluyendo la temperatura y el dolor.

b. Memoria y aprendizaje

La **memoria**, es esencial para el funcionamiento diario y se clasifica en diferentes tipos, cada uno de los cuales involucra distintas áreas del cerebro:

- **Memoria a corto plazo**: También conocida como **memoria de trabajo**, permite retener información por períodos cortos y es esencial para tareas cognitivas complejas como el razonamiento y la toma de decisiones. Involucra el **córtex prefrontal**.
- **Memoria a largo plazo**: Es la capacidad de almacenar información de forma prolongada. El **hipocampo**, ubicado en el lóbulo temporal, es crucial para la **consolidación** de la memoria a largo plazo, aunque las memorias se almacenan a largo plazo en diferentes áreas de la corteza cerebral.
- **Aprendizaje**: El proceso de aprendizaje implica la formación de nuevas **conexiones sinápticas** entre las neuronas. La plasticidad cerebral o la capacidad del cerebro para cambiar y adaptarse, es clave en el aprendizaje.

c. Control emocional

Las emociones son mediadas por un conjunto de estructuras conocido como el **sistema límbico**, que está profundamente conectado con la regulación emocional y la formación de recuerdos emocionales:

- **Amígdala**: Desempeña un papel crucial en el **procesamiento de las emociones**, especialmente aquellas relacionadas con el miedo y la agresión. También está involucrada en la formación de recuerdos emocionales.
- **Hipotálamo**: Regula las respuestas emocionales a través del sistema nervioso autónomo y controla la **respuesta de lucha o huida**.
- **Corteza prefrontal**: Regula las emociones más complejas y participa en la toma de decisiones, la inhibición de impulsos y la planificación a largo plazo.

d. Lenguaje

El **lenguaje** es una función cognitiva avanzada que involucra varias áreas del cerebro:

- **Área de Broca**: Ubicada en el lóbulo frontal izquierdo, esta área es responsable de la **producción del habla**. Las personas con daño en esta área pueden comprender el lenguaje pero tienen dificultades para expresarse verbalmente (afasia de Broca).
- **Área de Wernicke**: Localizada en el lóbulo temporal izquierdo, esta región es responsable de la **comprensión del lenguaje**. Las personas con daño en esta área pueden hablar fluidamente, pero sus palabras carecen de sentido (afasia de Wernicke).

e. Toma de decisiones y funciones ejecutivas

La **corteza prefrontal** es clave en las funciones ejecutivas, que incluyen la planificación, el razonamiento, la inhibición de conductas inapropiadas y la capacidad de evaluar las consecuencias de las acciones. Esta región permite a los humanos tomar decisiones complejas y actuar de manera intencionada.

f. Motivación y recompensa

El sistema de **recompensa y motivación** del cerebro está vinculado a la **dopamina**, un neurotransmisor que desempeña un papel fundamental en la **motivación** y el **placer**.
- **Núcleo accumbens**: Es una estructura clave en el sistema de recompensa. La liberación de dopamina en esta área crea sensaciones placenteras que motivan el comportamiento.
- **Área tegmental ventral (VTA)**: Produce dopamina y está involucrada en la motivación y el refuerzo positivo.

3. Conectividad cerebral y plasticidad

El cerebro humano no funciona como una colección de partes aisladas, sino como un **sistema altamente interconectado**. Las diferentes áreas del cerebro se comunican entre sí a través de vías neuronales que transmiten información en todo el cerebro.

- **Plasticidad cerebral**: Se refiere a la capacidad del cerebro para **adaptarse y reorganizarse** en respuesta a nuevas experiencias o lesiones. Esta capacidad de cambiar es fundamental para la recuperación después de una lesión cerebral y para el aprendizaje y el desarrollo a lo largo de la vida.

Conclusión:

El cerebro humano, es una estructura sumamente compleja, responsable de una amplia gama de funciones cognitivas, emocionales y conductuales que son esenciales para la experiencia humana. Desde la percepción sensorial hasta el control emocional y la toma de decisiones, el cerebro organiza, regula y coordina todas las actividades que definen la vida mental y psicológica. A través de sus diferentes regiones y conexiones, el cerebro permite a los humanos interpretar su entorno, aprender de sus experiencias y actuar de manera adaptativa.

Cita destacada:
"El cerebro es más grande que el cielo."
— **Emily Dickinson**

Estudio clave:

- **Phineas Gage (1848):** Un accidente que dañó el lóbulo frontal de "Gage", resultó en cambios significativos en su personalidad, evidenciando la relación entre áreas cerebrales y comportamiento.

Ejercicio práctico:

- **Actividad:** Investiga sobre una función específica del cerebro que te intrigue (ej., cómo se forma la memoria, el control del lenguaje). Escribe un resumen de lo que aprendiste y cómo se relaciona con tus propias experiencias.

Pregunta reflexiva:
- ¿De qué manera crees que el conocimiento sobre el funcionamiento cerebral puede influir en cómo manejas tus emociones y comportamientos diarios?

3.2. Neuroplasticidad y Adaptación al Entorno

La **neuroplasticidad**, es una de las propiedades más fascinantes del cerebro humano, que le permite **cambiar, adaptarse y reorganizarse** a lo largo de la vida en respuesta a nuevas experiencias, aprendizajes o incluso lesiones. Este concepto se refiere a la capacidad del sistema nervioso para modificar su estructura y funcionamiento, lo cual es esencial para la adaptación al entorno. La neuroplasticidad no solo es clave para el desarrollo cognitivo, sino también para cómo los seres humanos se ajustan a las demandas del entorno, tanto físico como social.

1. Definición de neuroplasticidad

La **neuroplasticidad,** se refiere a la capacidad del cerebro para **reorganizar** y **reconectar** sus redes neuronales en respuesta a experiencias, estímulos, aprendizajes o daños. Esta propiedad no es estática, sino dinámica, lo que significa que el cerebro puede formar nuevas conexiones y eliminar aquellas que ya no son necesarias, adaptándose a las condiciones cambiantes.

Existen dos formas principales de **neuroplasticidad**:

- **Plasticidad sináptica**: Es la capacidad de las sinapsis, o conexiones entre neuronas, para fortalecerse o debilitarse en respuesta a la actividad. Cuando las neuronas se comunican con frecuencia, la conexión se fortalece, lo que facilita la transmisión de información.
- **Plasticidad estructural**: Involucra cambios físicos en el cerebro, como la creación de nuevas neuronas (**neurogénesis**), el crecimiento de nuevas dendritas o axones y la reestructuración de las redes neuronales.

Ç

2. Neuroplasticidad en diferentes etapas de la vida

a. Neuroplasticidad en la infancia

Durante la infancia, la neuroplasticidad es **particularmente intensa**. Los cerebros infantiles son altamente maleables, lo que les permite **aprender rápidamente** y adaptarse a una gran cantidad de información nueva. Esta fase de **superplasticidad,** es clave para el **desarrollo del lenguaje**, las habilidades motoras y la capacidad de aprender de las interacciones sociales.

- **Poda sináptica**: En esta etapa, el cerebro crea una abundancia de conexiones sinápticas, muchas de las cuales son eliminadas posteriormente en un proceso llamado "poda sináptica", lo que hace que las conexiones restantes sean más eficientes.

b. Neuroplasticidad en la adultez

En la adultez, aunque la plasticidad disminuye en comparación con la infancia, sigue siendo muy activa. Los adultos pueden seguir aprendiendo y adaptándose gracias a la neuroplasticidad, lo que les permite cambiar comportamientos, adquirir nuevas habilidades y superar traumas físicos o emocionales.

- **Ejemplo**: Los adultos que aprenden un nuevo idioma o un instrumento musical desarrollan nuevas conexiones neuronales que no existían previamente. Este proceso es evidencia de que la plasticidad cerebral sigue siendo efectiva en edades avanzadas.

c. Neuroplasticidad en el envejecimiento

En la vejez, aunque la neuroplasticidad disminuye, el cerebro sigue siendo capaz de **adaptarse**. La plasticidad en esta etapa es esencial para **mantener la función cognitiva** y enfrentar desafíos como el deterioro natural relacionado con la edad. La estimulación cognitiva, el ejercicio y las interacciones sociales pueden promover la neuroplasticidad en los cerebros envejecidos.

- **Ejemplo**: Las personas mayores que practican actividades mentales como la lectura, los rompecabezas o la socialización pueden reducir el riesgo de **declive cognitivo** al mantener sus conexiones neuronales activas.

3. Adaptación al entorno a través de la neuroplasticidad

La **adaptación al entorno,** es un proceso fundamental para la supervivencia y el éxito de los seres humanos. La neuroplasticidad juega un papel crucial en este proceso, permitiendo que los individuos ajusten su comportamiento y respuestas en función de los cambios y desafíos en su entorno físico, social y emocional.

a. Adaptación a nuevos entornos físicos

Cuando una persona cambia de entorno ya sea mudándose a una nueva ciudad, enfrentándose a condiciones climáticas extremas o viviendo en un entorno más desafiante, el cerebro responde reorganizando sus redes neuronales para procesar de manera más eficiente la información del nuevo entorno. Esto puede implicar mejoras sensoriales, nuevas habilidades motoras y mayor capacidad de memoria para recordar rutas o configuraciones espaciales.

- **Ejemplo**: Un alpinista que se muda a vivir a una zona montañosa puede desarrollar una mayor capacidad pulmonar y cambios en su corteza motora para adaptarse a los desafíos del terreno accidentado.

Aprendizaje y adaptación cognitiva

El proceso de **aprendizaje,** está íntimamente relacionado con la neuroplasticidad. A medida que aprendemos nuevas habilidades o adquirimos conocimientos, el cerebro forma nuevas conexiones que permiten la **retención de información** y la mejora de la **eficiencia cognitiva**. Esta capacidad de aprendizaje no solo se limita a la acumulación de hechos, sino que también afecta la forma en que resolvemos problemas y nos enfrentamos a nuevos retos.

- **Ejemplo**: Los individuos que aprenden a programar o desarrollar nuevas habilidades técnicas experimentan una reorganización en las áreas del cerebro relacionadas con la lógica y la resolución de problemas.

c. Adaptación social y emocional

El cerebro, también se adapta a **entornos sociales** a través de la neuroplasticidad. Las interacciones con otras personas, las relaciones emocionales y las dinámicas sociales influyen en el desarrollo de conexiones neuronales relacionadas con la empatía, el comportamiento social y el manejo emocional.

- **Ejemplo**: Un niño que crece en un entorno socialmente enriquecido, con muchos estímulos sociales y emocionales positivos, desarrollará redes neuronales que refuerzan la habilidad para gestionar las relaciones y regular sus emociones de manera efectiva. Por el contrario, un entorno social empobrecido puede limitar el desarrollo de estas capacidades.

d. Adaptación al trauma y la resiliencia

El cerebro humano muestra una notable capacidad de **resiliencia** gracias a la neuroplasticidad. En situaciones de **trauma físico** (como un accidente que afecta el cerebro) o **trauma emocional** (como la pérdida de un ser querido o experiencias traumáticas), el cerebro puede **reorganizarse** para compensar el daño y encontrar nuevas vías para funcionar.

- **Ejemplo**: Las personas que sufren lesiones cerebrales pueden, con el tiempo y la rehabilitación, recuperar algunas funciones perdidas a través de la reorganización neuronal. Esto es especialmente evidente en pacientes que, tras un accidente cerebrovascular, recuperan la capacidad de hablar o moverse gracias a la **plasticidad compensatoria** de otras áreas del cerebro.

4. Factores que influyen en la neuroplasticidad

Existen varios factores que influyen en la **capacidad de adaptación** del cerebro a través de la neuroplasticidad:

a. Experiencia y práctica

El cerebro, se adapta mejor cuando está expuesto a **nuevas experiencias** y cuando las personas practican habilidades de manera constante. La repetición refuerza las conexiones neuronales, haciendo que las habilidades se vuelvan más automáticas y eficientes.

- **Ejemplo**: Un violinista profesional que practica varias horas al día desarrolla una mayor densidad de conexiones en las áreas del cerebro involucradas en la **coordinación motora fina** y la **percepción auditiva**.

b. Estimulación ambiental

Los entornos ricos en **estimulación cognitiva** y social fomentan una mayor plasticidad cerebral. Las personas que están expuestas a entornos estimulantes, tanto física como mentalmente, tienden a desarrollar una mayor **reserva cognitiva**, lo que les permite enfrentar mejor los desafíos mentales y físicos.

- **Ejemplo**: Estar en contacto con entornos multiculturales o aprender un nuevo idioma puede promover el desarrollo de nuevas conexiones neuronales que mejoran la capacidad de procesamiento cognitivo.

c. Ejercicio físico

El **ejercicio físico,** también juega un papel crucial en la neuroplasticidad, ya que promueve la producción de factores neurotróficos, como el **factor neurotrófico derivado del cerebro (BDNF)**, que facilita el crecimiento de nuevas neuronas y conexiones sinápticas. Además, el ejercicio regular está asociado con una mejor memoria y funcionamiento cognitivo.

- **Ejemplo**: Los estudios han demostrado que personas que practican ejercicio aeróbico con regularidad tienden a tener un **hipocampo** (una región clave para la memoria) más grande, lo que está relacionado con una mejor retención de la memoria.

d. Nutrición y sueño

Una **nutrición adecuada** y el **sueño** son fundamentales para mantener la neuroplasticidad. La privación de sueño y una dieta deficiente pueden reducir la capacidad del cerebro para reorganizarse y crear nuevas conexiones. Durante el sueño, el cerebro consolida lo aprendido durante el día, lo que es esencial para la neuroplasticidad.

- **Ejemplo**: El sueño profundo promueve la consolidación de la memoria y facilita la poda sináptica, lo que ayuda al cerebro a ser más eficiente en el procesamiento de la información.

5. Neuroplasticidad y cambios en el comportamiento

La neuroplasticidad, no solo es responsable de cambios físicos en el cerebro, sino que también afecta la **conducta**. A medida que el cerebro se adapta a nuevas circunstancias o experiencias, los comportamientos pueden cambiar ya sea en respuesta a traumas, nuevos aprendizajes o cambios ambientales.

a. Rehabilitación conductual

Las personas que han sufrido de **adicciones, trastornos emocionales** o **traumas psicológicos,** pueden modificar sus patrones de comportamiento a través de la neuroplasticidad. Las terapias psicológicas, como la **terapia cognitivo-conductual**, se basan en la premisa de que al cambiar los pensamientos y comportamientos, se pueden modificar los circuitos neuronales implicados en respuestas negativas o dañinas.

b. Cambio de hábitos

La neuroplasticidad, también es esencial en la **formación o eliminación de hábitos**. Los hábitos repetidos forman conexiones fuertes entre las neuronas, lo que facilita su ejecución automática. Sin embargo, con tiempo y esfuerzo, es posible cambiar los hábitos negativos por otros más positivos mediante la repetición y el refuerzo de nuevos comportamientos.

Conclusión:

La **neuroplasticidad,** es un principio fundamental para entender cómo el cerebro humano se **adapta al entorno**. Esta capacidad permite a los individuos no solo aprender y mejorar sus habilidades, sino también enfrentar desafíos, recuperarse de algunas lesiones y ajustar su comportamiento en respuesta a nuevas circunstancias. A través de la experiencia, el aprendizaje, la rehabilitación y el entorno, la neuroplasticidad asegura que el cerebro continúe evolucionando a lo largo de la vida, permitiendo a los seres humanos mantenerse adaptativos y resilientes en un mundo en constante cambio.

Cita destacada:
"Cada hombre puede, si así lo desea, convertirse en el escultor de su propio cerebro."
— **Santiago Ramón y Cajal**

Estudio clave:

- **Taxistas de Londres:** Se encontró que el hipocampo posterior de los taxistas, área asociada con la navegación espacial, era más grande en comparación con otros individuos, evidenciando cambios cerebrales por experiencia.

Ejercicio práctico:

- **Actividad:** Aprende una nueva habilidad o práctica, como tocar un instrumento o meditación. Observa cómo progresa tu capacidad con el tiempo y reflexiona sobre cómo tu cerebro se está adaptando.

Pregunta reflexiva:

- ¿Cómo puedes aprovechar la neuroplasticidad para desarrollar hábitos que mejoren tu bienestar y conexión con el entorno?

3.3. Impacto del Estilo de Vida Moderno en el Sistema Nervioso

El **estilo de vida moderno,** ha tenido un impacto significativo en el **sistema nervioso** humano, generando tanto efectos positivos como negativos. Los cambios en los patrones de trabajo, el uso intensivo de la tecnología, la urbanización, los hábitos alimenticios y los niveles crecientes de estrés están transformando profundamente la forma en que nuestro sistema nervioso funciona y se adapta. A continuación, se desarrolla cómo el estilo de vida moderno afecta los distintos aspectos del sistema nervioso y sus implicaciones para la salud física y mental.

1. Estrés crónico y el sistema nervioso

El estilo de vida moderno está marcado por niveles elevados de **estrés crónico** ya sea debido a las exigencias laborales, la sobreexposición a la tecnología, la vida acelerada o los desafíos económicos. El estrés continuo tiene un impacto significativo en el **sistema nervioso autónomo**, que regula muchas de las funciones involuntarias del cuerpo.

a. Activación del sistema nervioso simpático

El estrés crónico tiende a mantener el **sistema nervioso simpático** activado de manera constante. Este sistema es responsable de la **respuesta de lucha o huida**, que se activa en situaciones de amenaza o presión. Cuando se estimula de forma crónica, el cuerpo se mantiene en un estado de alerta elevado, lo que genera un desgaste continuo de los sistemas corporales.

- **Consecuencias**: La activación prolongada del sistema simpático puede llevar a problemas como hipertensión, frecuencia cardíaca elevada, problemas digestivos y disfunción del sistema inmunológico. Además, este estado de hiperactivación contribuye a problemas como ansiedad, insomnio y agotamiento mental.

b. Inhibición del sistema nervioso parasimpático

El **sistema nervioso parasimpático**, encargado de las funciones de **reposo y digestión**, se ve inhibido cuando el estrés es crónico. Este sistema es el que debería activar el estado de relajación y promover la recuperación del cuerpo después de situaciones de estrés, pero en el contexto moderno, esta función se ve limitada.

- **Consecuencias**: La falta de activación del sistema parasimpático puede reducir la capacidad del cuerpo para recuperarse y repararse. Esto lleva a problemas como **trastornos del sueño**, dificultades para relajarse y un aumento en el riesgo de enfermedades relacionadas con el estrés, como el síndrome metabólico y las enfermedades cardíacas.

2. Impacto del uso excesivo de la tecnología

El uso constante de dispositivos tecnológicos (como teléfonos móviles, computadoras y tablets) tiene un **impacto directo** en el sistema nervioso. La tecnología ha transformado la forma en que el cerebro procesa la información y ha generado cambios en los patrones de comportamiento, cognición y atención.

a. Sobrecarga sensorial

El **uso intensivo de pantallas** y la exposición a múltiples estímulos digitales pueden causar una **sobrecarga sensorial**. El cerebro se ve bombardeado por grandes cantidades de información en todo momento, lo que puede dificultar el **procesamiento eficiente** de esa información. Esta sobrecarga puede resultar en fatiga mental y cognitiva.

- **Consecuencias**: La sobrecarga de información puede afectar la capacidad de concentración, la memoria de trabajo y la eficiencia cognitiva. Además, el uso prolongado de pantallas está asociado con tensiones oculares y dolores de cabeza, afectando tanto el sistema nervioso central como el periférico.

b. Alteración de los ritmos circadianos

El uso excesivo de dispositivos electrónicos, especialmente antes de dormir, también puede alterar los **ritmos circadianos**. La exposición a la luz azul emitida por las pantallas inhibe la producción de **melatonina**, una hormona crucial para la regulación del sueño.

- **Consecuencias**: La alteración de los ciclos de sueño tiene efectos profundos en el sistema nervioso. La privación del sueño afecta la capacidad del cerebro para recuperarse y consolidar la memoria, lo que puede resultar en disminución de la función cognitiva, irritabilidad y una mayor vulnerabilidad al estrés.

c. Adicción a la tecnología y redes sociales

El uso constante de redes sociales y plataformas digitales puede activar el **sistema de recompensa** del cerebro a través de la liberación de dopamina, lo que refuerza comportamientos repetitivos. Esto puede llevar a patrones de **comportamiento adictivo**, donde el individuo busca constantemente gratificaciones inmediatas, como los "me gusta" o la retroalimentación en línea.

- **Consecuencias**: Las adicciones tecnológicas pueden afectar la **capacidad de autorregulación** y **control de impulsos** y en algunos casos, pueden contribuir al desarrollo de **trastornos de ansiedad** y **depresión**. La dependencia excesiva de la tecnología puede alterar el equilibrio neuroquímico del cerebro, lo que impacta negativamente la salud mental.

3. Sedentarismo y su impacto en el sistema nervioso

El estilo de vida moderno ha fomentado niveles elevados de **sedentarismo**, ya sea por el trabajo en oficinas o por el ocio pasivo frente a pantallas. La falta de actividad física regular tiene efectos directos e indirectos sobre el sistema nervioso, ya que el ejercicio juega un papel crucial en la **salud neurocognitiva**.

a. Reducción del flujo sanguíneo cerebral

El ejercicio regular promueve un **flujo sanguíneo adecuado** hacia el cerebro, lo que facilita el suministro de oxígeno y nutrientes esenciales para el buen funcionamiento del sistema nervioso. El sedentarismo, por el contrario, disminuye el flujo sanguíneo cerebral y reduce la **neurogénesis** (formación de nuevas neuronas).

- **Consecuencias**: La falta de actividad física puede reducir la **neuroplasticidad** y afectar la capacidad del cerebro para adaptarse y responder a nuevos desafíos. Esto contribuye a una mayor **fatiga mental**, menor agilidad cognitiva y una mayor **vulnerabilidad** a los trastornos neurodegenerativos.

b. Aumento del estrés y la ansiedad

El ejercicio físico no solo fortalece el cuerpo, sino que también ayuda a reducir los niveles de cortisol y aumentar la liberación de neurotransmisores como la serotonina y las endorfinas, que son esenciales para regular el estado de ánimo y el bienestar emocional. El sedentarismo, al reducir estos efectos beneficiosos, contribuye al aumento del estrés y la ansiedad.

- **Consecuencias**: La falta de ejercicio agrava el **estrés crónico**, contribuye a la **depresión** y afecta la **resiliencia emocional**. El sistema nervioso se ve menos preparado para manejar las tensiones diarias cuando no se libera el estrés de manera física.

4. Hábitos alimenticios y el sistema nervioso

El estilo de vida moderno ha modificado significativamente los **hábitos alimenticios**, con un aumento en el consumo de alimentos ultra procesados, altos en azúcares y grasas saturadas. Estos cambios en la dieta tienen un impacto directo en el sistema nervioso.

a. Inflamación crónica del cerebro

Las dietas altas en grasas saturadas, azúcares refinados y alimentos procesados promueven la **inflamación crónica**, que afecta el cerebro y el sistema nervioso. La inflamación cerebral está vinculada a problemas como la **depresión**, el **deterioro cognitivo** y un mayor riesgo de desarrollar **enfermedades neurodegenerativas**.

- **Consecuencias**: La inflamación crónica debilita las funciones cognitivas, como la memoria y la concentración. Y contribuye al desarrollo de enfermedades como el **Alzheimer** y el **Parkinson**. Además, puede exacerbar trastornos del estado de ánimo, aumentando el riesgo de **ansiedad** y **depresión**.

b. Desequilibrio en los neurotransmisores

Una dieta pobre puede alterar los niveles de **neurotransmisores** esenciales para el funcionamiento del sistema nervioso, como la serotonina, la dopamina y el ácido gamma-aminobutírico (GABA). Los neurotransmisores son los **mensajeros químicos** que permiten la comunicación entre las neuronas y regulan el estado de ánimo, la cognición y el comportamiento.

- **Consecuencias**: Una dieta rica en azúcares y carbohidratos refinados puede provocar fluctuaciones en los niveles de glucosa en sangre, lo que afecta directamente la producción de neurotransmisores. Esto puede llevar a cambios en el estado de ánimo, dificultad para concentrarse y una menor capacidad para manejar el estrés.

5. Impacto de la contaminación y toxinas en el sistema nervioso

La vida moderna también expone a las personas a **mayores niveles de contaminación ambiental**, incluidos contaminantes del aire, productos químicos industriales y toxinas presentes en los alimentos y el agua. Estos factores tienen efectos negativos sobre el sistema nervioso.

a. Neurotoxicidad por exposición a contaminantes

La exposición a contaminantes como los **metales pesados** (plomo, mercurio) y productos químicos tóxicos puede causar **daño neuronal**. Estos agentes neurotóxicos alteran la función de las neuronas, interfieren en la transmisión sináptica y promueven la **muerte celular** en áreas clave del cerebro.

- **Consecuencias**: La exposición prolongada a contaminantes está asociada con un mayor riesgo de enfermedades neurodegenerativas como el **Parkinson y el Alzheimer**, así como con trastornos cognitivos en etapas más tempranas de la vida. Los niños son particularmente vulnerables a los efectos neurotóxicos de estos contaminantes, lo que puede afectar su desarrollo cognitivo y emocional.

b. Alteración del desarrollo neurológico en niños

La exposición a ciertos productos químicos y toxinas ambientales durante el desarrollo temprano puede tener consecuencias graves y a largo plazo en el desarrollo neurológico de los niños. El sistema nervioso en crecimiento es extremadamente sensible a sustancias tóxicas, lo que puede llevar a déficits en el **desarrollo cognitivo**, problemas de comportamiento y dificultades en el aprendizaje.

- **Consecuencias**: Niños expuestos a altos niveles de contaminantes pueden sufrir problemas como **déficit de atención, dificultades de aprendizaje** y una mayor incidencia de trastornos del desarrollo neurológico, como el **trastorno del espectro autista** o el **TDAH**.

Conclusión:

El estilo de vida moderno ha afectado profundamente el **sistema nervioso humano**, impactando la forma en que procesamos el estrés, nos adaptamos cognitivamente y regulamos nuestras funciones corporales. Factores como el estrés crónico, el uso intensivo de la tecnología, el sedentarismo, los malos hábitos alimenticios y la exposición a contaminantes han alterado el funcionamiento normal del sistema nervioso, contribuyendo a una mayor incidencia de trastornos mentales y físicos. Para mitigar estos efectos, es crucial adoptar estrategias que incluyan la reducción del estrés, el ejercicio físico regular, una dieta balanceada y la minimización de la exposición a toxinas.

Cita destacada:
"La tecnología es un sirviente útil, pero un amo peligroso."
— **Christian Lous Lange**

Estudio clave:

- **Uso excesivo de dispositivos electrónicos y salud mental (Twenge et al., 2018):** Correlación entre el tiempo excesivo en pantallas y aumento en síntomas depresivos en jóvenes.

Ejercicio práctico:

Actividad: Realiza un "detox digital" por un día: limita el uso de dispositivos electrónicos al mínimo indispensable. Observa y anota cómo te sientes durante y después de esta experiencia.

Pregunta reflexiva:

- ¿Qué cambios podrías implementar en tu rutina para reducir el impacto negativo del estilo de vida moderno en tu sistema nervioso?

3.4. Beneficios Neurológicos del Contacto con la Naturaleza

El **contacto con la naturaleza** tiene un impacto profundo y positivo sobre el sistema nervioso y la salud neurológica. A lo largo de los últimos años, la investigación ha mostrado que la naturaleza puede actuar como una intervención restauradora para el cerebro humano, mejorando tanto las capacidades cognitivas como el bienestar emocional. Este contacto proporciona una gama de beneficios neurológicos que van desde la reducción del estrés hasta la mejora de la función cognitiva, ofreciendo un contrapeso crucial a los efectos negativos del estilo de vida moderno.

1. Mejora de la función cognitiva

El entorno natural ha sido identificado como un agente que **mejora las funciones cognitivas**, tales como la memoria de trabajo, la resolución de problemas y la capacidad de concentración. A diferencia de los entornos urbanos, que están llenos de estímulos sensoriales que demandan atención constante, la naturaleza permite una forma de atención más relajada y espontánea, lo que ayuda a que el cerebro recupere su capacidad de enfoque.

a. Restauración de la atención dirigida

El cerebro humano tiene una capacidad limitada para **mantener la atención dirigida**, especialmente cuando se enfrenta a tareas cognitivas complejas. En entornos urbanos o tecnológicos, esta capacidad se ve rápidamente agotada debido a la gran cantidad de estímulos competitivos. La naturaleza, sin embargo, ofrece una pausa de estos estímulos, lo que permite que el cerebro se recupere.

- **Beneficio neurológico**: Al reducir la carga sobre los recursos atencionales, la exposición a la naturaleza ayuda a **restaurar la atención dirigida**. Esto mejora la capacidad del individuo para enfocarse en tareas, aumentar la productividad y tomar decisiones más claras.

b. Aumento de la memoria a corto plazo

Estudios han demostrado que el simple hecho de caminar en un parque o pasar tiempo en entornos naturales puede llevar a mejoras significativas en la memoria a corto plazo. Este beneficio se debe a que el cerebro, en un entorno tranquilo y menos estresante, tiene más espacio para consolidar información y recuperarla de manera más eficiente.

- **Beneficio neurológico**: La **mejora en la memoria** permite un procesamiento de la información más eficiente, lo que es crucial para el aprendizaje y la toma de decisiones rápidas.

2. Estimulación de la neuroplasticidad

El contacto con la naturaleza también puede favorecer la **neuroplasticidad**, la capacidad del cerebro para cambiar y adaptarse en respuesta a nuevas experiencias. Los entornos naturales, debido a su **diversidad sensorial** y a la riqueza de estímulos, promueven la creación de nuevas conexiones neuronales.

a. Neurogénesis inducida por la naturaleza

La **neurogénesis**, o la creación de nuevas neuronas, es un proceso que se ve favorecido por la exposición a entornos que fomentan el bienestar y la estimulación física. La naturaleza, al promover actividades físicas como caminar, explorar o simplemente estar al aire libre, incrementa los niveles de **factor neurotrófico derivado del cerebro (BDNF)**, una proteína clave en el crecimiento de nuevas neuronas.

- **Beneficio neurológico**: Este aumento en la neurogénesis fortalece las **capacidades cognitivas**, especialmente en áreas como el hipocampo, que está relacionado con la memoria y el aprendizaje. El aumento de neuronas y conexiones sinápticas también puede proteger contra el deterioro cognitivo relacionado con la edad.

b. Diversificación sensorial y plasticidad cerebral

Los entornos naturales ofrecen una variedad de estímulos sensoriales, como olores, sonidos y texturas, que son menos predecibles que los estímulos repetitivos de los entornos urbanos. Esta diversidad de sensaciones ayuda a mantener el cerebro **flexible** y **plástico**, reforzando la capacidad de adaptación ante nuevos desafíos.

- **Beneficio neurológico**: La exposición regular a una variedad de estímulos sensoriales fomenta un **mayor crecimiento sináptico** y refuerza la capacidad del cerebro para adaptarse a nuevas experiencias, lo que se traduce en una mejora general en la capacidad de resolver problemas y enfrentar situaciones novedosas.

3. Regulación emocional y bienestar mental

El contacto con la naturaleza también está asociado con una mejora en la regulación emocional y una reducción significativa de síntomas de ansiedad y depresión. Los entornos naturales proporcionan un contexto relajante y una desconexión de las presiones del entorno urbano, lo que favorece la estabilidad emocional.

a. Reducción de la rumiación y la actividad en la corteza prefrontal subgenual

La **rumiación**, o el hábito de enfocarse repetidamente en pensamientos negativos, está relacionada con la **actividad elevada en la corteza prefrontal subgenual**, una región del cerebro que se asocia con la depresión. Estudios han demostrado que pasar tiempo en la naturaleza disminuye la actividad en esta área, lo que ayuda a reducir la rumiación.

- **Beneficio neurológico**: La reducción de la rumiación, permite una **mejor regulación emocional** y disminuye la predisposición a los trastornos depresivos. Las personas que interactúan regularmente con la naturaleza experimentan menos pensamientos intrusivos y tienen una mayor capacidad para manejar el estrés emocional.

b. Mejora en los niveles de serotonina y dopamina

La exposición a la luz solar y a los entornos naturales contribuye a la **regulación de los neurotransmisores** que están asociados con el bienestar, como la **serotonina** y la **dopamina**. Estos neurotransmisores juegan un papel crucial en el estado de ánimo y la **sensación de recompensa**.

- **Beneficio neurológico**: Al mejorar los niveles de serotonina y dopamina, el contacto con la naturaleza aumenta las **sensaciones de felicidad y satisfacción**, reduciendo la prevalencia de trastornos como la ansiedad y la depresión. Este equilibrio neuroquímico también contribuye a una mayor resiliencia emocional.

4. Mejora en la conectividad cerebral

El contacto con la naturaleza tiene un efecto en la **conectividad cerebral**, lo que implica una mejor comunicación entre diferentes regiones del cerebro. Esta conectividad mejorada es esencial para la **integración de funciones cognitivas**, emocionales y motoras.

a. Conexiones más fuertes entre hemisferios

Pasar tiempo en la naturaleza promueve una mayor **coordinación entre los hemisferios cerebrales**, lo que se traduce en una mejor **integración de la lógica y la creatividad**. Los entornos naturales estimulan tanto las funciones del hemisferio izquierdo, relacionado con el razonamiento lógico, como las del hemisferio derecho, relacionado con la creatividad y la percepción espacial.

- **Beneficio neurológico**: Esta mejora en la conectividad entre los hemisferios permite una **resolución de problemas más eficaz**, ya que el cerebro es capaz de combinar el pensamiento lógico con una mayor creatividad y flexibilidad cognitiva.

b. Refuerzo de las redes neuronales implicadas en la autoconciencia y la introspección

El contacto con la naturaleza también fortalece las redes cerebrales que facilitan la **autoconciencia** y el **pensamiento introspectivo**. Estas redes, que incluyen el **córtex cingulado anterior** y el **precuneus**, están implicadas en la capacidad de reflexionar sobre uno mismo y evaluar pensamientos y emociones.

- **Beneficio neurológico**: Una mayor autoconciencia y capacidad introspectiva favorecen el **crecimiento personal** y la **regulación emocional**, permitiendo a los individuos comprender mejor sus reacciones y comportamientos, lo que contribuye a un equilibrio emocional más estable.

5. Favorece el sueño reparador

La exposición a entornos naturales, particularmente a la **luz solar natural** y a los ciclos de día y noche, ayuda a regular los **ritmos circadianos** del cuerpo, lo que tiene un impacto positivo en la **calidad del sueño**. Los ritmos circadianos son fundamentales para la función cerebral óptima ya que sincronizan el ciclo de **sueño-vigilia** con el entorno natural.

a. Ajuste de los ritmos circadianos y aumento de la melatonina

La luz natural regula los niveles de **melatonina**, una hormona crucial para el sueño. La exposición a la luz solar durante el día ayuda a mantener la sincronización correcta de los ritmos circadianos, promoviendo un sueño reparador y también una mejor recuperación neurológica durante la noche.

- **Beneficio neurológico**: Un mejor sueño permite una **recuperación cerebral adecuada**, facilitando la consolidación de la memoria, el procesamiento de las emociones y la regeneración neuronal. Esto mejora el rendimiento cognitivo y favorece el equilibrio emocional.

Conclusión:

El **contacto con la naturaleza** ofrece una amplia gama de beneficios neurológicos, que van desde la mejora de la función cognitiva y la reducción del estrés, hasta la estimulación de la neuroplasticidad y la regulación emocional. Estos efectos no solo son importantes para el bienestar mental, sino que también contribuyen a un cerebro más adaptativo y resistente en un mundo cada vez más complejo y demandante. Los entornos naturales proporcionan el espacio ideal para la restauración mental, mejorando la calidad de vida y favoreciendo el equilibrio neurológico.

Cita destacada:

"En todas las cosas de la naturaleza hay algo de lo maravilloso."
— Aristóteles

Estudio clave:
- **Efecto de paseos en la naturaleza en la actividad cerebral (Bratman et al., 2015):** Pasear en entornos naturales disminuye la actividad en la corteza prefrontal subgenual, asociada con la rumia y el pensamiento negativo.

Ejercicio práctico:

- **Actividad:** Programa caminatas regulares en un parque o área natural durante dos semanas. Registra tus niveles de estrés y bienestar antes y después de cada paseo.

Pregunta reflexiva:

- ¿Has notado cambios en tu estado mental y emocional al pasar tiempo en la naturaleza? ¿Cómo podrías incorporar más de estas experiencias en tu vida diaria?

3.5. El Cerebro en la Era Digital: Desafíos y Oportunidades

La tecnología digital presenta tanto desafíos como oportunidades para el funcionamiento cerebral.

Contenido principal:
- **Desafíos:**
  - **Sobrecarga informativa:** Dificultad para procesar grandes cantidades de información.
  - **Distracción constante:** Interrupciones frecuentes afectan la atención sostenida.
  - **Dependencia tecnológica:** Posible disminución de habilidades cognitivas básicas.
- **Oportunidades:**
  - **Acceso a información y educación:** Facilita el aprendizaje y desarrollo de nuevas habilidades.
  - **Estimulación cognitiva:** Juegos y aplicaciones que promueven el entrenamiento mental.
  - **Conexión social:** Posibilidad de mantener relaciones y redes de apoyo.

Cita destacada:
"La tecnología por sí sola no basta. También tenemos que poner el corazón."
— Jane Goodall

Estudio clave:

- **Efectos de los videojuegos en el cerebro (Bavelier):** Algunos videojuegos pueden mejorar la atención, habilidades visuoespaciales y capacidad de multitarea.

Ejercicio práctico:

- **Actividad:** Identifica y utiliza una aplicación o herramienta digital que promueva el bienestar mental (ej., meditación guiada, entrenamiento cognitivo). Evalúa su impacto en tu rutina.

Pregunta reflexiva:

- ¿Cómo puedes equilibrar el uso de la tecnología para aprovechar sus beneficios sin afectar negativamente tu salud cerebral?

Capítulo 4: Comportamiento y psicología humana en la era moderna

4.1. Cambios en los Patrones de Conducta

Los **cambios en los patrones de conducta** son un reflejo directo de las transformaciones en el entorno social, cultural y tecnológico que han influido sobre cómo las personas actúan, piensan y se relacionan con los demás. La conducta humana no es estática, sino que está en constante evolución, adaptándose a las circunstancias externas y a las dinámicas internas, como el aprendizaje, las emociones y las experiencias personales. A lo largo del tiempo, factores como el **avance tecnológico**, la **globalización**, el **cambio en los estilos de vida** y el **entorno socioeconómico** han moldeado profundamente estos patrones de comportamiento, produciendo efectos tanto positivos como negativos en la vida cotidiana.

1. Influencia de la tecnología en los patrones de conducta

Uno de los cambios más significativos en los patrones de conducta de las últimas décadas ha sido impulsado por la rápida adopción de **tecnologías digitales**. La presencia ubicua de internet, redes sociales, smartphones y otras herramientas tecnológicas ha transformado la forma en que las personas interactúan entre sí, realizan sus actividades diarias y gestionan su tiempo.

a. Modificación de las interacciones sociales

La digitalización ha reducido la necesidad de **interacciones cara a cara** y ha promovido la comunicación virtual, lo que ha generado un cambio en cómo las personas **socializan**. Las redes sociales han hecho que sea más fácil mantener conexiones superficiales con una amplia gama de contactos, pero han disminuido la profundidad y calidad de muchas relaciones.

- **Cambio en el patrón de conducta**: Las personas tienden a interactuar más a través de **mensajes breves**, emoticonos y publicaciones en lugar de tener conversaciones significativas en persona. Esto puede llevar a una mayor **distancia emocional** y a un **mayor aislamiento**, a pesar de estar más conectados tecnológicamente.

b. Dependencia tecnológica y multitarea

El acceso constante a dispositivos electrónicos ha fomentado la **multitarea**, es decir, la tendencia a realizar varias actividades simultáneamente (por ejemplo, trabajar mientras se revisan las redes sociales o se responde a mensajes). Esta práctica puede llevar a una disminución de la **atención plena** y un deterioro en la capacidad de **concentración**.

- **Cambio en el patrón de conducta**: La multitarea se ha vuelto un comportamiento habitual en muchas personas, lo que ha provocado una menor capacidad para enfocarse en una tarea por períodos prolongados, reduciendo la **productividad** y aumentando los niveles de **estrés**.

2. Cambios en la conducta de consumo

Otro cambio notable en los patrones de conducta en la vida moderna es el que afecta los **hábitos de consumo**. La globalización, la publicidad digital y el acceso inmediato a productos y servicios han transformado las expectativas de los consumidores y la forma en que las personas compran y toman decisiones de compra.

a. Consumo impulsivo e instantáneo

Con la llegada del comercio electrónico y los servicios de entrega rápida, los consumidores han desarrollado una tendencia hacia el **consumo impulsivo**. La facilidad para comprar con un solo clic y la disponibilidad de productos en línea las 24 horas del día han disminuido los periodos de reflexión que antes acompañaban a una decisión de compra.

- **Cambio en el patrón de conducta**: Este patrón ha dado lugar a un comportamiento de **gratificación instantánea**, donde las personas buscan satisfacer sus deseos de manera inmediata, lo que puede llevar a problemas como el **endeudamiento** o la acumulación innecesaria de bienes. Además, la falta de reflexión puede afectar las habilidades de **autocontrol** y **gestión financiera**.

b. Cambio en las prioridades de consumo

En los últimos años, ha habido un cambio hacia un **consumo más consciente**, donde una parte de los consumidores comienza a priorizar productos **sostenibles**, **éticos** y **socialmente responsables**. Esto se debe a una mayor conciencia sobre los impactos ambientales y sociales de las decisiones de compra.

- **Cambio en el patrón de conducta**: Los consumidores cada vez están más preocupados por las **huellas ecológicas** y los efectos que sus hábitos de consumo tienen en el mundo. Este cambio hacia un comportamiento de **consumo ético** ha afectado a muchas industrias, que ahora buscan adaptarse a las demandas de sostenibilidad.

3. Transformación en los hábitos laborales

El mundo laboral ha experimentado cambios dramáticos en las últimas décadas, especialmente con la aparición del **trabajo remoto**, las economías globalizadas y la automatización. Estos factores han influido directamente en la conducta laboral, cambiando la forma en que las personas trabajan, colaboran y equilibran sus vidas personales y profesionales.

a. Trabajo remoto y flexibilidad laboral

El auge del **trabajo desde casa** o el trabajo remoto ha transformado los hábitos laborales, especialmente en áreas como la **gestión del tiempo** y el **equilibrio entre la vida laboral y personal**. Aunque esta modalidad ha aumentado la flexibilidad, también ha creado desafíos, como la dificultad para establecer límites claros entre el trabajo y el tiempo libre.

- **Cambio en el patrón de conducta**: Muchas personas ahora deben gestionar su tiempo de manera autónoma, lo que ha llevado a un **cambio en la disciplina personal**. Sin una estructura fija, algunos empleados pueden tener dificultades para desconectar del trabajo, lo que contribuye al **estrés** y al **agotamiento**.

b. Automatización y nuevos comportamientos laborales

La incorporación de **inteligencia artificial** y **automatización** en muchos sectores ha modificado los roles laborales y ha generado nuevos patrones de conducta en el trabajo. Los empleados ahora interactúan con máquinas y software en lugar de depender exclusivamente del esfuerzo humano.

- **Cambio en el patrón de conducta**: La automatización ha generado un **cambio en las habilidades requeridas**, donde los empleados deben ser más adaptables y aprender nuevas competencias tecnológicas. Esto ha fomentado una mentalidad de **aprendizaje continuo** y ha llevado a una mayor inversión en la **educación y capacitación** laboral.

4. Impacto de los cambios en los estilos de vida y bienestar

El estilo de vida moderno ha traído consigo cambios importantes en los hábitos relacionados con la salud física y mental. Estos cambios en los patrones de comportamiento tienen consecuencias significativas para el bienestar general.

a. Menor actividad física y mayor sedentarismo

El **sedentarismo** ha aumentado con el estilo de vida moderno, en gran parte debido a los trabajos de oficina, el uso prolongado de dispositivos electrónicos y el entretenimiento digital. Este comportamiento ha impactado la salud física y mental de las personas, contribuyendo a un aumento en problemas como la **obesidad**, el **estrés** y las enfermedades cardiovasculares.

- **Cambio en el patrón de conducta**: A pesar de la creciente conciencia sobre los beneficios de la actividad física, muchas personas se encuentran atrapadas en hábitos de vida sedentarios, lo que ha afectado tanto su salud física como su bienestar emocional.

b. Mayor atención al autocuidado y la salud mental

En contraste con el sedentarismo, ha habido un **aumento en la conciencia sobre el autocuidado**, el bienestar emocional y la salud mental. En respuesta a los niveles elevados de estrés y ansiedad en la vida moderna, muchas personas han adoptado prácticas como la **meditación**, el **mindfulness** y el **ejercicio regular** para mejorar su calidad de vida.

- **Cambio en el patrón de conducta**: Las personas buscan cada vez más formas de reducir el estrés y mejorar su salud mental a través de prácticas proactivas. Este enfoque en el **bienestar personal** ha impulsado la adopción de rutinas de autocuidado y la participación en actividades físicas y mentales que promueven el equilibrio emocional.

Conclusión:

Los **patrones de conducta** humanos están en constante evolución, influidos por los cambios tecnológicos, económicos, sociales y culturales. Desde el consumo y la interacción social hasta el trabajo y el bienestar personal, cada aspecto de la vida humana ha sido transformado en las últimas décadas. Estos cambios reflejan una capacidad de adaptación, pero también plantean nuevos desafíos relacionados con la salud mental, la productividad y la conexión social.

Análisis psicológico:

- **Reducción de la atención plena (mindfulness):** La constante estimulación y distracciones disminuyen la capacidad de vivir en el momento presente.
- **Sensación de insatisfacción:** A pesar de los avances tecnológicos y comodidades, muchas personas experimentan una falta de propósito o plenitud.

Ejercicio práctico:

- **Actividad:** Durante un día, intenta realizar una sola tarea a la vez, prestando total atención a cada actividad. Al finalizar el día, reflexiona sobre cómo te sentiste y si notaste alguna diferencia en tu nivel de estrés o satisfacción.

Pregunta reflexiva:

- ¿De qué manera crees que los cambios en los patrones de conducta han afectado tu bienestar personal y tus relaciones con los demás?

4.2. Estrés, Ansiedad y Trastornos Relacionados con la Desnaturalización

La **desnaturalización del hombre**, entendida como la separación progresiva de los entornos naturales y de los animales, ha demostrado generar efectos psicológicos negativos profundos. Esta falta de contacto con la naturaleza y los animales impacta en varios niveles, exacerbando el estrés, la ansiedad, la depresión y otras condiciones relacionadas. Además, la investigación en psicología ha comenzado a explorar cómo esta desconexión altera la forma en que los humanos perciben su entorno, se relacionan emocionalmente y experimentan bienestar general.

1. Efectos psicológicos de la desconexión de la naturaleza

La falta de contacto con la naturaleza contribuye a un **aumento del estrés** y a un deterioro en la salud mental general. Investigaciones recientes han mostrado que las personas que viven en entornos urbanos densos, sin acceso regular a espacios verdes, tienen mayores probabilidades de desarrollar **trastornos de ansiedad y depresión**. Este fenómeno se debe en parte a la sobrecarga sensorial y a la falta de estímulos naturales, que ayudan a restablecer el equilibrio emocional y cognitivo.

a. Déficit de naturaleza y salud mental

El concepto de **déficit de naturaleza**, introducido por *"Richard Louv"* en su libro *"Last Child in the Woods"*, describe cómo los seres humanos, especialmente los niños, se ven cada vez más privados de experiencias naturales, lo que afecta su desarrollo emocional y psicológico. Diversos estudios han respaldado esta teoría, mostrando que la falta de contacto con la naturaleza está asociada con problemas de déficit de atención, hiperactividad y dificultades para manejar el estrés. Esta privación también aumenta el riesgo de trastornos del estado de ánimo, dado que el acceso a la naturaleza actúa como un amortiguador natural contra el estrés cotidiano.

b. Falta de restauración psicológica

La naturaleza, proporciona un entorno que permite la **recuperación psicológica**. Según la **Teoría de la Restauración de la Atención** (Kaplan, 1995), los entornos naturales ayudan a recuperar la capacidad de atención y mejorar la claridad mental, en parte al ofrecer un descanso del enfoque dirigido constante que requieren los entornos urbanos y tecnológicos. La desconexión de estos entornos reduce esta capacidad restauradora, lo que incrementa la **fatiga mental** y los síntomas de **agotamiento**. Las personas que no tienen acceso a la naturaleza o animales de compañía son más propensos a sufrir de un mayor agotamiento emocional, lo que las hace vulnerables a condiciones como el **burnout**.

2. Impacto de la desconexión con los animales

La relación del ser humano con los animales es ancestral y profundamente emocional. En el pasado, las relaciones con los animales no solo eran utilitarias (proporcionando alimentos o trabajo), sino que también cumplían un papel simbólico y terapéutico. Con el aumento de la urbanización y la tecnología, este contacto se ha reducido significativamente y esto tiene efectos en la **regulación emocional** y en la **empatía**.

a. Efectos del contacto con animales en la regulación emocional

Los animales, particularmente las **mascotas**, juegan un papel crucial en el bienestar emocional de las personas. Los estudios han demostrado que la interacción con animales puede disminuir los niveles de **cortisol** y aumentar la producción de **oxitocina**, una hormona que promueve el apego y el bienestar. Las personas que tienen mascotas tienden a experimentar menos episodios de ansiedad y depresión y muestran niveles más bajos de soledad. Por el contrario, la desconexión de los animales puede agravar los síntomas de **soledad** y **aislamiento emocional**, ya que los animales proporcionan una forma de conexión social y emocional que es más difícil de encontrar en entornos urbanos.

b. Psicoterapia asistida por animales

En las últimas décadas, la **terapia asistida por animales** ha ganado popularidad debido a sus efectos positivos en personas que sufren de estrés, ansiedad y otros trastornos psicológicos. La interacción con caballos, perros o incluso delfines ha demostrado ser beneficiosa para el tratamiento de **trastornos de estrés postraumático (TEPT)**, ansiedad y depresión. Este tipo de terapia resalta la importancia de la conexión con los animales como un medio para restaurar la salud emocional y psicológica. La falta de contacto con animales, por lo tanto, priva a las personas de una fuente potencial de sanación y bienestar.

3. Evidencia empírica del impacto de la desconexión

Un estudio, publicado en el *"Journal of Environmental Psychology"*, encontró que las personas que viven en áreas con menor acceso a espacios verdes o contacto con animales tienen un 20% más de probabilidades de experimentar **trastornos mentales**. Además, un meta-análisis realizado por **"Bratman" (2019)** concluyó que la exposición a entornos naturales no solo mejora el estado de ánimo en general, sino que también **disminuye la actividad cerebral en las áreas relacionadas con la rumiación**, un proceso que está directamente relacionado con la depresión y la ansiedad. Esto sugiere que la desnaturalización afecta de manera significativa la forma en que el cerebro procesa y maneja las emociones.

4. El papel de la desconexión en la ecoansiedad

La **ecoansiedad** o el miedo y la angustia relacionados con la destrucción del medio ambiente, también están vinculados a la desnaturalización. A medida que las personas se desconectan más de la naturaleza y los animales, se sienten impotentes ante la crisis ambiental, lo que exacerba sus niveles de ansiedad. Un estudio del *"American Psychological Association (APA)"*, subraya cómo la crisis climática y la desconexión con la naturaleza generan altos niveles de estrés, especialmente en las generaciones más jóvenes, que perciben un futuro incierto debido a los problemas ecológicos. Esta angustia, agravada por la falta de contacto directo con la naturaleza, alimenta una sensación de desesperanza y pérdida

5. Conclusión: La importancia de la reconexión

La evidencia sugiere que el contacto regular con la naturaleza y los animales es crucial para mantener una **salud mental equilibrada**. La desnaturalización contribuye significativamente a la aparición y exacerbación de trastornos relacionados con el estrés, la ansiedad y la depresión. Restaurar este vínculo puede tener un profundo impacto positivo en la **regulación emocional**, el manejo del estrés y el bienestar general. El fomento de iniciativas como el acceso a espacios verdes en áreas urbanas, la terapia asistida por animales y la conciencia sobre la importancia del contacto con la naturaleza son cruciales para mitigar los efectos negativos de la desnaturalización sobre la salud mental humana. La desconexión con los animales salvajes y la naturaleza en general ha tenido un impacto profundo en la psicología humana. Estudios recientes han abordado cómo la relación ancestral del ser humano con los animales salvajes influyó en el bienestar psicológico y cómo la desconexión progresiva de estos entornos ha contribuido al desarrollo de trastornos mentales. Durante milenios, los seres humanos vivieron en contacto directo con la fauna, lo que creó una interdependencia tanto física como psicológica. La desconexión actual de este entorno tiene consecuencias sobre nuestra psique, como lo muestran varios estudios.

1. "Síndrome de Desconexión de la Naturaleza"

El psicólogo **"Peter H. Kahn"**, de la *"Universidad de Washington"*, ha investigado lo que él llama el **"síndrome de desconexión de la naturaleza"**, que describe cómo la separación del ser humano de los entornos naturales y los animales salvajes ha alterado su bienestar mental. Según Kahn, las generaciones más jóvenes, que han crecido mayormente en entornos urbanos, muestran una reducción en su bienestar emocional debido a la falta de interacción con el mundo natural y específicamente, con los animales salvajes. La observación y convivencia con animales no domesticados anteriormente proporcionaba una forma de conexión emocional y un sentido de pertenencia que ahora se ha visto comprometido.

- **Impacto Psicológico**: La falta de interacción con animales salvajes está relacionada con un aumento en los niveles de ansiedad y un mayor riesgo de **alienación**. Sin la exposición a estos entornos naturales, los humanos se sienten menos conectados con el planeta y su ecología, lo que a menudo contribuye a un sentido de vacío emocional.

2. Terapia de inmersión en la naturaleza

Estudios han demostrado que la exposición a **animales salvajes en su hábitat natural** tiene un efecto restaurador en la salud mental. Investigaciones realizadas en Japón, como parte del estudio sobre **"shinrin-yoku"** (o baños de bosque), encontraron que las personas que interactúan con la vida silvestre, aunque sea de manera pasiva (observando aves o animales en su hábitat), experimentan una reducción significativa del estrés y una mejora en su estado de ánimo general. La relación con estos animales, aunque indirecta, tiene un efecto positivo en la salud mental.

- **Evidencia**: Un estudio publicado en el *International "Journal of Environmental Research and Public Health",* mostró que las personas que pasaban tiempo observando animales en entornos naturales o participaban en safaris mostraban una disminución en los niveles de **cortisol** y una mejora en la **regulación emocional**. La falta de contacto con estos entornos provoca una menor capacidad de las personas para reducir el estrés y regular sus emociones de manera natural.

3. Desconexión con los depredadores y el sentido de equilibrio

En épocas antiguas, los humanos vivían en un estado de interacción constante con depredadores y otros animales salvajes, lo que fomentaba una profunda conexión con los ciclos naturales de la vida y la mortalidad. Este tipo de interacción promovía un sentido de equilibrio psicológico ya que los humanos veían a los animales salvajes como parte de un sistema de interdependencia. La desaparición de estos encuentros ha creado una percepción alterada del control sobre la naturaleza y ha fomentado una desconexión emocional.

- **Trastornos asociados**: La desconexión de los depredadores y otros animales salvajes puede haber contribuido a la **desensibilización emocional** hacia el medio ambiente y a un aumento en los **trastornos de ansiedad** relacionados con el control y el miedo. La vida moderna, al eliminar estos desafíos naturales, ha generado un ambiente en el que el estrés se acumula por factores artificiales, como las preocupaciones económicas y tecnológicas, en lugar de los desafíos naturales que antes ayudaban a crear una respuesta emocional más equilibrada.

4. Impacto en la identidad y sentido de pertenencia

El antropólogo "**Paul Shepard**", fue uno de los primeros en plantear que la relación de los humanos con los animales salvajes, especialmente durante la caza y recolección, jugó un papel crucial en la formación de la **identidad humana**. A través de la observación, caza y convivencia con animales, los humanos desarrollaron una **conciencia ambiental**, que estaba directamente relacionada con el sentido de comunidad y pertenencia a la naturaleza. Al perder esta conexión, la psicología humana ha tendido a verse más alienada y menos integrada con el ecosistema planetario.

- **Consecuencias Psicológicas**: Esta ruptura contribuye a la sensación de **desarraigo** y **soledad existencial** que muchos experimentan en la sociedad moderna. La falta de interacciones con la fauna silvestre provoca una pérdida de significado y de conexión espiritual con el mundo natural, lo que aumenta los síntomas de depresión y ansiedad.

5. Trastornos derivados de la pérdida del contacto directo con la vida salvaje

Un estudio llevado a cabo por la *"Universidad de Chalmers"*, en Suecia, exploró los efectos de la falta de contacto con la vida silvestre en poblaciones urbanas. El estudio demostró que las personas que se habían distanciado por completo de las interacciones con animales salvajes, ya fuera en caza, pesca o simplemente por observarlos en su hábitat, reportaron mayores niveles de **angustia psicológica**. Además, estas personas tendían a sentir una mayor disociación con la naturaleza, lo que afectaba su sentido de propósito y conexión emocional con el entorno natural.

Conclusión:
El contacto con los animales salvajes no solo tenía un valor práctico en la supervivencia humana ancestral, sino que también desempeñaba un papel crucial en la **regulación emocional** y en la creación de una **identidad psicológica saludable**. La desconexión progresiva de estos animales en la vida moderna ha contribuido al aumento de **trastornos psicológicos** como el estrés, la ansiedad y la depresión.

El restablecimiento de estas conexiones, a través de actividades como la observación de la vida silvestre, la terapia en la naturaleza y la reintroducción de prácticas que fomentan la interacción con el entorno natural, puede ser una solución efectiva para mejorar el bienestar mental y restaurar el equilibrio psicológico en la sociedad moderna

Cita breve:
"Mira profundamente en la naturaleza, y entonces entenderás todo mejor."
Albert Einstein

Ejercicio práctico:

- **Actividad:** Practica la técnica de respiración profunda en un entorno natural. Inhala lentamente por la nariz contando hasta cuatro, retén el aire dos segundos y exhala por la boca contando hasta cuatro. Repite durante cinco minutos.

Pregunta reflexiva:

- ¿Cómo te afecta el estrés en tu vida diaria y qué estrategias utilizas para manejarlo?

4.3. Búsqueda de Significado y Reconexión con la Naturaleza

Ante la desnaturalización, muchas personas sienten la necesidad de encontrar un propósito y reconectar con su esencia y el entorno natural.

Contenido principal:
- **Movimientos de reconexión:**
  - **Slow movement:** Promueve una vida más pausada y consciente.
  - **Minimalismo:** Enfoque en lo esencial y reducción del consumo excesivo.
- **Prácticas de bienestar:**
  - **Mindfulness y meditación:** Técnicas para aumentar la conciencia plena.

- Actividades al aire libre: Senderismo, jardinería y otras formas de interactuar con la naturaleza.
- **Espiritualidad y significado:**
  - **Búsqueda de propósito:** Reflexión sobre valores y objetivos personales.
  - **Comunidades ecológicas:** Grupos que viven en armonía con la naturaleza y promueven la sostenibilidad.

Estudio destacado:

- **Efecto de la naturaleza en el sentido de bienestar:** Las personas que pasan tiempo en entornos naturales reportan mayores niveles de felicidad y satisfacción con la vida.

Cita breve:
"La naturaleza no es un lugar para visitar, es nuestro hogar."
Anónimo

Ejercicio práctico:

- **Actividad:** Escribe un diario durante una semana, enfocándote en momentos en los que te hayas sentido conectado contigo mismo y con tu entorno. Identifica patrones o actividades que te generen bienestar.

Pregunta reflexiva:

- ¿Qué acciones puedes tomar para incorporar más momentos de conexión y significado en tu vida cotidiana?

4.4. El Papel de la Tecnología en la Reconexión y Desconexión

La tecnología puede ser tanto una barrera como una herramienta para la reconexión con uno mismo y con la naturaleza.
Contenido principal:
- **Barreras tecnológicas:**
  - **Distracciones constantes:** Notificaciones y accesibilidad permanente.

- o **Realidad virtual vs. realidad física:** Preferencia por experiencias digitales.
- **Herramientas tecnológicas para la reconexión:**
  - o **Aplicaciones de meditación y bienestar:** Guías para prácticas de mindfulness.
  - o **Mapas y guías digitales:** Facilitan la exploración de espacios naturales.
  - o **Comunidades en línea:** Grupos que comparten intereses por la naturaleza y estilos de vida saludables.

Ejercicio práctico:

- **Actividad:** Utiliza una aplicación que promueva actividades al aire libre o prácticas de bienestar y establece un plan semanal para integrarlas en tu rutina.

Pregunta reflexiva:

- ¿Cómo puedes equilibrar el uso de la tecnología para que apoye tu bienestar en lugar de obstaculizarlo?

4.5. Construyendo Hábitos para una Vida más Natural y Consciente

Construir hábitos para una vida más natural y consciente, ha demostrado tener un impacto positivo significativo en la salud mental y el bienestar general, según diversos estudios psicológicos. La implementación de estos hábitos puede ayudar a reducir el estrés, mejorar el enfoque mental y generar una mayor satisfacción en la vida. Aquí se exploran algunas estrategias basadas en investigaciones científicas para construir una vida más alineada con la naturaleza y con un enfoque consciente.

1. Integrar el contacto con la naturaleza en la vida diaria

Un estudio publicado en el *"Journal of Environmental Psychology"* encontró que las personas que pasan al menos 120 minutos a la semana en contacto con la naturaleza muestran mejoras notables en su bienestar mental y físico. Este tiempo puede incluir actividades simples como caminar en parques, jardines o realizar ejercicio al aire libre. La clave es **establecer rutinas,** en las que se priorice el contacto regular con la naturaleza, lo cual ayuda a disminuir los niveles de cortisol, la hormona del estrés y a mejorar la regulación emocional.

- **Práctica recomendada**: Programar paseos diarios o semanales al aire libre, ya sea por parques urbanos o senderos naturales. Establecer estos momentos como parte de la rutina diaria puede ayudar a reconectar con los ciclos naturales y mejorar la salud mental.

2. Mindfulness y consciencia plena en entornos naturales

El **mindfulness** o la atención plena han demostrado ser una herramienta poderosa para reducir el estrés y aumentar el bienestar emocional. Cuando se practica en la naturaleza, sus efectos se amplifican. Un estudio de la *"Universidad de Brown"*, encontró que la práctica de mindfulness, en entornos naturales mejora la conciencia sensorial y la conexión con el presente. Esta combinación potencia la sensación de bienestar y reduce los pensamientos intrusivos y la ansiedad.

- **Práctica recomendada**: Dedicar unos minutos cada día para practicar mindfulness en la naturaleza. Esto puede implicar simplemente estar sentado en un entorno natural, observando conscientemente los sonidos, olores y vistas sin juzgar ni analizar.

3. Hábitos alimenticios basados en la naturaleza

Adoptar una dieta basada en alimentos naturales y de origen local no solo mejora la salud física, sino que también puede contribuir a una mayor **sensación de conexión con la tierra**. Estudios realizados por la *"American Psychological Association"* **(APA),** sugieren que los hábitos alimenticios que involucran alimentos integrales y naturales mejoran el estado de ánimo y reducen los síntomas de depresión.

- **Práctica recomendada**: Comer conscientemente, priorizando alimentos frescos, no procesados y de origen sostenible. Esto no solo aporta beneficios nutricionales, sino que también fomenta un estilo de vida más conectado con los ritmos naturales de la tierra.

4. Reducir la exposición a la tecnología

El uso excesivo de la tecnología puede aumentar los niveles de **estrés** y **fatiga mental**, contribuyendo a un estilo de vida más artificial y desconectada. Un estudio de la *"Universidad de Göteborg"*, encontró que el uso excesivo de teléfonos móviles y dispositivos electrónicos está asociado con un mayor riesgo de depresión y ansiedad. Reducir el tiempo frente a pantallas y pasar más tiempo en actividades no tecnológicas, especialmente al aire libre, puede promover una vida más equilibrada.

- **Práctica recomendada**: Establecer límites claros en el uso de la tecnología, especialmente por las noches y reemplazar ese tiempo con actividades en la naturaleza o con prácticas conscientes, como la lectura o la meditación.

5. Terapia y reconexión con la naturaleza

Estudios como los de "**Gregory Bratman**", de la *"Universidad de Stanford"*, han demostrado que pasar tiempo en la naturaleza reduce la actividad en las regiones del cerebro asociadas con la **rumiación**, un factor que contribuye a la depresión y la ansiedad. La inmersión en la naturaleza promueve la **calma mental** y ayuda a cultivar un enfoque más positivo y equilibrado hacia la vida.

- **Práctica recomendada**: Participar en actividades de **terapia de inmersión en la naturaleza**, como baños de bosque (shinrin-yoku), caminatas guiadas en entornos naturales o sesiones de yoga al aire libre, puede ser una excelente manera de incorporar este beneficio en la vida diaria.

Conclusión:

Adoptar hábitos para una vida más natural y consciente implica realizar pequeños cambios en la rutina diaria que promuevan la reconexión con la naturaleza, el autocuidado y la disminución del uso excesivo de tecnología. Estos hábitos no solo mejoran la **salud mental**, sino que también fomentan un estilo de vida más equilibrado y consciente. Las investigaciones científicas respaldan el impacto positivo que estos cambios pueden tener en la **reducción del estrés**, la **mejora del bienestar emocional** y la **satisfacción general** con la vida.

Ejercicio práctico:

- **Actividad:** Elige un hábito relacionado con la naturaleza que te gustaría incorporar (ej., caminar descalzo en el césped, observar las estrellas). Practícalo diariamente durante una semana y registra tus experiencias.

Pregunta reflexiva:

- ¿Qué beneficios has notado al adoptar este nuevo hábito y cómo impacta en tu sensación de bienestar?

Capítulo 5: Consecuencias de Alejarse de la Naturaleza

5.1. Salud Física y Enfermedades Modernas

La **salud física** y las **enfermedades modernas,** han estado estrechamente vinculadas con el desarrollo de la psicología contemporánea ya que los estilos de vida actuales han dado lugar a problemas tanto físicos como mentales. Enfermedades como la obesidad, la diabetes tipo 2, las enfermedades cardiovasculares y otros trastornos metabólicos han aumentado en prevalencia debido a cambios en el entorno, el comportamiento humano y los niveles de estrés, lo que afecta directamente la **salud psicológica**. Aquí se detallan algunas de las formas en que la psicología aborda la interrelación entre la salud física y las enfermedades modernas.

1. Obesidad y Salud Mental

La obesidad es uno de los mayores desafíos de salud pública en el mundo moderno y tiene profundas implicaciones psicológicas. La relación bidireccional entre la obesidad y la salud mental ha sido ampliamente documentada. Estudios han demostrado que las personas con obesidad tienen un riesgo significativamente mayor de sufrir ansiedad, depresión y baja autoestima. El estigma social asociado con el peso también contribuye al desarrollo de trastornos alimentarios y problemas relacionados con la imagen corporal.
- **Impacto psicológico**: La psicología reconoce que la obesidad no solo es un problema físico, sino que está profundamente influenciada por factores emocionales y de comportamiento. La **psicoterapia** y las **intervenciones conductuales** son esenciales para ayudar a las personas a manejar el estrés, la ansiedad y los hábitos alimenticios emocionales que contribuyen a esta condición.

2. Estrés Crónico y Enfermedades Cardiovasculares

El estrés crónico es un factor clave en el desarrollo de **enfermedades cardiovasculares**, como la hipertensión, infartos y accidentes cerebrovasculares. Los altos niveles de estrés activan el **sistema nervioso simpático**, lo que provoca un aumento en la frecuencia cardíaca y en la presión arterial, contribuyendo al deterioro cardiovascular a largo plazo.

- **Enfoque psicológico**: Los estudios han demostrado que las intervenciones psicológicas enfocadas en la reducción del estrés, como la terapia cognitivo-conductual (TCC) y el mindfulness, pueden ser efectivas para reducir los factores de riesgo cardiovascular. Programas que enseñan a las personas a gestionar mejor el estrés tienen un impacto directo en la mejora de la salud física y en la reducción de la incidencia de enfermedades cardíacas.

3. Diabetes Tipo 2 y Salud Mental

La **"diabetes tipo 2"**, es otra enfermedad que ha aumentado significativamente en las últimas décadas debido a los cambios en los hábitos alimenticios y el estilo de vida sedentario. La diabetes no solo tiene efectos físicos graves, sino que también afecta profundamente la salud mental. Las personas con diabetes tienen un mayor riesgo de desarrollar depresión y ansiedad y la carga de manejar la enfermedad crónica puede generar estrés constante.

- **Impacto psicológico**: La **psicoeducación** y el apoyo psicológico son fundamentales para mejorar el manejo de la diabetes. La terapia puede ayudar a las personas a desarrollar estrategias de afrontamiento, mejorar la adherencia al tratamiento y reducir los niveles de estrés asociados con la enfermedad. Además, las técnicas de **modificación de conducta**, pueden ser útiles para establecer hábitos saludables, como el ejercicio y una alimentación equilibrada.

4. Trastornos del Sueño y Salud Física

Los **trastornos del sueño**, como el insomnio y la apnea del sueño, se han vuelto prevalentes en la sociedad moderna y tienen una relación directa con múltiples problemas de salud, incluidos la obesidad, las enfermedades cardiovasculares y la diabetes. La falta de sueño también afecta la salud mental, ya que contribuye a la aparición de ansiedad, depresión y problemas cognitivos, como la falta de concentración y memoria.

- **Enfoque psicológico**: La terapia cognitivo-conductual para el insomnio (TCC-I) es una de las intervenciones más efectivas para tratar el insomnio, ayudando a las personas a cambiar sus pensamientos y comportamientos relacionados con el sueño. También se ha demostrado que la higiene del sueño y las técnicas de relajación mejoran significativamente la calidad del sueño, lo que a su vez reduce el riesgo de enfermedades físicas.

5. Trastornos Relacionados con el Sedentarismo

El **sedentarismo,** es uno de los principales factores que contribuyen al desarrollo de enfermedades modernas, como la obesidad, la diabetes y los problemas cardiovasculares. Además, la falta de actividad física regular está estrechamente relacionada con un aumento en los niveles de **estrés**, **ansiedad** y **depresión**.

- **Enfoque psicológico**: La psicología del deporte y el ejercicio trabaja para motivar a las personas a incrementar su actividad física y mejorar su calidad de vida. Las intervenciones conductuales ayudan a establecer rutinas de ejercicio, mientras que el apoyo psicológico refuerza el impacto positivo que la actividad física tiene en la salud mental, especialmente en la reducción de la ansiedad y la depresión.

6. Salud Mental y Trastornos Autoinmunes

Las **enfermedades autoinmunes**, como el lupus y la esclerosis múltiple, tienen un impacto devastador en la salud física, pero también afectan gravemente la salud mental. Las personas que viven con estas condiciones crónicas tienden a desarrollar **trastornos de ansiedad** y **depresión** debido a la incertidumbre y las limitaciones que impone la enfermedad en su vida diaria.

- **Intervención psicológica**: La psicología juega un papel fundamental en ayudar a las personas a adaptarse emocionalmente a los diagnósticos de enfermedades autoinmunes. Las terapias que combinan el manejo del estrés, la reestructuración cognitiva y el apoyo emocional son clave para mejorar tanto la salud mental como la física en estas personas.

Conclusión:

La interrelación entre la salud física y las enfermedades modernas como la obesidad, las enfermedades cardíacas, la diabetes y los trastornos autoinmunes tiene profundas implicaciones para la psicología de la salud. A través de enfoques integrados, la psicología ofrece herramientas para mejorar la salud mental, reducir el impacto del estrés crónico y fomentar hábitos de vida más saludables que previenen o mitigan el impacto de estas enfermedades. Es fundamental abordar tanto el bienestar físico como el mental para enfrentar los desafíos de salud modernos.

Cita breve:
"La naturaleza es la mejor medicina para la salud humana."
— **Anónimo**

Ejercicio práctico:

- **Actividad:** Incorpora una rutina de actividad física al aire libre, como caminar, correr o andar en bicicleta, al menos tres veces por semana. Registra tus niveles de energía y bienestar físico a lo largo del tiempo.

Pregunta reflexiva:

- ¿Cómo influye tu entorno y estilo de vida en tu salud física y qué cambios podrías implementar para mejorarla?

5.2. Salud Mental y Bienestar Emocional

La **renaturalización,** se ha convertido en un enfoque clave para mejorar la **salud mental** y el **bienestar emocional**. Este proceso implica reconectar a las personas con la naturaleza ya que los entornos naturales han mostrado tener efectos profundamente beneficiosos sobre el estado mental y emocional de los individuos. A continuación, se describen algunos estudios recientes que destacan los beneficios psicológicos de este enfoque.

1. Estudio del Centro de Investigación sobre Psicología Ambiental de la Universidad de Essex

Investigaciones realizadas por la *"Universidad de Essex"*, en el Reino Unido, han encontrado que el simple hecho de estar en la naturaleza, o incluso de mirar imágenes naturales, puede mejorar significativamente el estado de ánimo y reducir los niveles de estrés. En particular, el concepto de **"green exercise"** o **ejercicio verde**, que combina actividad física con estar en entornos naturales, ha mostrado beneficios superiores al ejercicio en entornos urbanos. Este estudio encontró que solo 5 minutos de ejercicio al aire libre pueden mejorar tanto la autoestima como el estado de ánimo, especialmente en personas con depresión leve o ansiedad.

- **Conclusión del estudio**: La interacción regular con entornos naturales, junto con la actividad física, puede ser una intervención poderosa para mejorar el bienestar emocional y prevenir el desarrollo de problemas de salud mental.

2. Investigación de la Universidad de Derby sobre la "conexión con la naturaleza"

Un estudio dirigido por **"Miles Richardson"** en la *"Universidad de Derby"*, investigó la relación entre la "conexión con la naturaleza" y el bienestar emocional. Los investigadores encontraron que los individuos que se sentían más conectados con la naturaleza reportaban mayores niveles de satisfacción con la vida y menos síntomas de ansiedad y depresión. Esta conexión no requiere grandes inmersiones en la naturaleza, incluso pequeñas interacciones cotidianas, como cuidar plantas o pasar tiempo en parques locales, pueden generar beneficios significativos.

- **Conclusión del estudio**: Promover una mayor **sensación de conexión** con la naturaleza en la vida diaria es esencial para mejorar la resiliencia emocional y reducir los síntomas de trastornos psicológicos.

3. Proyecto de Investigación BlueHealth

El proyecto "**BlueHealth**", financiado por la Unión Europea, ha examinado cómo los espacios naturales que incluyen cuerpos de agua, como ríos, lagos y mares, influyen en la salud mental. Los estudios encontraron que pasar tiempo en entornos acuáticos reduce los niveles de estrés y mejora el bienestar emocional. Las personas que tienen acceso a estos espacios acuáticos reportan sentirse más tranquilas, relajadas y presentan menores tasas de estrés crónico en comparación con aquellas que viven en áreas sin acceso al agua.

> **Conclusión del estudio**: El contacto con cuerpos de agua naturales tiene efectos calmantes sobre la mente y contribuye a una **mayor estabilidad emocional**, lo que puede ser crucial para combatir los efectos del estrés urbano.

4. Investigación de "Rachel y Stephen Kaplan", sobre la Teoría de la Restauración de la Atención

Los psicólogos "**Rachel y Stephen Kaplan**", de la "*Universidad de Michigan*", propusieron la "**Teoría de la Restauración de la Atención**" (ART), que sugiere que los entornos naturales ayudan a recuperar la capacidad de atención agotada por las demandas cognitivas de la vida moderna. En sus estudios, los participantes que pasaban tiempo en la naturaleza mostraron una mejora significativa en sus capacidades cognitivas y una reducción de la **fatiga mental** en comparación con aquellos que permanecían en entornos urbanos.

- **Conclusión del estudio**: La naturaleza proporciona un espacio ideal para la **recuperación cognitiva**, ayudando a mejorar el rendimiento mental y a disminuir la sensación de agotamiento mental, lo cual es esencial para mantener una buena salud mental.

5. Evidencia del "Nature Connectedness Research Group"

El grupo de investigación "**Nature Connectedness Research Group**", ha liderado estudios que sugieren que el grado en que las personas se sienten conectadas con la naturaleza influye directamente en su bienestar psicológico. Su investigación muestra que las personas que reportan una alta conexión con la naturaleza también tienen mayores niveles de emociones positivas, menor prevalencia de síntomas depresivos y un mayor sentido de propósito en la vida.

- **Conclusión del estudio**: Fomentar una mayor conexión emocional con la naturaleza podría ser una intervención clave para mejorar el bienestar psicológico a largo plazo, proporcionando una vía para gestionar el estrés y las emociones negativas.

Conclusión:

Estos estudios muestran que la "**renaturalización**", tanto en el contexto de las intervenciones clínicas como en las experiencias cotidianas, tiene un impacto significativo en la **salud mental** y el **bienestar emocional**. Los enfoques que fomentan la conexión con la naturaleza ya sea a través de ejercicios verdes, baños de bosque o la simple apreciación de los entornos naturales, ofrecen formas prácticas y científicamente validadas de mejorar la calidad de vida y la salud psicológica.

Cita breve:
"La naturaleza no es un lujo, sino una necesidad del espíritu humano." — **Edward Abbey**

Ejercicio práctico:

Actividad: Dedica tiempo diariamente para una práctica de mindfulness, en un entorno natural. Puede ser simplemente sentarte en un parque y prestar atención a tus sentidos durante 10 minutos.

Pregunta reflexiva:

- ¿Has notado cambios en tu estado emocional cuando pasas tiempo en la naturaleza comparado con entornos urbanos?

5.3. El Movimiento de Reconexión con la Naturaleza

Ante las consecuencias negativas de la desnaturalización, han surgido movimientos y prácticas que buscan restaurar la conexión del ser humano con la naturaleza.

Contenido principal:

- **Biophilia y biofilia:**
  - **Concepto de biophilia (E.O. Wilson):** Inherente afinidad del ser humano por otras formas de vida y naturaleza.
  - **Aplicaciones en arquitectura y diseño:** Edificios y espacios que incorporan elementos naturales.

- Ecoterapia y terapias verdes:
  - **Terapia asistida por naturaleza:** Uso de entornos naturales para mejorar la salud mental.
  - **Horticultura terapéutica:** Jardinería como medio para reducir el estrés y mejorar el bienestar.

- **Educación ambiental:**
  - **Programas escolares al aire libre:** Fomentan el aprendizaje en contacto con la naturaleza.
  - **Conciencia ecológica:** Promoción de prácticas sostenibles y respeto por el medio ambiente.

Cita breve:
"En la naturaleza está la preservación del mundo."
— **Henry David Thoreau**

Ejercicio práctico:

- **Actividad:** Practica shinrin-yoku visitando un bosque o área verde. Camina lentamente, presta atención a los sonidos, olores y texturas. Sin prisas, permite que tus sentidos se conecten plenamente con el entorno.

Pregunta reflexiva:

- ¿Qué sensaciones y pensamientos emergen al sumergirte en un entorno natural sin distracciones?

5.4. Beneficios de la Reintegración con la Naturaleza

Reconectar con la naturaleza ofrece múltiples beneficios que pueden contrarrestar las consecuencias negativas de la desnaturalización.

Contenido principal:
- **Mejora de la salud física:**
  - **Actividad física regular:** Aumento del ejercicio al aire libre.
  - **Fortalecimiento del sistema inmunológico:** Exposición microorganismos beneficiosos.
- **Bienestar mental y emocional:**
  - **Reducción del estrés y ansiedad:** Entornos naturales promueven la relajación.
  - **Aumento de la autoestima y ánimo positivo:** Sentimiento de conexión y pertenencia.
- **Desarrollo personal y espiritual:**
  - **Reflexión y autoconocimiento:** La naturaleza facilita la introspección.
  - **Sentido de propósito:** Participación en actividades que contribuyen al medio ambiente.
- **Fortalecimiento de la comunidad:**
  - **Actividades grupales al aire libre:** Fomentan las relaciones sociales y el apoyo mutuo.

- **Proyectos ambientales comunitarios:** Cohesión social a través de objetivos compartidos.

Ejercicio práctico:

- **Actividad:** Participa en una actividad de voluntariado ambiental, como limpieza de playas, plantación de árboles o conservación de senderos. Observa cómo esta experiencia afecta tu percepción del entorno y tu sentido de comunidad.

Pregunta reflexiva:

- ¿Cómo te sientes al contribuir activamente en la mejora del medio ambiente y qué impacto tiene en tu relación con los demás?

5.5. Estrategias para Revertir la Desnaturalización

Revertir la **desnaturalización** implica un cambio radical en la forma en que los humanos interactuamos con la naturaleza. Este proceso no es simplemente una cuestión de regresar físicamente al campo, sino de **reconstruir una relación consciente y respetuosa con el entorno natural**. Las siguientes estrategias abordan cómo podemos implementar un cambio profundo y sostenible, que tendría efectos positivos en nuestra **psique** y bienestar emocional.

1. Fomentar la vuelta al campo como modo de vida

El movimiento hacia la **ruralización** o la vuelta al campo ha resurgido como una respuesta a los efectos negativos del estilo de vida urbano. La vida en entornos rurales no solo promueve una mayor conexión con la tierra, sino que también reduce el estrés urbano, mejora la calidad del aire y permite un ritmo de vida más equilibrado y alineado con los ciclos naturales. La agricultura sostenible y el manejo respetuoso de los recursos naturales pueden convertirse en una vía de reconexión, no solo física, sino también emocional con la naturaleza.

a. Beneficios psicológicos de la vida rural

Estudios han mostrado que las personas que viven en entornos rurales, donde se encuentran más conectadas con la naturaleza, tienen menores niveles de **ansiedad y depresión**.

b. Implementación

- **Promover programas de migración voluntaria hacia el campo** para revitalizar comunidades rurales, incluyendo incentivos económicos y educativos para quienes quieran adoptar estilos de vida rurales.
- Fomentar la agricultura familiar y sostenible, que no solo mejora la calidad de los alimentos, sino que también ayuda a restablecer una conexión directa con la fuente de sustento.

2. El estudio de la etología y la comprensión de los hábitats

El **estudio de la etología**, que se centra en la observación del comportamiento animal en su entorno natural, puede actuar como una herramienta educativa y práctica para reconectar a los humanos con la naturaleza. Observar los hábitos de las especies en sus ecosistemas fomenta un respeto profundo por los ciclos de vida naturales y nos ayuda a comprender nuestra interdependencia con otras formas de vida.

a. Impacto psicológico de la etología

El acto de **observar a los animales en su entorno** natural, en lugar de verlos como meros recursos o entretenimiento, desarrolla una empatía y un sentido de responsabilidad ambiental. La etología fomenta la paciencia, la atención plena y el respeto por las complejidades del comportamiento animal. Este enfoque permite que las personas desarrollen un sentido más profundo de conexión emocional con los ecosistemas, lo que ha demostrado mejorar la salud mental y reducir el estrés.

b. Implementación

- Incluir la etología en los currículos escolares, no solo para el estudio de la biología, sino como parte de una educación orientada a la sostenibilidad y la conservación.
- Fomentar proyectos de voluntariado y conservación de la fauna silvestre, donde las personas puedan participar en la observación directa de especies en sus hábitats y contribuir al cuidado de estos entornos.

3. Volverse observadores, no meros espectadores de la naturaleza

En la sociedad moderna, las personas tienden a observar la naturaleza de manera pasiva o superficial, como si fuera un paisaje que se ve desde la distancia. Sin embargo, el concepto de volverse **observadores activos** implica una inmersión más profunda en los **ritmos y procesos naturales**. Esta forma de relación transforma la naturaleza en algo que no solo se mira, sino que se **siente** y se **experimenta**.

a. Impacto psicológico de la observación consciente

Estudios han mostrado que la atención plena en la naturaleza, aplicado a la observación de los ecosistemas puede tener un impacto positivo en la reducción del estrés y la mejora de la salud emocional. Según investigaciones de la *"Universidad de Sussex"*, la práctica de observar conscientemente el mundo natural, sin distracciones, promueve la autorregulación emocional y un mayor sentido de bienestar.

4. Creación de comunidades eco-sostenibles

Otra estrategia clave es la creación de comunidades sostenibles que respeten los ciclos naturales y los recursos locales. Estas comunidades promueven un estilo de vida en armonía con la naturaleza, donde las personas no solo viven cerca de la tierra, sino que también gestionan los recursos de manera sostenible y con una visión a largo plazo.

a. Impacto psicológico de las comunidades sostenibles

Vivir en comunidades que practican la **sostenibilidad ecológica** fomenta un sentido de **pertenencia** y **propósito**, factores que son esenciales para la salud mental. La vida en estos entornos reduce el estrés asociado con el ritmo de vida moderno, al mismo tiempo que crea un fuerte sentido de comunidad y cooperación.

b. Implementación

Establecer políticas gubernamentales que incentiven la creación de **eco-aldeas** y **cooperativas de agricultura regenerativa**, donde la tierra se maneje de forma sostenible.

- Desarrollar proyectos comunitarios que involucren la gestión colectiva de recursos, como el agua, la energía renovable y la agricultura, para restaurar la **autoeficiencia** y el sentido de interdependencia comunitaria.

5. Revalorización de los conocimientos ancestrales

Los **conocimientos ancestrales** y las prácticas indígenas que promueven la reverencia por la naturaleza pueden servir como guía para una vida más equilibrada y sostenible. La transmisión de estos conocimientos fomenta una conexión espiritual con el entorno natural, promoviendo una visión más holística de la vida y la salud.

a. Impacto psicológico de los conocimientos ancestrales
La revalorización de las prácticas ancestrales que consideran la naturaleza como una entidad viva y sagrada ayuda a restablecer un sentido de **propósito y significado** en la vida moderna. Esta conexión profunda y espiritual con la naturaleza fomenta una relación sana emocional y mejora el bienestar mental.

b. Implementación

- Incluir prácticas y enseñanzas de **culturas indígenas,** en la educación ambiental y en los programas de bienestar, para que las

personas aprendan formas de vivir de manera más equilibrada con su entorno.
- Fomentar proyectos de **restauración ecológica** que utilicen métodos tradicionales para manejar la tierra y los recursos, reconectando a las personas con prácticas que respetan los ritmos de la naturaleza.

Conclusión:

La renaturalización, no solo trata de regresar físicamente a la naturaleza, sino de reconstruir una relación consciente, profunda y respetuosa con ella. A través de la vuelta al campo, el estudio de la etología, la observación consciente y la creación de comunidades sostenibles, podemos implementar cambios que no solo mejoran la salud física y mental, sino que también nos permiten vivir en armonía con los ecosistemas. Estas estrategias ayudarán a restaurar el equilibrio perdido y a promover un mayor bienestar psicológico para las futuras generaciones.

Ejercicio práctico:

- **Actividad:** Elabora un plan personal de reconexión con la naturaleza que incluya actividades semanales, metas a corto y largo plazo y formas de involucrar a amigos o familiares.

Antes de acabar esta primera parte del libro, quisiera exponer brevemente un cambio significativo que tiene la vida en el campo o en la naturaleza para algunos individuos y que cambia respecto a la de otros individuos que no viven en un entorno natural y respetan sus ciclos.

Muchas especies, incluidos los seres humanos en ciertos contextos, no siguen un patrón de sueño **monofásico** (es decir, dormir una vez por noche durante varias horas consecutivas). En su lugar, pueden adoptar patrones de sueño **bifásicos** o **trifásicos**, donde el sueño se divide en varias fases cortas durante el día o la noche. Este tipo de sueño está estrechamente relacionado con la necesidad de **mantener la vigilancia** en entornos donde hay amenazas constantes, como el cuidado del ganado, la defensa ante depredadores o las condiciones ambientales

1. Patrón de sueño monofásico

El sueño **monofásico** es el más común en las sociedades modernas, caracterizado por un período largo de sueño continúo (normalmente durante la noche). Sin embargo, históricamente no siempre fue la norma. Este patrón puede ser más adecuado en entornos urbanos y seguros, donde no es necesario estar alerta ante peligros inmediatos.

2. Sueño bifásico y trifásico

El **sueño bifásico** se refiere a un patrón en el que el individuo duerme en dos periodos distintos durante el día o la noche. Históricamente, era común en algunas culturas preindustriales. Por ejemplo, en Europa, durante la Edad Media y la era preindustrial, muchas personas practicaban el llamado **"primer sueño"** y **"segundo sueño"**, donde dormían unas pocas horas al anochecer, luego se despertaban por algunas horas antes de volver a dormir por un segundo periodo.
El **sueño trifásico**, por su parte, implica tres períodos de descanso más cortos a lo largo de un ciclo de 24 horas. Este tipo de sueño se observa más en personas que necesitan estar alertas de forma intermitente, como es el caso de **pastores** o aquellos que cuidan ganado ya que deben estar atentos a los movimientos del rebaño y posibles depredadores o peligros.

3. Vigilancia constante y adaptación al entorno

En entornos naturales, donde los humanos debían estar atentos a amenazas externas, adoptar patrones de sueño más fragmentados permitía equilibrar la necesidad de descansar con la necesidad de vigilancia. En estos contextos, una persona no podía permitirse un sueño prolongado y profundo porque sería vulnerable a los ataques de animales salvajes o a la pérdida del ganado.
Además, el sueño fragmentado puede haber sido una adaptación a las demandas estacionales o ambientales, donde los ciclos de luz y oscuridad afectaban directamente los hábitos de sueño. Las personas en estas situaciones dormían en bloques cortos y esos intervalos entre los sueños podían ser utilizados para **vigilar el entorno**, **reorganizar el campamento** o incluso **interactuar socialmente**.

4. Estudios sobre el sueño polifásico en la actualidad

Investigaciones actuales han demostrado que el sueño bifásico o trifásico no es perjudicial para la salud y que las personas pueden adaptarse bien a estos patrones cuando el entorno lo requiere. Además, algunos estudios sugieren que los ciclos de sueño más fragmentados podrían ser más naturales que el sueño monofásico impuesto por los horarios laborales de la era moderna.

Un estudio sobre tribus indígenas, como los *"Hadza en Tanzania"* o los *"San en Namibia"*, revela que estos grupos practican patrones de sueño más fragmentados. Dormir de manera polifásica les permite estar alerta y reaccionar ante cambios en su entorno, especialmente ante la presencia de depredadores o las condiciones climáticas cambiantes. Los patrones de sueño fragmentado, como el sueño bifásico o trifásico, pueden ofrecer beneficios psicológicos y permitir un mejor aprovechamiento del tiempo, si se gestionan adecuadamente. A continuación, se exploran las ventajas de este tipo de sueño, así como su impacto positivo en la **fase REM**.

1. Optimización del descanso en tiempos cortos

Los ciclos de sueño fragmentado permiten que el cuerpo acceda a las fases más reparadoras del sueño, incluyendo la **fase REM** (sueño de movimientos oculares rápidos), en intervalos más breves. La fase REM es crucial para la **consolidación de la memoria**, el **procesamiento emocional** y la **creatividad**. En un ciclo de sueño bifásico o trifásico, las personas pueden experimentar más entradas a la fase "REM" a lo largo del día, lo que favorece la integración y procesamiento de la información sin depender de una sola sesión de sueño prolongado.

- **Beneficio psicológico**: Al tener múltiples fases "REM" a lo largo del día, el cerebro se beneficia de un procesamiento continuo de emociones y memorias, lo que puede ayudar a manejar mejor el estrés y aumentar la salud emocional.

2. Mejora en la creatividad y resolución de problemas

La fase "REM", está asociada con el procesamiento de información abstracta y la capacidad de formar nuevas conexiones entre ideas, lo que favorece la creatividad. Al dividir el sueño en varias sesiones, especialmente en patrones bifásicos o trifásicos, se incrementan las oportunidades para entrar en esta fase, lo que puede llevar a soluciones más creativas y mayor flexibilidad cognitiva.

- **Aprovechamiento del tiempo**: Al dividir el sueño en sesiones cortas y aprovechar la fase "REM", se permite que el cerebro mantenga un estado de alerta cognitiva más constante. Esto facilita el acceso a soluciones innovadoras, sobre todo en momentos de descanso intermitente.

3. Mejor regulación del estrés y la emoción

El sueño fragmentado puede favorecer la **autorregulación emocional**. Como se entra en la fase "REM", con más frecuencia, se mejora la capacidad del cerebro para procesar las emociones negativas y reducir los niveles de **ansiedad**. Esto es especialmente útil en situaciones donde el estrés diario requiere una vigilancia constante, como en entornos rurales o naturales, donde los ciclos de sueño no pueden ser largos y continuos.

- **Impacto psicológico positivo**: Las personas que practican sueños bifásicos o trifásicos pueden ser más **resilientes emocionalmente**, ya que su cerebro tiene más oportunidades para procesar emociones y experiencias estresantes a lo largo del día.

4. Mayor flexibilidad y adaptabilidad

Los patrones de sueño fragmentado permiten una mayor **adaptabilidad al entorno**, algo crucial en situaciones que requieren **alerta intermitente**, como el cuidado de animales o la vigilancia en entornos naturales. Al tener varios periodos de descanso, se reduce el riesgo de agotamiento extremo que ocurre con ciclos de sueño continuo y monofásico.

PARTE II

La Desnaturalización del Perro

En esta segunda parte del libro, utilizaremos conceptos y estudios ya antes mencionados en la primera parte del libro, al tratarse de principios de psicología que ahora aplicaremos al perro.

Capítulo 6: Principios de la psicología canina

6.1. Introducción a la psicología canina

La **psicología canina,** es una rama de la ciencia que se enfoca en estudiar el **comportamiento, emociones y cognición** de los perros. Este campo busca comprender cómo los perros piensan, aprenden y cómo sus emociones influyen en su conducta. La psicología canina, también explora la interacción entre los perros y los seres humanos, ayudando a mejorar la relación entre ambos.

1. Orígenes y bases científicas

El estudio del comportamiento canino tiene sus raíces en la Etología, una ciencia que observa el comportamiento de los animales en su entorno natural. Uno de los primeros estudiosos que se enfocó en la etología fue "**Konrad Lorenz**", quien estudió el comportamiento de los perros y otros animales domésticos, analizando sus respuestas instintivas.
Por otro lado "**Ivan Pavlov**", a principios del siglo XX, fue pionero en el campo del **condicionamiento clásico** con su famoso experimento en el que hacía sonar una campana antes de alimentar a los perros. Los perros empezaban a salivar al escuchar la campana, demostrando cómo los estímulos neutros pueden asociarse con respuestas automáticas. Este descubrimiento abrió una puerta para entender cómo los perros aprenden a través de la asociación.

2. Cognición y emociones en perros

Estudios recientes muestran que los perros no solo tienen un conjunto básico de instintos, sino que también poseen capacidades cognitivas complejas y experimentan una gama de emociones. Investigaciones lideradas por el neurocientífico "**Gregory Berns**" en la "***Universidad*** *de Emory"* han utilizado imágenes de resonancia magnética funcional (fMRI) para estudiar el cerebro de los perros y han demostrado que los perros pueden experimentar emociones similares a las de los humanos, como la alegría, el miedo y la ansiedad.

Además, los perros son capaces de **aprender** y resolver problemas de maneras que antes se pensaban exclusivas de los primates. Los estudios de *"***Brian Hare***"*, de la *"Universidad de Duke"*, exploran la **cognición social** de los perros, mostrando que pueden interpretar señales humanas (como apuntar) de forma muy efectiva, lo que les permite trabajar estrechamente con las personas.

3. Conducta y entrenamiento

Uno de los enfoques principales de la psicología canina es comprender y modificar la conducta de los perros. "**B.F. Skinner**", otro de los grandes estudiosos del comportamiento animal, introdujo el concepto de **condicionamiento operante**, que se basa en el uso de recompensas y castigos para influir en el comportamiento. Este principio sigue siendo fundamental en el **entrenamiento canino moderno**, donde el refuerzo positivo (recompensas como comida o elogios) se utiliza para fomentar comportamientos deseables.

4. Problemas de comportamiento y bienestar

La psicología canina, también aborda problemas de comportamiento, como la **ansiedad por separación**, la **agresividad** y los **miedos fóbicos**. Según estudios recientes, el estrés y la falta de estímulos adecuados en perros domésticos pueden llevar a problemas de conducta, lo que subraya la importancia de proporcionar un ambiente enriquecido para su bienestar. El trabajo de la psicóloga "**Patricia McConnell**", especializada en comportamiento animal, ha sido crucial para comprender la importancia de la **empatía y el entendimiento mutuo** entre los humanos y los perros en la mejora de sus relaciones.

5. Relación humano-perro

La psicología canina no solo se centra en los perros, sino también en la **dinámica de la relación entre el ser humano y el perro**. Los perros han sido compañeros cercanos del ser humano durante al menos 15,000 años, y esta interacción ha moldeado su evolución y comportamiento. Los estudios realizados por la investigadora **"Monique Udell"**, sugieren que los perros han desarrollado habilidades de **comunicación interspecies**, siendo capaces de interpretar gestos humanos con una precisión que otros animales no domesticados no logran.

Conclusión:

La **psicología canina** es un campo de estudio en constante expansión, ayudando a los humanos a entender mejor a sus compañeros caninos. A través del análisis de su comportamiento, cognición y emociones, es posible mejorar tanto su bienestar como la convivencia en entornos humanos

Cita destacada:
"Podemos juzgar el corazón de un hombre por su trato a los animales."
— **Immanuel Kant**

Ejercicio práctico:

- **Actividad:** Observa a un perro (el tuyo o uno cercano) durante un día. Anota sus comportamientos en diferentes situaciones: al comer, jugar, pasear, interactuar con personas y otros animales. Reflexiona sobre lo que estos comportamientos pueden indicar sobre sus necesidades y emociones.

Pregunta reflexiva:

- ¿Qué has aprendido sobre el perro al observarlo atentamente y cómo puedes aplicar este conocimiento para mejorar su bienestar y vuestra relación?

6.2. Teorías del Aprendizaje en Perros

La **teoría del aprendizaje en perros**, se fundamenta en diversos enfoques que explican cómo los perros adquieren y modifican su comportamiento en respuesta a su entorno, utilizando asociaciones entre estímulos y consecuencias. A continuación, te explico los principales conceptos y teorías aplicados al aprendizaje canino.

1. Condicionamiento clásico

El **condicionamiento clásico**, introducido por "**Ivan Pavlov**", es uno de los pilares del aprendizaje canino. Este tipo de aprendizaje ocurre cuando un perro asocia dos estímulos que se presentan juntos. Por ejemplo, si suena una campana antes de darle comida al perro, este aprenderá a asociar el sonido con la llegada de la comida y comenzará a salivar solo con oír la campana. En el entrenamiento de perros, este principio se aplica con técnicas como el uso de un "**clicker**", para marcar comportamientos correctos que serán seguidos por una recompensa, lo que ayuda a reforzar conductas deseadas de manera eficaz.

2. Condicionamiento operante

El **condicionamiento operante**, basado en los estudios de "**B.F. Skinner**", se enfoca en cómo los comportamientos son modificados a través de **refuerzos** o **castigos**. Este tipo de aprendizaje implica que el perro aprende a repetir conductas que son recompensadas y a evitar aquellas que son castigadas.

- **Refuerzo positivo**: Se utiliza una recompensa, como una golosina o elogios, para reforzar comportamientos deseados, como sentarse o acudir cuando se le llama.
- **Refuerzo negativo**: Consiste en retirar un estímulo desagradable cuando el perro realiza la acción correcta, como aflojar la correa si camina correctamente junto al dueño.
- **Castigo positivo**: Se añade algo que el perro encuentra desagradable para reducir un comportamiento, como un regaño cuando hace algo inapropiado.
- **Castigo negativo**: Implica retirar algo que el perro disfruta para disminuir un comportamiento, como interrumpir el juego si el perro muerde.

El uso adecuado de estas técnicas puede **mejorar la comunicación** entre el perro y el dueño, ayudando al perro a comprender más claramente lo que se espera de él en diversas situaciones.

3. Aprendizaje social y observacional

El **aprendizaje social**, se basa en la capacidad de los perros para **observar y copiar** comportamientos. Los perros, como animales sociales, aprenden observando a otros perros o humanos. Un cachorro puede, por ejemplo, aprender a subir escaleras al ver a un perro mayor hacerlo, o puede imitar comportamientos observados en humanos, como seguir gestos o comandos. Este enfoque refuerza la idea de que los perros no solo aprenden a través de refuerzos directos, sino también por medio de la observación.

4. Aprendizaje basado en el contexto

Otro aspecto importante es el **aprendizaje contextual**, que se refiere a cómo los perros no solo aprenden comandos, sino que también aprenden cuándo y dónde aplicar esos comandos. Por ejemplo, un perro puede aprender a sentarse en casa, pero si no se le entrena en otros entornos, es posible que no obedezca la misma orden en el parque. Por ello, es crucial entrenar al perro en diferentes situaciones y entornos para generalizar el comportamiento aprendido.

5. Aprendizaje cognitivo

En las últimas décadas, la investigación en **aprendizaje cognitivo** ha explorado cómo los perros no solo aprenden a través de asociaciones simples, sino también a través de **procesos mentales complejos**, como la memoria, la resolución de problemas y el entendimiento de señales humanas. Estos estudios han mostrado que los perros son capaces de **resolver problemas** y adaptarse a situaciones nuevas, lo que añade una capa más profunda a su capacidad de aprendizaje.

Conclusión:
Las teorías del aprendizaje en perros ofrecen un marco sólido para comprender cómo nuestros compañeros caninos piensan y aprenden. Con el uso adecuado de técnicas basadas en el **condicionamiento**

clásico, el **condicionamiento operante** y el **aprendizaje social**, se pueden entrenar comportamientos deseados de manera efectiva y fomentar una relación más sólida y positiva entre el perro y su dueño.

Cita destacada:
"La grandeza de una nación y su progreso moral pueden ser juzgados por la forma en que trata a sus animales."
— **Mahatma Gandhi**

Ejercicio práctico:

- **Actividad:** Enseña un nuevo comando simple a un perro utilizando refuerzo positivo (ej., "toca" para que toque tu mano con su nariz). Observa cómo responde y cuánto tiempo tarda en aprenderlo. Reflexiona sobre la eficacia del refuerzo positivo en el proceso de aprendizaje.

Pregunta reflexiva:

- ¿Cómo influye tu propia actitud y consistencia en el entrenamiento del perro y qué aprendiste sobre su forma de aprender?

6.3. Procesos Cognitivos y Emocionales en los Perros

Los **procesos cognitivos y emocionales en los perros**, han sido objeto de un creciente interés en el ámbito de la investigación científica. Los perros, como seres sociales y compañeros cercanos de los humanos, exhiben comportamientos y emociones complejas que se asemejan a los de los humanos en varios aspectos. Los siguientes estudios y teorías de los principales investigadores destacan cómo los perros **piensan**.

1. Cognición social en perros: "Brian Hare" y "la teoría de la domesticación".

El trabajo de *"***Brian Hare***"*, de la *"Universidad de Duke"*, es fundamental en la comprensión de la **cognición social canina**. Hare, propone que los perros han desarrollado habilidades cognitivas avanzadas como resultado del proceso de domesticación, lo que les permite interpretar las señales sociales humanas de manera muy precisa. Esto incluye la capacidad de comprender gestos como apuntar o mirar, algo que incluso otros animales, como los chimpancés, no hacen tan eficientemente.

- **Teoría de la domesticación**: Hare sostiene que la domesticación ha favorecido la evolución de habilidades sociales y cooperativas en los perros, permitiéndoles adaptarse mejor a la vida con los humanos. Esta teoría sugiere que los perros, más que ser simples receptores de órdenes, pueden aprender a través de la observación y la interacción social.

2. Emociones en perros: "Gregory Berns" y "la investigación con resonancia magnética funcional".

El meurocientífico "**Gregory Berns**", de la "*Universidad de Emory*", ha realizado investigaciones pioneras utilizando **resonancia magnética funcional (FMRI)** en perros despiertos, lo que ha permitido obtener una visión más clara de sus respuestas emocionales. Sus estudios muestran que los perros tienen áreas del cerebro dedicadas a procesar emociones, similares a las de los humanos. De hecho, los perros muestran actividad cerebral en la región del núcleo caudado (relacionada con el placer y la anticipación de recompensas), cuando oyen la voz de su dueño o reciben afecto.

- **Conclusión del estudio**: Los perros no solo responden instintivamente a estímulos, sino que también experimentan emociones como el **amor**, el **placer** y la **ansiedad**, lo que tiene un profundo impacto en cómo interactúan con sus dueños y el entorno.

3. Teoría de la mente en perros: "Alexandra Horowitz" y "la conciencia del yo".

"**Alexandra Horowitz**", investigadora del "*Barnard College*", ha explorado la idea de que los perros, pueden tener una versión rudimentaria de la "**teoría de la mente**", es decir, la capacidad de comprender que otros seres tienen pensamientos y sentimientos distintos. Aunque su investigación no llega a afirmar que los perros tienen una teoría de la mente similar a la de los humanos, ha demostrado que los perros son conscientes de sí mismos en situaciones limitadas, como el **reconocimiento olfativo**.

- **Reconocimiento olfativo**: En experimentos donde los perros fueron expuestos a su propio olor y al olor de otros perros, demostraron un mayor interés en sus propios olores alterados, lo que indica una forma de **autoconciencia** a través del olfato.

4. Empatía y emociones contagiosas: "Monique Udell"

"Monique Udell", de la *"Universidad Estatal de Oregón"*, ha estudiado cómo los perros pueden responder a las **emociones humanas** a través de un fenómeno conocido como "contagio emocional", donde las emociones de los humanos influyen en el estado emocional del perro. Sus estudios demuestran que los perros pueden imitar las emociones de sus dueños, mostrando signos de estrés cuando detectan que su dueño está ansioso o angustiado.

- **Impacto en el comportamiento**: Esto sugiere que los perros tienen una profunda capacidad de **empatía** y su comportamiento puede estar significativamente influido por el estado emocional de las personas con las que conviven.

5. Memoria y aprendizaje espacial en perros: "Stanley Coren"

"Stanley Coren", un psicólogo y autor de varios libros sobre inteligencia canina, ha realizado investigaciones sobre la **memoria** y la **inteligencia espacial** en los perros. Coren, destaca que los perros pueden recordar lugares, rutas y personas a lo largo del tiempo, lo que demuestra habilidades de **memoria a largo plazo**. Su capacidad de aprender y recordar lugares se basa en sus habilidades espaciales y en el uso de señales visuales y olfativas.

- **Conclusión del estudio**: Los perros, pueden resolver problemas relacionados con la navegación y la ubicación de objetos escondidos, lo que revela un nivel de **cognición espacial** avanzada.

Conclusión:

Los procesos cognitivos y emocionales en los perros son complejos y multifacéticos. Estudios realizados por expertos como "**Brian Hare**", "**Gregory Berns**", "**Alexandra Horowitz**", y "**Monique Udell**", han mostrado que los perros son capaces de comprender las señales humanas, experimentar emociones complejas y desarrollar una conexión emocional profunda con sus dueños. Este conocimiento no solo mejora la relación entre humanos y perros, sino que también abre nuevas posibilidades para entrenar y cuidar a los perros de manera que se ajuste mejor a su capacidad cognitiva y emocional.

Contenido principal:

- **Percepción y sentidos caninos:**
    - **Olfato superior:** Los perros tienen hasta 300 millones de receptores olfativos, en comparación con los 6 millones de los humanos.
    - **Audición aguda:** Capacidad para escuchar frecuencias más altas y sonidos a mayor distancia.
    - **Visión:** Mejor detección de movimiento y visión nocturna, pero menos percepción de colores.
- **Emociones en los perros:**
    - **Expresión de emociones básicas:** Alegría, miedo, ira, sorpresa y aversión.
    - **Empatía y vínculo afectivo:** Capacidad para responder a las emociones humanas y formar lazos profundos.
- **Comunicación y lenguaje corporal:**
    - **Señales visuales:** Posturas, movimientos de la cola, posición de las orejas.
    - **Vocalizaciones:** Ladridos, gruñidos, aullidos.
    - **Olfato:** Marcaje territorial y reconocimiento mediante olores.

Estudio destacado:

- **Investigación de "Brian Hare", sobre la cognición canina:** Estudios que muestran la capacidad de los perros para entender gestos humanos y resolver problemas sociales.

Cita destacada:
"Los perros hablan, pero solo a aquellos que saben escuchar."
— **Orhan Pamuk**

Ejercicio práctico:

- **Actividad:** Observa cómo el perro interactúa con diferentes personas y situaciones. Presta atención a su lenguaje corporal y trata de interpretar lo que comunica. Por ejemplo, ¿qué indica cuando se encoge o se agacha? ¿Y cuándo mueve la cola de cierta manera?

Pregunta reflexiva:

- ¿Cómo mejora tu relación con el perro al entender mejor sus señales y emociones y cómo puedes responder de manera más adecuada a sus necesidades?

6.4. Etapas del Desarrollo Canino y su Influencia en el Comportamiento

Las **etapas del desarrollo canino,** son fundamentales para entender cómo los perros forman su comportamiento y respuestas emocionales a lo largo de su vida. Cada etapa tiene un impacto crucial en su bienestar psicológico y su comportamiento futuro. Investigadores caninos han estudiado profundamente cómo las experiencias tempranas y las interacciones con el entorno influyen en el comportamiento adulto de los perros.

1. Periodo neonatal (0-2 semanas)

Durante esta fase, los cachorros dependen totalmente de su madre para sobrevivir. Apenas tienen capacidades sensoriales activas, pasando la mayor parte del tiempo durmiendo y alimentándose. Según estudios del *"Canine Welfare Science Cente"*, el manejo suave desde los primeros días de vida puede ser beneficioso para el desarrollo de la confianza y la adaptación futura a los humanos. La manipulación temprana y delicada ayuda a iniciar un vínculo entre el cachorro y los humanos, lo que puede facilitar la socialización más adelante.

2. Periodo de transición (2-3 semanas)

En esta fase, los cachorros comienzan a abrir los ojos y oídos, sus habilidades motoras mejoran y empiezan a interactuar con sus compañeros de camada. Este es el momento en que comienzan a explorar su entorno inmediato. Según la investigación de "*Purdue University*", es importante que los cachorros sean expuestos a diversos estímulos para promover el desarrollo de habilidades motoras y sociales, lo que ayuda a reducir la incidencia de trastornos de comportamiento a medida que maduran.

3. Periodo de socialización (3-14 semanas)

Este es uno de los períodos más cruciales en el desarrollo canino. Durante esta fase, los cachorros aprenden a relacionarse tanto con otros perros como con humanos y otros animales. Los investigadores, como "**Claudia Vinke**", han resaltado que una socialización adecuada durante este periodo es esencial para prevenir problemas de comportamiento como la agresión o la ansiedad. La exposición positiva a una variedad de personas, entornos y sonidos en esta etapa puede prevenir el desarrollo de miedos o fobias en la vida adulta. Las experiencias negativas o la falta de socialización durante este tiempo pueden predisponer, a los perros a desarrollar problemas de comportamiento más adelante.

4. Periodo juvenil (3-6 meses)

El periodo juvenil está marcado por un aumento en la independencia y la curiosidad. Los perros juveniles experimentan una mayor necesidad de explorar su entorno y pueden empezar a probar los límites de lo que han aprendido. Según la "*Avidog University*", este es el momento ideal para comenzar un entrenamiento más formal, usando refuerzos positivos para consolidar buenos comportamientos. Además, se ha observado que la falta de estímulos adecuados y de un entrenamiento temprano puede llevar a problemas de conducta difíciles de corregir más adelante.

5. Adolescencia (6-18 meses)

El período de adolescencia, es a menudo complicado para los dueños, ya que los perros pueden exhibir comportamientos rebeldes y testarudos debido a cambios hormonales. Durante esta etapa, los perros tienden a ser más impulsivos y pueden olvidar temporalmente las lecciones de obediencia aprendidas durante la etapa juvenil. Estudios longitudinales, como los realizados por "**Riemer**", sugieren que la adolescencia es un momento clave para intervenir en problemas de comportamiento ya que la plasticidad cerebral aún permite modificar respuestas y consolidar habilidades sociales y emocionales. La falta de atención o entrenamiento en esta fase puede perpetuar conductas problemáticas en la vida adulta.

6. Adultez (a partir de los 18-24 meses)

En la adultez, los perros han alcanzado un nivel estable de madurez física y emocional. Aun así, el comportamiento en esta etapa sigue dependiendo de la formación recibida durante las fases anteriores. Investigadores como "**Stanley Coren**", destacan que los comportamientos y habilidades aprendidas durante la juventud y la adolescencia tienden a consolidarse durante la adultez. Es en este punto cuando se hacen evidentes las consecuencias de una socialización deficiente o de experiencias negativas tempranas.

Conclusión:

El **desarrollo canino,** pasa por etapas clave que tienen un impacto profundo en el comportamiento y bienestar del perro a lo largo de su vida. Las investigaciones destacan la importancia de la **socialización temprana**, la **exposición a estímulos positivos** y un **entrenamiento constante** en las fases juveniles y adolescentes. Estas fases son cruciales para prevenir problemas de comportamiento en la adultez y asegurar que el perro tenga una vida equilibrada y emocionalmente saludable.

Contenido principal:

- **Período neonatal (0-2 semanas):**
  - **Dependencia total:** Ciegos y sordos, dependen de la madre para todo.
  - **Reflejos básicos:** Succión, búsqueda de calor.
- Período de transición (2-3 semanas):
  - **Apertura de ojos y oídos:** Comienzan a percibir el entorno.
  - **Inicio de la interacción con hermanos y madre.**
- Período de socialización (3-12 semanas):
  - **Aprendizaje social:** Interacción con otros perros y humanos es crucial.
  - **Formación de vínculos y aprendizaje de señales sociales.**
  - **Importancia de la exposición a diversos estímulos para poder pevenir miedos futuros.**
- Período juvenil (3-6 meses):
  - **Mayor independencia y curiosidad.**
  - **Inicio del aprendizaje de límites y obediencia.**
- Adolescencia (6-18 meses):
  - **Cambios hormonales:** Puede haber comportamientos desafiantes.
  - **Necesidad de refuerzo en entrenamiento y socialización.**
- Edad adulta (a partir de 18 meses):
  - **Comportamiento más estable y predecible.**
  - **Continuación del aprendizaje y adaptación.**

Ejercicio práctico:

- **Actividad:** Si tienes acceso a perros de diferentes edades, observa las diferencias en su comportamiento y energía. Considera cómo sus necesidades varían según la etapa de desarrollo.

Pregunta reflexiva:

- ¿Cómo puedes adaptar tu interacción y cuidado del perro según su etapa de vida para promover su bienestar y desarrollo saludable?

6.5. Inteligencia y Capacidades Cognitivas de los Perros

La **inteligencia y las capacidades cognitivas de los perros,** han sido objeto de estudio durante décadas, mostrando que estos animales tienen habilidades cognitivas avanzadas que van más allá del simple condicionamiento. A través de investigaciones de diversos expertos en comportamiento canino, hemos aprendido que los perros pueden resolver problemas, interpretar señales humanas e incluso exhibir comportamientos sociales complejos. A continuación, te explico los hallazgos clave según los principales estudios en el campo.

1. Clasificación de la inteligencia en perros: "Stanley Coren"
El psicólogo **"Stanley Coren"**, autor del libro *"La fabulosa inteligencia de los perros"*, propuso una clasificación de la inteligencia canina en tres tipos:
- **Inteligencia instintiva**: Relacionada con las habilidades heredadas, como pastorear o rastrear, que varían según la raza.
- **Inteligencia adaptativa**: Refleja la capacidad del perro para aprender de su entorno y resolver problemas de forma independiente.
- **Inteligencia de trabajo y obediencia**: Relacionada con la facilidad con la que los perros aprenden comandos y trabajan en cooperación con los humanos.

Coren, evaluó la inteligencia de diversas razas mediante la observación de la capacidad de los perros para aprender comandos básicos, con pocas repeticiones y seguir órdenes sin vacilar. Las razas como el **Border Collie**, el **Poodle** y el **Pastor Alemán** sobresalieron en esta clasificación debido a su capacidad de aprendizaje rápido y obediencia, mientras que otras razas tienden a ser más independientes o menos interesadas en responder a comandos humanos.

2. Cognición social: "Brian Hare"

El trabajo del investigador **"Brian Hare"**, de la *"Universidad de Duke"*, ha mostrado que los perros son excepcionalmente hábiles para interpretar las señales humanas. En su investigación sobre **cognición social canina**, Hare descubrió que los perros son capaces de entender gestos humanos, como apuntar o mirar, para localizar objetos escondidos. Este tipo de cognición es comparable a la que muestran los bebés humanos.

Hare, sugiere que estas habilidades de lectura social probablemente surgieron como resultado de la **domesticación**, que permitió que los perros desarrollaran una capacidad única para trabajar y comunicarse con los humanos. Su investigación mostró que, mientras los lobos no domesticados no responden a las señales humanas con la misma precisión, los perros se destacan en la capacidad de interpretar y cooperar con las personas.

3. Capacidades de resolución de problemas: "Claudia Fugazza"

"**Claudia Fugazza**", investigadora en la "*Universidad Eötvös Loránd*", de Hungría, ha desarrollado investigaciones relacionadas con la **resolución de problemas** en perros, particularmente en el contexto de **imitación** y **memoria social**. En su famoso estudio del método "*Do as I Do*", Fugazza, demostró que los perros pueden imitar acciones humanas después de observarlas, lo que sugiere que tienen una capacidad notable para aprender comportamientos complejos a través de la observación.

Además, sus estudios sobre la memoria social han demostrado que los perros no solo pueden imitar, sino también recordar las acciones de un humano tiempo después de haberlas visto. Esto revela una capacidad de **memoria episódica** en los perros, una característica cognitiva avanzada que les permite retener recuerdos de eventos pasados específicos.

4. Teoría de la mente en perros: "Alexandra Horowitz"

"**Alexandra Horowitz**", investigadora y autora del libro "*Inside of a Dog*", ha investigado la **conciencia del yo y la teoría de la mente en los perros**. Aunque los perros no pasan la **prueba del espejo** (una técnica comúnmente usada para medir la autoconciencia en humanos y primates), Horowitz, ha explorado la capacidad de los perros para ser conscientes de sus propias acciones y para entender cómo los demás pueden estar pensando o reaccionando. Su investigación se ha centrado en cómo los perros usan el olfato para crear una imagen mental de sí mismos y de su entorno.

Además, ha investigado cómo los perros adaptan su comportamiento en función de si creen que están siendo observados por un humano. Este tipo de comportamiento muestra una **sensibilidad a las intenciones humanas**, lo que sugiere que, aunque los perros no tengan una teoría de la mente tan desarrollada como los humanos, son conscientes del punto de vista de los demás en cierta medida.

5. Emociones y empatía en perros: "Monique Udell"

La investigación de "**Monique Udell**", de la "*Universidad Estatal de Oregón*", ha demostrado que los perros no solo son capaces de comprender las emociones humanas, sino que también responden a ellas. En sus estudios sobre **contagio emocional**, Udell. encontró que los perros pueden imitar los estados emocionales de sus dueños, mostrando signos de estrés cuando sus dueños están ansiosos o tristes. Esta capacidad de **empatía** subraya la complejidad emocional de los perros y su habilidad para relacionarse con los humanos de manera profundamente emocional.

Conclusión:

Las investigaciones de expertos como "**Stanley Coren, Brian Hare, Claudia Fugazza, Alexandra Horowitz, y Monique Udell**", revelan que los perros poseen una combinación única de habilidades cognitivas y emocionales. Estas incluyen la **capacidad de resolver problemas, aprender por observación, entender las señales humanas** y responder de manera empática a las emociones de los humanos. Estas capacidades demuestran que los perros no solo son compañeros leales, sino también seres con una cognición compleja y un profundo entendimiento de su entorno social

Contenido principal:

- **Tipos de inteligencia canina (según Stanley Coren):**
  - **Inteligencia instintiva:** Habilidades innatas específicas de la raza (ej., pastoreo, caza).
  - **Inteligencia de obediencia y trabajo:** Capacidad para aprender y seguir órdenes humanas.

- o **Inteligencia adaptativa:** Habilidad para resolver problemas por sí mismos.
- **Capacidades cognitivas:**
  - o **Memoria a corto y largo plazo.**
  - o **Comprensión de gestos y señales humanas.**
  - o **Capacidad para aprender palabras y comandos.**

Estudio destacado:

- **Chaser, la perra Border Collie:** Conocida por aprender más de 1,000 palabras y distinguir objetos por nombre.

Cita destacada:
"Un perro es la única cosa en la tierra que te ama más de lo que se ama a sí mismo."
— **Josh Billings**

Ejercicio práctico:

- **Actividad:** Enseña al perro un nuevo juego que implique resolver un problema, como encontrar una golosina escondida debajo de uno de varios recipientes. Observa sus estrategias y cómo aprende a resolver el desafío.

Pregunta reflexiva:

- ¿Qué has descubierto sobre la forma en que el perro piensa, resuelve problemas y cómo puedes estimular su inteligencia de manera positiva?

Capítulo 7: Orígenes y Evolución del Perro Doméstico

7.1. De Lobo a Compañero: La Domesticación

La domesticación del lobo, que eventualmente llevó a la creación del perro moderno, es uno de los eventos más importantes en la historia evolutiva de las especies. Este proceso, que comenzó hace más de 15,000 años, no solo transformó al lobo en un **compañero de vida humano**, sino que también moldeó el desarrollo de las civilizaciones. Las **hipótesis**, sobre cómo ocurrió esta transformación son variadas y aún están en discusión, pero hay varios puntos clave que los investigadores han identificado a lo largo de los años.

1. La relación inicial entre humanos y lobos

Antes de la domesticación, los lobos y los humanos compartían un comportamiento similar: ambos eran cazadores sociales que vivían en grupos organizados. Los **lobos grises** (Canis lupus), probablemente comenzaron a acercarse a los asentamientos humanos en busca de restos de comida. Este **proceso de auto-domesticación**, según algunos científicos, ocurrió de manera gradual, ya que los lobos más tolerantes a la presencia humana tendieron a sobrevivir mejor y a reproducirse en estos entornos cercanos a los humanos.

a. Hipótesis del lobo carroñero

Una de las hipótesis más influyentes es la del "lobo carroñero". Según esta idea, los lobos más atrevidos y menos agresivos comenzaron a **carroñar** cerca de los asentamientos humanos para alimentarse de los restos de caza y comida dejada por los primeros humanos. Este comportamiento facilitó una interacción más cercana entre las dos especies, lo que con el tiempo, llevó a una mayor cooperación. Estos lobos más sociables fueron los primeros en beneficiarse de la proximidad humana, obteniendo alimento más fácilmente y evitando la competencia feroz que existía entre los lobos salvajes.

b. Hipótesis de la caza cooperativa

Otra hipótesis es la de la **caza cooperativa**. Según esta teoría, los lobos y los humanos comenzaron a trabajar juntos en la caza. Los lobos, con sus habilidades para rastrear y perseguir presas, complementaban las capacidades de los humanos para usar herramientas y armas. Esta colaboración mutua pudo haber sido un factor clave en la evolución de una relación más cercana entre ambas especies.

2. Mutaciones y cambios fisiológicos: De lobo a perro

La domesticación no solo cambió el comportamiento de los lobos, sino que también **transformó su apariencia física**. A medida que los lobos más dóciles y tolerantes hacia los humanos eran seleccionados, ciertos rasgos fisiológicos comenzaron a modificarse.

a. La hipótesis de la selección de comportamiento

Uno de los estudios más importantes en este ámbito fue el realizado por "**Dmitry Belyaev**", un genetista ruso que llevó a cabo experimentos con zorros plateados para demostrar cómo la selección por comportamiento amigable puede generar cambios en la apariencia física. Belyaev, descubrió que, al seleccionar zorros con comportamientos más dóciles y menos agresivos hacia los humanos, también aparecían **mutaciones físicas**, como orejas caídas, colas más cortas y patrones de pelaje moteado. Esto sugiere que la selección por comportamiento socialmente aceptable en lobos pudo haber generado mutaciones genéticas que eventualmente contribuyeron a la diferenciación entre lobos y perros.

b. El efecto de la domesticación en el cerebro
Además de los cambios físicos, la domesticación también influyó en la estructura cerebral de los lobos. Investigaciones han encontrado que los **perros tienen cerebros más pequeños** en relación con su tamaño corporal que los lobos, lo que sugiere que la vida con los humanos

pudo haber reducido la necesidad de ciertos comportamientos que requerían mayor procesamiento cerebral, como la caza autónoma y la competencia agresiva por los recursos.

3. La evolución del perro como "lobo desnaturalizado"

A medida que los lobos domesticados se adaptaban a vivir con los humanos, sus características físicas y psicológicas se alejaban cada vez más de las de los lobos salvajes. En términos evolutivos (bajo mí parecer), el perro moderno es un **lobo desnaturalizado** y mutante en muchos aspectos. La desnaturalización se refiere al proceso en el cual un animal pierde su comportamiento y fisiología original debido a su nueva forma de vida junto al ser humano.

a. Cambios en el comportamiento social

Los perros desarrollaron una **dependencia social**, mucho más fuerte de los humanos que los lobos. Mientras que los lobos salvajes son altamente independientes y tienden a operar en grupos de parentesco cercanos, los perros se adaptaron a vivir en hogares humanos y depender de sus dueños para comida, refugio y socialización. Esta dependencia cambió la estructura de la relación de los perros con los demás animales, especialmente con otros perros, volviéndose más subordinados y menos agresivos en comparación con sus ancestros salvajes.

b. Mutación genética en la digestión

Uno de los cambios más notables en el perro doméstico es su capacidad para **digerir almidón**, algo que los lobos no pueden hacer tan eficientemente. Un estudio publicado en *"Nature"* en 2013 reveló que los perros tienen más copias del gen **"AMY2B"**, que codifica una enzima necesaria para la digestión del almidón. Esto refleja una **mutación evolutiva,** que probablemente ocurrió a medida que los perros se adaptaban a una dieta más basada en alimentos humanos, como granos y restos de comida.

4. La creación del perro moderno: De la utilidad a la compañía

Con el paso de los milenios, los perros dejaron de ser simplemente herramientas para la caza o el pastoreo y se convirtieron en **compañeros emocionales** de los humanos. A medida que las civilizaciones evolucionaban, los perros comenzaron a cumplir roles más diversos, desde protectores hasta **perros de compañía** que brindaban consuelo emocional.

a. Selección de razas para diferentes tareas

La creación del perro moderno, también estuvo impulsada por la **selección humana dirigida**. Los humanos seleccionaron y criaron perros para diferentes propósitos, lo que resultó en la gran diversidad de razas que tenemos hoy. Algunos perros fueron seleccionados por su capacidad para pastorear, otros para cazar y otros para ser simplemente compañeros de compañía. Esta **diversificación** es un ejemplo clave de cómo los humanos han moldeado activamente la evolución del perro, separándolo aún más del lobo original.

b. selección de ejemplares infantilizados

El proceso de **selección, de los ejemplares más infantilizados** en la creación del perro moderno, conocido como "**neotenia**", fue clave en la domesticación de los lobos. La **neotenia**, se refiere a la retención de características juveniles en la etapa adulta de una especie. Durante la domesticación del lobo, los humanos seleccionaron aquellos individuos que mostraban características físicas y comportamentales más juveniles o dóciles, lo que resultó en el perro moderno que conocemos hoy.

1. Selección de ejemplares más infantilizados

La domesticación del lobo, que comenzó hace más de 15,000 años, implicó la **selección de rasgos juveniles** como la docilidad, la curiosidad y la menor agresividad. Los lobos juveniles tienden a ser más sociables y menos territoriales que los adultos, lo que probablemente facilitó su relación con los humanos. Esta selección, consciente o inconsciente, favoreció la aparición de individuos que retenían características juveniles durante toda su vida, como orejas caídas, hocicos más cortos, ojos grandes y comportamientos juguetones, que son signos de **neotenia**.

2. Objetivos de la selección neoténica

Los humanos seleccionaron lobos y perros que mostraban características infantiles principalmente por dos razones:

- **Mayor docilidad y manejabilidad**: Los animales con rasgos neoténicos, eran más fáciles de manejar y menos propensos a la agresión, lo que facilitaba su convivencia con humanos. Esto era especialmente importante en un entorno en el que los humanos querían crear compañeros útiles para tareas como la caza, el pastoreo y la protección.
- **Atractivo emocional**: Los rasgos juveniles, como los ojos grandes y las expresiones faciales que recordaban a los cachorros, provocaban respuestas emocionales positivas en los humanos. Este "atractivo infantil" aumentaba la tendencia a cuidar y proteger a los perros, lo que facilitaba la cooperación entre ambas especies.

3. Beneficios de la selección neoténica

La selección de ejemplares neoténicos, resultó en varios beneficios que permitieron a los perros desempeñar roles importantes en la vida humana.

- **Mayor socialización y cooperación**: Los perros con características neoténicas son más propensos a interactuar con los humanos de manera cooperativa y comunicativa. Investigaciones como las de **"Brian Hare"** han demostrado que los perros son excepcionalmente buenos para leer y responder a las señales sociales humanas, como gestos y miradas, algo que se deriva de la **cognición social avanzada** desarrollada a lo largo de la domesticación.
- **Adaptabilidad en la vida doméstica**: Los perros seleccionados por su comportamiento juvenil tienden a ser más adaptables a la vida en entornos humanos. Esto los hace más aptos para vivir en grupos

sociales con humanos, trabajar en colaboración (por ejemplo, perros de trabajo o de terapia) y desempeñar papeles cruciales como compañeros emocionales.
- **Reducción de la agresión**: La selección de individuos más dóciles y menos agresivos permitió a los humanos controlar mejor el comportamiento de los perros, lo que redujo el riesgo de agresiones dentro de los hogares y comunidades humanas.

4. Problemas y consecuencias de la selección neoténica

Aunque la neotenia trajo consigo muchos beneficios, también hubo consecuencias negativas para la salud y el comportamiento de los perros domesticados:

- **Problemas de salud asociados**: La selección de características físicas extremas en algunas razas ha provocado problemas de salud graves. Por ejemplo, los perros con hocicos muy cortos, como los **bulldogs** y los **pugs**, suelen tener dificultades para respirar debido a la **braquicefalia**. Esta condición es una consecuencia directa de la selección de características juveniles, como los hocicos cortos y los ojos grandes.
- **Dependencia emocional**: Los perros neoténicos, debido a su comportamiento juvenil y su necesidad de compañía, pueden desarrollar problemas emocionales si no reciben suficiente atención o estímulo social. La **ansiedad por separación**, es un ejemplo común de un problema de comportamiento en perros que resulta de su extrema dependencia social de los humanos.
- **Pérdida de habilidades innatas**: La selección por docilidad y comportamientos juveniles ha llevado a que algunas razas de perros pierdan habilidades que eran fundamentales para la supervivencia de sus ancestros lobos, como la capacidad de cazar de manera independiente o la resolución de problemas en la naturaleza.

El proceso de **selección neoténica,** en los perros permitió la creación de compañeros más dóciles, adaptables y socialmente habilidosos, lo que facilitó la convivencia entre perros y humanos. Sin embargo, esta selección también trajo consigo ciertos problemas de salud y comportamiento. La domesticación y la selección artificial han dado lugar a una **relación interdependiente** entre los perros y los humanos, en la que ambos se han beneficiado, pero también han enfrentado nuevos desafíos a medida que la evolución de los perros se ha desviado de la de sus ancestros lobos.

Conclusión:

El proceso de **domesticación del lobo** y su transformación en perro fue gradual y multifactorial, impulsado por la necesidad de los lobos más dóciles de sobrevivir en proximidad a los humanos. A través de la **selección natural** y **artificial**, los lobos mutaron en seres más dependientes de los humanos, tanto en términos físicos como psicológicos. El resultado es el perro moderno, un animal que, aunque comparte ancestros con el lobo, ha sido profundamente alterado por la intervención humana, tanto en su biología como en su papel dentro de la sociedad.

Contenido principal:
- **Inicios de la domesticación:**
  - **Teorías sobre el origen:** Se estima que la domesticación del lobo ocurrió hace entre 15,000 y 30,000 años.
  - **Proceso de acercamiento mutuo:** Lobos más tolerantes a los humanos se acercaron a asentamientos en busca de alimento, iniciando una relación simbiótica.
- **Cambios genéticos y comportamentales:**
  - **Selección natural y artificial:** Los humanos favorecieron a lobos más dóciles, que gradualmente desarrollaron rasgos físicos y conductuales distintos.
  - **Selección Neotenica:** Rasgos infantilizados
  - **Características de domesticación:** Aparición de rasgos como orejas caídas y comportamiento juvenil (neotenia).

- **Roles tempranos de los perros:**
  - **Caza y protección:** Ayudaban en la caza y vigilaban los asentamientos.
  - **Compañía y simbolismo:** Presencia en arte y mitología antiguas, reflejando su importancia cultural.

Estudio destacado: Investigaciones genéticas: Estudios de ADN sugieren múltiples eventos de domesticación en diferentes regiones, indicando una relación compleja entre humanos y caninos.

Ejercicio práctico:

- **Actividad:** Investiga sobre las razas de perros más antiguas y sus orígenes. Reflexiona sobre cómo las necesidades y culturas humanas han influido en el desarrollo de diferentes tipos de perros.

Pregunta reflexiva:

- ¿Cómo crees que la relación entre humanos y perros en el pasado ha influido en la forma en que interactuamos con ellos hoy en día?

7.2. Roles Históricos del Perro en la Sociedad Humana

El **perro** ha desempeñado una variedad de roles históricos en la sociedad humana, desde compañero de caza hasta guardián y símbolo cultural. A lo largo de los siglos, los perros han sido criados y entrenados para satisfacer diversas necesidades humanas, contribuyendo tanto a la supervivencia como al bienestar emocional de sus dueños. Estos roles han cambiado y evolucionado con el tiempo, adaptándose a las necesidades cambiantes de las sociedades humanas.

1. Perro como cazador y compañero en la prehistoria

Los primeros lobos domesticados que se convirtieron en perros probablemente jugaron un papel crucial como **compañeros de caza** para los humanos en la prehistoria. A través de la domesticación, los humanos seleccionaron aquellos lobos más dóciles y menos agresivos, facilitando la cooperación en la caza. Según investigaciones arqueológicas, algunos de los restos más antiguos de perros domesticados, encontrados en sitios como "**el yacimiento de Bonn-Oberkassel**", en Alemania, datan de unos 14,000 años y sugieren que estos animales ya acompañaban a los humanos en la caza y les ayudaban a rastrear y capturar presas.

En este contexto, los perros actuaban como **socios estratégicos,** que ampliaban las capacidades de los humanos al detectar presas, señalar peligros y rastrear animales. Este papel permitió a las primeras comunidades humanas mejorar su acceso a alimentos y cazar presas más grandes y peligrosas, lo que contribuyó directamente a su **supervivencia** y éxito como cazadores-recolectores.

2. Protección y guardianes

Con el establecimiento de sociedades agrarias, los perros comenzaron a asumir nuevos roles como **guardianes del hogar y del ganado**. Razas más grandes y protectoras fueron seleccionadas para vigilar los asentamientos humanos contra depredadores, animales salvajes y posibles invasores humanos. En las primeras civilizaciones agrarias, como en Mesopotamia, los perros eran criados para proteger los rebaños, cultivos y su capacidad para detectar amenazas era invaluable.

Este rol de **protección** también se reflejó en la relación simbólica entre el perro y el hombre. En muchas culturas antiguas, el perro era visto como un guardián espiritual. Por ejemplo, en la mitología egipcia, "**Anubis**", el dios con cabeza de chacal o perro, era el guardián de los muertos y el encargado de guiar las almas en su viaje al más allá. Esta conexión entre el perro y el guardián tanto en la vida como en la muerte ilustra la importancia del perro como protector en todas las esferas de la vida humana.

3. Perros pastores y ayudantes en la agricultura

Con la domesticación del ganado y el crecimiento de la agricultura, los perros también se convirtieron en **perros pastores**. Durante miles de años, razas como el **Border Collie** y otras fueron seleccionadas específicamente por sus habilidades para pastorear y controlar grandes rebaños de ovejas, vacas y cabras.
Este papel pastoril sigue siendo fundamental en muchas partes del mundo hoy en día, donde los perros son esenciales para el manejo eficiente del ganado en grandes extensiones de tierra. Su capacidad para seguir comandos humanos y su instinto natural para guiar a los animales les ha hecho indispensables en la vida rural.

4. Perro como símbolo cultural y espiritual

A lo largo de la historia, los perros también han tenido un papel importante en la **cultura y el simbolismo** humano. En la mitología griega, Cerbero, el perro de tres cabezas, guardaba las puertas del inframundo, simbolizando la protección del más allá. En la mitología nórdica, los perros también se consideraban guardianes y compañeros leales que protegían tanto en la vida como en la muerte.
En otras culturas, como la azteca, los perros, específicamente los "**Xoloitzcuintles**", eran venerados por su conexión con el mundo espiritual. Se creía que estos perros acompañaban a las almas de los difuntos en su viaje al inframundo, desempeñando un papel similar al de Anubis, en Egipto.

5. Perros en la guerra

Los perros también han sido utilizados en **conflictos bélicos** desde tiempos antiguos. En las **legiones romanas**, se empleaban perros entrenados para luchar en el campo de batalla, servir como mensajeros y proteger los campamentos. Los **molosos romanos**, predecesores de razas como el **Mastín** o el **Alano Epañol**, eran perros grandes y poderosos que se usaban en combate y para intimidar a los enemigos.
Durante las dos guerras mundiales, los perros jugaron un papel crucial como **mensajeros**, **detectores de minas** y **perros de búsqueda y rescate**. Su capacidad para moverse rápidamente en terrenos peligrosos y su lealtad incuestionable los hizo **indispensables** para las tropas.

6. Compañeros emocionales y perros de terapia

En las últimas décadas, el papel del perro ha evolucionado considerablemente, especialmente en el ámbito de la **asistencia emocional y física**. Los perros se han convertido en **perros de terapia**, brindando consuelo a personas con trastornos emocionales, ansiedad y depresión. Además, los **perros de servicio**, como los **perros guía** para personas con discapacidad visual o los **perros de asistencia** para personas con movilidad reducida, juegan un papel vital en mejorar la calidad de vida de los humanos.

Estudios realizados por **"Brian Hare"** en *"la Universidad de Duke"* han demostrado que los perros tienen una capacidad cognitiva única para empatizar con los humanos, lo que los convierte en **compañeros ideales** para ayudar a las personas a enfrentar problemas emocionales y psicológicos.

Conclusión:

A lo largo de la historia, el perro ha desempeñado múltiples roles fundamentales para la sociedad humana: desde **compañero de caza**, protector y **guardián de hogares y rebaños**, hasta un símbolo espiritual en diversas culturas. Hoy en día, su papel se ha extendido a la **asistencia emocional**, la **terapia** y el **rescate**, demostrando que la relación entre el perro y el ser humano sigue siendo una de las más profundas y significativas de la historia de la domesticación.

Contenido principal:

- **Perros de caza y pastoreo:**
  - **Asistencia en la caza:** Rastreo, persecución y recuperación de presas.
  - **Manejo de ganado:** Ayuda en guiar y proteger rebaños.
- **Perros guardianes y de protección:**
  - **Protección de propiedades y personas:** Alertar sobre intrusos y disuadir amenazas.
  - **Perros de guerra:** Utilizados en conflictos para diversas tareas.
- **Perros de compañía y estatus social:**
  - **Símbolo de estatus:** En algunas culturas, ciertas razas eran exclusivas de la nobleza.
  - **Compañía y apoyo emocional:** Presencia en hogares como miembros de la familia.
- **Perros en rituales y creencias:**
  - **Mitología y religión:** Representaciones de perros en deidades y leyendas.
  - **Guías espirituales:** Creencias sobre perros acompañando almas en el más allá.

Estudio destacado:

Perros en la arqueología: Hallazgos de enterramientos conjuntos de humanos y perros indican una relación estrecha y significativa.

Ejercicio práctico:

- **Actividad:** Explora historias o mitos de diferentes culturas en los que los perros desempeñan un papel importante. Considera cómo estos relatos reflejan la percepción humana hacia los perros.

Pregunta reflexiva:

- ¿Qué roles desempeñan los perros en tu cultura o comunidad y cómo influye esto en tu relación personal con ellos?

7.3. Diversificación de Razas y sus Implicaciones

La **diversificación de razas caninas,** han sido uno de los resultados más significativos de la domesticación del lobo y la interacción entre humanos y perros a lo largo de la historia. Esta diversificación se llevó a cabo mediante la **selección artificial** por parte de los humanos, que criaron a los perros para cumplir funciones específicas. A lo largo de miles de años, esta cría selectiva dio lugar a las **más de 340 razas reconocidas** que existen hoy en día, con diferentes características físicas, conductuales y de temperamento, adaptadas a una amplia gama de tareas y entornos.

1. Razones de la diversificación

La selección de ciertas características en los perros fue impulsada principalmente por las **necesidades humanas** en diferentes momentos y lugares. Las principales razones para la diversificación de razas incluyen:

- **Trabajos específicos**: Los humanos seleccionaron perros para tareas como el pastoreo, la caza, la protección, la tracción y la búsqueda. Por ejemplo, razas como los "**Border Collie**", fueron criadas para el pastoreo debido a su inteligencia y capacidad para

trabajar largas jornadas, mientras que los **sabuesos**, fueron seleccionados por su excelente sentido del olfato para seguir rastros.
- **Entornos geográficos**: Las diferentes condiciones climáticas y geográficas también influyeron en la diversificación. En climas fríos, se seleccionaron perros con capas gruesas de pelaje, como los "**Huskies Siberianos**", que son capaces de resistir temperaturas extremas y trabajar en la nieve. En climas más cálidos, razas como el "**Basenji**", originaria de África, desarrollaron características adaptadas a temperaturas elevadas.
- **Tamaño y estructura**: La selección para trabajos específicos llevó a la diversificación en términos de tamaño y estructura corporal. Los perros de tiro, como el "**San Bernardo**", fueron seleccionados por su tamaño y fuerza, mientras que razas pequeñas como el "**Chihuahua**", fueron criadas principalmente como perros de compañía.

2. Implicaciones positivas de la diversificación

La diversificación de razas ha tenido varios beneficios tanto para los humanos como para los perros:

- **Especialización en tareas**: Al seleccionar perros para funciones específicas, los humanos lograron crear razas extremadamente especializadas. Esto ha permitido que los perros se conviertan en herramientas fundamentales para actividades como el rescate de personas, la detección de drogas y explosivos, la caza y el pastoreo.
- **Mayor variedad de roles emocionales y sociales**: La cría selectiva también ha dado lugar a razas de perros que son excelentes como **compañeros** y **perros de terapia**. Razas como el "**Golden Retriever**" o el "**Labrador Retriever**", son populares como perros guía y perros de terapia debido a su temperamento amigable y equilibrado, que facilita su entrenamiento y su convivencia con humanos en situaciones de vulnerabilidad emocional o física.

3. Problemas y consecuencias negativas

Aunque la diversificación de razas ha tenido numerosos beneficios, también ha traído consigo **problemas** relacionados con la salud y el bienestar de los perros.

- **Problemas genéticos**: La cría selectiva y los altos niveles de **consanguinidad** han llevado al desarrollo de problemas genéticos en muchas razas. Algunas razas de perros han sido criadas con características extremas que tienen efectos negativos sobre su salud. Por ejemplo, los **bulldogs ingleses** y otras razas braquicéfalas, criados por su hocico corto y cara plana, a menudo sufren de **problemas respiratorios** debido a la constricción de las vías aéreas.
- **Reducción de la diversidad genética**: La reproducción selectiva intensa para mantener ciertos estándares de raza ha reducido la **diversidad genética** en algunas razas, lo que las hace más propensas a enfermedades hereditarias. Esto ha sido documentado en razas como los **retrievers**, que presentan altas tasas de **displasia de cadera** y otros problemas ortopédicos.
- **Problemas de comportamiento**: La cría para lograr ciertas características físicas a veces ha dejado de lado la importancia del temperamento. Algunas razas, como los **Terriers** y los **Pastores**, han mantenido instintos naturales como la **agresividad** o el **impulso de caza**, lo que puede hacer que ciertos comportamientos sean difíciles de manejar en un entorno urbano o doméstico. Esto a veces lleva a problemas de comportamiento y abandonos.

4. Controversias y dilemas éticos

La cría de razas puras ha suscitado debates éticos en los últimos años debido a los problemas de salud que mencionamos anteriormente. Muchas organizaciones de bienestar animal, como la *"Royal Society for the Prevention of Cruelty to Animals (RSPCA) y la Federation Cynologique Internationale (FCI)"*, han abogado por un enfoque más saludable y ético para la cría de perros, que priorice el bienestar del animal sobre la apariencia física extrema.

Algunas iniciativas, como la **cría responsable** y los **programas de mejoramiento genético**, buscan corregir los problemas de salud en las razas más afectadas, promoviendo la diversidad genética y reduciendo los rasgos físicos que resultan en problemas de salud.

5. El futuro de la diversificación de razas

El futuro de la diversificación de razas probablemente estará influido por una combinación de factores, incluidos los avances en **genética**, las **normas de bienestar animal** y las **preferencias sociales**. Es probable que se preste más atención a la salud genética y el bienestar emocional de los perros en lugar de perseguir únicamente estándares estéticos.

- **Mejoramiento genético**: Las herramientas genéticas avanzadas podrían ayudar a reducir la incidencia de enfermedades hereditarias al identificar y eliminar los genes responsables. Además, las prácticas de cría más diversas, que incluyen la mezcla de líneas genéticas, pueden contribuir a **fortalecer** la salud y longevidad de las razas.
- **Cambios en las expectativas de las personas**: A medida que las personas se vuelven más conscientes de los problemas de salud en ciertas razas, podría haber un cambio hacia la preferencia por **perros mestizos** o razas menos afectadas por la consanguinidad.

Conclusión:

La **diversificación de razas** ha permitido que los perros desempeñen una amplia gama de funciones en la sociedad humana, desde el trabajo hasta la compañía emocional. Sin embargo, esta diversificación también ha traído consigo desafíos, especialmente en términos de salud genética y bienestar general. La responsabilidad recae ahora en los criadores, los dueños de perros y las organizaciones de bienestar animal para asegurarse de que el futuro de la cría de perros esté guiado por el bienestar y la salud, en lugar de características físicas extremas o estéticas.

Contenido principal:

- **Origen de las razas:**
  - **Selección artificial:** Humanos criaron perros para tareas específicas, reforzando ciertos rasgos.
  - **Estándares de raza:** Definiciones formales de características físicas y temperamento.
- **Clasificación de razas:**
  - **Perros de trabajo:** Pastoreo, guardia, rescate.
  - **Perros de compañía:** Enfocados en interacción humana.
  - **Perros de caza:** Rastreo, muestra, cobro.
- **Implicaciones de la cría selectiva:**
  - **Problemas de salud genética:** Algunas razas son propensas a enfermedades hereditarias debido a la endogamia.
  - **Comportamientos específicos:** Necesidades de actividad y estimulación varían según la raza.
  - **Ética en la cría:** Debates sobre prácticas de cría y bienestar animal.

Estudio destacado:

- **Impacto de la endogamia:** Investigaciones muestran cómo la cría selectiva ha aumentado la prevalencia de enfermedades genéticas en ciertas razas.

Ejercicio práctico:

- **Actividad:** Si tienes un perro de raza o conoces uno, investiga su historia y propósito original. Reflexiona sobre cómo sus características naturales se adaptan (o no) al entorno moderno.

Pregunta reflexiva:

- ¿Cómo afecta la elección de una raza específica al bienestar del perro y a la dinámica en tu hogar?

7.4. Coevolución del Hombre y el Perro

La **domesticación,** no solo cambió la apariencia física de los perros, sino también sus capacidades cognitivas y emocionales.

Investigaciones recientes, como las de "**Brian Hare**", han demostrado que los perros desarrollaron habilidades únicas para **leer las señales sociales humanas**. Esto incluye la capacidad de interpretar gestos, entender órdenes verbales y captar el **tono emocional** de las voces humanas, lo que les ha permitido ser excelentes compañeros en una variedad de roles, desde cazadores hasta perros de terapia.

La **empatía** y la **capacidad de los perros para adaptarse emocionalmente** a las necesidades humanas son productos directos de esta coevolución. Los perros que podían leer las emociones humanas y comportarse de manera acorde con las expectativas de sus dueños eran más valorados y por lo tanto, más propensos a ser criados. Esta capacidad de adaptación emocional ha sido fundamental para el éxito de la relación entre humanos y perros.

4. Coevolución en la vida moderna

Con la transición de las sociedades humanas a la **agricultura** y la **vida urbana**, el papel del perro cambió de nuevo. Los perros de trabajo, como los pastores y los guardianes, siguieron siendo esenciales en las áreas rurales, mientras que los **perros de compañía**, comenzaron a aparecer en entornos más urbanos. Esta relación de compañía, que se profundizó en las últimas décadas, es un resultado de miles de años de coevolución, donde los perros ya no solo eran valiosos por sus habilidades físicas, sino también por su capacidad para proporcionar **apoyo emocional**.

La domesticación del perro permitió que los humanos **diversificaran su estilo de vida**. Los perros no solo proporcionaban protección y asistencia en la caza, sino que también ayudaban a controlar el ganado y protegían los hogares. En muchos casos, esta relación simbiótica permitió que las **primeras comunidades humanas** prosperaran.

5. Pérdida de la visión principal en la coexistencia: Problemas contemporáneos

Sin embargo, en la sociedad moderna, la relación entre el perro y el ser humano ha comenzado a sufrir alteraciones que, en muchos casos, pueden no estar alineadas con la **naturaleza original de la coevolución**. Algunos de estos problemas incluyen:

- **Cría descontrolada**: La selección artificial extrema ha llevado a problemas de salud y bienestar en ciertas razas de perros. Razas como el **bulldog inglés** o el **pug** han sido criadas hasta tal punto que sus características físicas extremas, como hocicos cortos y cuerpos anchos, les causan problemas respiratorios y movilidad limitada. Este énfasis en la apariencia estética, más que en la funcionalidad y salud, es una desviación de la relación originalmente funcional entre perros y humanos.
- **Falta de ética en la cría**: Muchos criadores se centran en la **rentabilidad** y no en el bienestar del perro. Los perros son tratados como mercancía, lo que contraviene la **relación simbiótica** que originalmente existía entre humanos y perros, donde ambas especies se beneficiaban mutuamente.
- **Desnaturalización de la relación**: En muchos casos, los perros ya no cumplen una función práctica, como lo hacían en los primeros días de la coevolución. Esto puede llevar a problemas de comportamiento, ya que los perros que han sido criados para trabajar (por ejemplo, pastores o perros de caza) no reciben los **estímulos físicos y mentales** que necesitan. Esto crea una relación desequilibrada donde los perros carecen del entorno y los estímulos que requieren para estar sanos y equilibrados emocionalmente.

6. Motivos para una coexistencia ética y equilibrada

El perro ha sido durante miles de años un **aliado indispensable** para los humanos, contribuyendo tanto a nuestra supervivencia física como emocional. Hoy más que nunca, es crucial restaurar el **equilibrio** en esta relación y recuperar la **visión ética** de la coexistencia. Algunos motivos por los que debemos reconsiderar nuestra relación con los perros incluyen:

- **Reconocer su valor emocional**: Los perros tienen una capacidad única para proporcionar apoyo emocional a los humanos. En lugar de verlos solo como mascotas o estéticamente agradables, es importante reconocer su papel como compañeros y su impacto positivo en nuestra **salud mental**.

- **Promover el bienestar animal**: La **cría ética** que prioriza la salud y el bienestar del perro es fundamental. Debemos abogar por la diversidad genética y evitar la creación de razas con características físicas que comprometan su salud y calidad de vida.
- **Entender su naturaleza**: Para garantizar una **coexistencia armoniosa**, es esencial entender las necesidades de los perros y proporcionarles un entorno que les permita desarrollar su comportamiento natural. Esto incluye ejercicio físico adecuado, estimulación mental y una socialización apropiada.

Conclusión:

La **coevolución,** entre el hombre y el perro ha sido un proceso largo y profundo que ha beneficiado enormemente a ambas especies. Sin embargo, en la actualidad estamos perdiendo de vista la **esencia de esta relación** al enfatizar aspectos estéticos o ignorar las verdaderas necesidades de los perros. Para garantizar una coexistencia saludable y ética, debemos volver a los principios fundamentales de esta relación simbiótica, priorizando el **bienestar animal**, la **empatía** y una **convivencia respetuosa** que honre la rica historia compartida entre perros y humanos.

Contenido principal:
- **Influencia mutua:**
  - **Adaptaciones caninas:** Los perros han desarrollado habilidades para entender señales humanas.
  - **Cambios en humanos:** La convivencia con perros ha influido en prácticas culturales y sociales.

- **Comunicación entre especies:**
  - **Lectura de emociones:** Los perros pueden interpretar expresiones faciales y tono de voz humanos.
  - **Señales caninas entendidas por humanos:** Aprendizaje de lenguaje corporal y vocalizaciones.
- **Beneficios mutuos:**
  - **Supervivencia y prosperidad:** Los perros han ayudado en la caza y protección, beneficiando a las comunidades humanas.
  - **Apoyo emocional y social:** Los perros proporcionan compañía y reducen sentimientos de soledad.

Estudio destacado:

- **Investigación sobre la oxitocina:** Estudios indican que el contacto visual entre perros y humanos aumenta los niveles de oxitocina en ambos, fortaleciendo el vínculo.

Ejercicio práctico:

- **Actividad:** Observa cómo interactúas con tu perro en diferentes situaciones. Nota si hay comunicación no verbal y cómo ambos responden a las señales del otro.

Pregunta reflexiva:

- ¿De qué maneras crees que tu perro te entiende, y cómo ha influido esto en tu relación?

7.5. El Perro en la Cultura Contemporánea

Los perros desempeñan un papel fundamental en la vida moderna, desde su función como compañeros emocionales hasta su influencia en los medios de comunicación y la tecnología. En la **cultura contemporánea**, los perros han ganado un estatus de importancia, cumpliendo roles de servicio, entretenimiento, apoyo emocional y protagonismo en debates sociales sobre derechos y bienestar animal. A continuación, se desarrolla el impacto del perro en diversos aspectos de la sociedad actual:

1. Perros de servicio y terapia

a. Asistencia a personas con discapacidades

Los **perros de servicio** han sido entrenados para ayudar a personas con discapacidades físicas y cognitivas, desempeñando un papel clave en mejorar su calidad de vida. Existen varias formas de asistencia:

- **Perros guía para ciegos**: Facilitan la movilidad independiente, ayudando a las personas con discapacidad visual a moverse con

seguridad por espacios públicos. Su entrenamiento específico permite identificar obstáculos, cruzar calles y desplazarse en entornos complejos.
- **Perros de alerta médica**: Están entrenados para detectar cambios en el cuerpo humano, como los niveles de azúcar en sangre en personas con diabetes o convulsiones inminentes en pacientes epilépticos. Estos perros pueden salvar vidas al anticipar emergencias médicas y alertar a la persona o a su entorno.

b. Terapia asistida con animales

La **terapia asistida con animales** ha demostrado ser efectiva en entornos como hospitales, escuelas y centros de rehabilitación. Los **perros de terapia** ofrecen apoyo emocional a personas que atraviesan dificultades, ayudando a reducir el estrés, la ansiedad y los síntomas de depresión.

- **Hospitales**: Los perros de terapia son utilizados para brindar consuelo a los pacientes, especialmente a niños o personas mayores, mejorando su estado anímico y contribuyendo a su recuperación emocional.
- **Escuelas y centros de rehabilitación**: Los perros ayudan a calmar a los estudiantes y a motivar a personas que se encuentran en procesos de rehabilitación, ya sea por lesiones físicas o trastornos psicológicos.

2. Perros en los medios y el entretenimiento

a. Perros famosos
El mundo del entretenimiento ha visto a muchos **perros famosos** que han dejado una huella duradera en el cine, la televisión y ahora en las redes sociales. Ejemplos icónicos incluyen:

- **Lassie**, un perro que simbolizó la lealtad y valentía en una serie de televisión que marcó generaciones.
- **Beethoven**, el entrañable San Bernardo de la saga de películas familiares.

- Perros actuales que se han convertido en estrellas de **redes sociales**, con millones de seguidores en plataformas como Instagram y TikTok, mostrando sus personalidades únicas y estilos de vida.

b. Impacto en la percepción pública

Los perros en los medios han influido en las **tendencias de adopción** y preferencias de raza. Algunas razas, como el **Golden Retriever** o el **Corgi**, han ganado popularidad debido a su representación en películas y series. Sin embargo, esto ha generado desafíos, ya que algunas personas adoptan perros basándose en su apariencia o fama mediática, sin considerar las necesidades específicas de la raza o los requisitos de cuidado.

3. Perros deportivos

Las **disciplinas deportivas caninas** juegan un papel fundamental en el bienestar físico y mental de los perros, especialmente dado que la domesticación ha reducido la necesidad de que los perros realicen tareas que antes eran esenciales para su supervivencia. Aunque en algunos casos se puedan realizar malas prácticas dentro de estas disciplinas, en general, estos deportes son extremadamente beneficiosos para los perros, ya que les proporcionan **objetivos y estímulos** que de otra forma podrían faltarles en la vida moderna, siempre siendo conscientes que como atletas, se vean en las **disciplinas deportivas caninas**, se están implementando medidas cada vez más estrictas para proteger la **salud y "bienestar"** de los perros atletas, con el fin de evitar el desgaste físico y el estrés mental que puede surgir debido a las altas demandas de entrenamiento y competición. Estas medidas buscan equilibrar el rendimiento deportivo con la salud integral del perro. A continuación, se destacan algunas de las principales iniciativas y enfoques implementados para proteger a los perros en los deportes:

1. Control veterinario obligatorio

En la mayoría de las competiciones deportivas caninas de alto nivel, como el **agility**, el **mondioring** o el **mushing**, es obligatorio realizar **controles veterinarios previos** a la competencia. Esto asegura que el perro esté en condiciones óptimas de salud antes de participar. Veterinarios especializados revisan aspectos clave como el **estado físico general**, la **frecuencia cardíaca** y posibles signos de **lesiones o fatiga**.

- **Antes, durante y después de la competición**: Algunos eventos también requieren que los perros sean revisados durante la competición para asegurarse de que no estén sufriendo **estrés excesivo** o lesiones y se evalúan nuevamente al finalizar para detectar cualquier problema físico derivado del esfuerzo.

2. Mejoras en el equipamiento

Se han diseñado **equipos específicos** para cada deporte canino que reducen el riesgo de lesiones y mejoran la comodidad del perro durante la competición. Por ejemplo:
- En el **canicross** y el **mushing**, los arneses utilizados están diseñados para distribuir la presión de manera uniforme y evitar que se ejerza demasiada fuerza en el cuello o la espalda del perro.
- En **agility**, se ha mejorado el diseño de los obstáculos, como los saltos y las rampas, para que tengan superficies más seguras y menos resbaladizas, minimizando así el riesgo de caídas o lesiones articulares.

3. Regulación de las temperaturas y condiciones ambientales

En deportes de resistencia como el **mushing** o el **canicross**, se ha puesto un gran énfasis en **regular las temperaturas** y las condiciones en las que se realizan las competiciones para proteger a los perros del **golpe de calor** o de hipotermia. Por ejemplo:
- En climas cálidos, las competiciones se realizan en **horas de menor temperatura** y se establecen puntos de hidratación frecuentes durante la carrera.
- En competiciones de **mushing** sobre nieve, los organizadores monitorean las condiciones climáticas para evitar temperaturas extremas que puedan poner en riesgo la salud del perro.

4. Planes de entrenamiento adecuados

Los entrenadores y guías caninos han comenzado a implementar **planes de entrenamiento más equilibrados**, enfocados en la **prevención de lesiones** y la **recuperación**. Estos planes incluyen:

- **Ejercicios de calentamiento y estiramiento** antes y después de cada sesión de entrenamiento o competición, para prevenir lesiones musculares.
- **Días de descanso programados** en el ciclo de entrenamiento para asegurar que los perros tengan tiempo suficiente para recuperarse físicamente y mentalmente del esfuerzo.

5. Evaluaciones de bienestar emocional

Además de las evaluaciones físicas, algunos eventos deportivos están comenzando a incluir **evaluaciones emocionales** para asegurarse de que los perros no están siendo sometidos a **estrés psicológico** excesivo. Esto es especialmente relevante en deportes que requieren una estrecha colaboración entre el perro y su guía, como el **dog dancing** o el **obedience**. Se observa el comportamiento del perro durante la competición para detectar signos de **nerviosismo, ansiedad o miedo**.

6. Normativas internacionales

Organizaciones como la *"Federación Cinológica Internacional" (FCI)* y las **asociaciones nacionales** de deportes caninos han desarrollado normativas estrictas que regulan el bienestar de los perros en competiciones. Estas normativas incluyen:
- **Límites de edad** para la participación, tanto mínima como máxima, para evitar que los perros muy jóvenes o muy mayores compitan y se expongan a riesgos innecesarios.
- **Restricciones de carga física**: Dependiendo del deporte, se establecen límites sobre la cantidad de esfuerzo físico que los perros pueden realizar durante una competición, tanto en términos de distancia recorrida como de número de repeticiones de una tarea.

7. Fisioterapia y recuperación

El uso de **fisioterapia canina** está cada vez más extendida entre los perros atletas. Después de las competiciones o entrenamientos intensos, muchos entrenadores recurren a técnicas de rehabilitación como:

- **Masajes caninos** para aliviar la tensión muscular.
- **Hidroterapia** para fortalecer los músculos sin poner presión en las articulaciones, especialmente en perros que han sufrido lesiones o necesitan mejorar su resistencia física.

8. Descalificación por signos de agotamiento

Algunos eventos deportivos han implementado reglas de **descalificación automática** para perros que muestren signos evidentes de **agotamiento físico** o **estrés emocional** durante la competición. Esto incentiva a los dueños y entrenadores a prestar más atención al estado de sus perros y evita que se les fuerce a continuar si no están en condiciones óptimas.

Estas medidas para proteger la salud de los **perros atletas** buscan garantizar que el deporte canino siga siendo una actividad saludable y positiva para ellos. Al combinar **evaluaciones veterinarias estrictas**, el uso de **equipos adecuados**, la **monitorización ambiental** y un enfoque en el **bienestar físico y mental**, se pretende asegurar que los perros disfruten del deporte sin poner en riesgo su salud.

1. Importancia física

En su origen, los perros eran animales de trabajo que necesitaban gastar grandes cantidades de energía en actividades como la caza, el pastoreo y la protección. La domesticación, especialmente en entornos urbanos, ha reducido la necesidad de esos comportamientos instintivos, lo que ha resultado en problemas de salud y comportamiento derivados del **sedentarismo**. Las disciplinas deportivas, como el **agility**, el **canicross** o el **flyball**, proporcionan una salida ideal para que los perros se mantengan físicamente activos. Estos deportes:

- **Mejoran la salud cardiovascular.**
- **Fortalecen la musculatura.**
- **Previenen problemas de obesidad.**
- **Aumentan la longevidad.**

La actividad física regular en los perros no solo mejora su estado físico, sino que también contribuye a evitar problemas de comportamiento, como la **ansiedad** o la **hiperactividad**, que pueden surgir debido a la falta de ejercicio.

2. Importancia mental

El perro es un animal altamente inteligente y muchos de ellos, especialmente las razas de trabajo, tienen una **necesidad natural de estímulos mentales**. Al ser domesticados, gran parte de esos desafíos desaparecieron de su vida diaria. Las disciplinas deportivas como el **obedience**, el **dog dancing** o el **mondioring** les proporcionan un **objetivo claro**, que activa su mente, los mantiene enfocados y motivados. Los perros necesitan desafíos mentales tanto como físicos, y estas actividades les ofrecen:

- **Estímulo cognitivo** al aprender nuevas tareas y resolver problemas.
- **Mejora de la atención y el control** sobre sus impulsos.
- **Desarrollo de la confianza** al realizar tareas complejas con éxito.

La participación en estas actividades puede prevenir la aparición de comportamientos destructivos que suelen surgir cuando los perros están **aburridos** o **frustrados** debido a la falta de estimulación.

3. Beneficios emocionales y sociales

Las disciplinas deportivas también refuerzan el **vínculo emocional** entre el perro y su guía. Al trabajar juntos en un deporte, ambos establecen una **relación de confianza** y comprensión mutua. Además, estas actividades ayudan a los perros a socializar con otros perros y personas en un ambiente controlado, reduciendo problemas de agresividad o miedo social que pueden surgir en perros que no están acostumbrados a interactuar con otros animales o humanos.

4. Objetivos y satisfacción

Un perro necesita sentirse **útil** y tener un propósito, algo que se ha visto disminuido en su vida doméstica debido a la pérdida de sus roles tradicionales como cazador o protector. Las disciplinas deportivas ofrecen al perro un **objetivo claro**, dándole la sensación de estar cumpliendo una misión, lo que mejora su bienestar general. Esta "necesidad de un propósito" no es exclusiva de las razas de trabajo, todos los perros, independientemente de su raza, pueden beneficiarse enormemente al participar en actividades que les proporcionen un desafío y una meta.

Uno de los grandes problemas en el ámbito de los **deportes caninos** es la falta de **conocimiento y formación adecuada** de muchas personas que, sin estar debidamente capacitadas, se dedican a entrenar perros o a formar a otros sin el nivel de experiencia necesario. Esta **mala praxis** no solo pone en riesgo la salud y el bienestar de los perros, sino que también **daña la imagen** de las disciplinas deportivas caninas. Como consecuencia, personas mal informadas, que se consideran "**animalistas**", critican estas actividades sin comprenderlas completamente y ejercen presión sobre los legisladores para que implementen **prohibiciones** o **restricciones** que, en muchos casos, se basan en una visión sesgada o incompleta de los deportes caninos.

1. El problema de la formación inadecuada

En el mundo de los deportes caninos, la **formación y el conocimiento especializado** son fundamentales para garantizar que los perros participen en actividades que se ajusten a sus necesidades físicas y mentales. Sin embargo, muchas personas se lanzan al entrenamiento de perros sin haber recibido la formación adecuada ni tener una comprensión profunda del **comportamiento canino**. Esto puede llevar a **métodos ineficaces** o incluso **dañinos**, como el uso excesivo de correcciones, castigos, o la falta de estímulos mentales y físicos adecuados para cada perro en particular.
La consecuencia de esta **mala praxis** es que los perros pueden sufrir **estrés**, **lesiones** o desarrollar comportamientos no deseados que podrían haberse evitado con una formación adecuada. Además, estas malas prácticas contribuyen a alimentar la percepción negativa de los

deportes caninos en sectores que no están familiarizados con estas actividades, lo que lleva a críticas infundadas y a la **demonización** de los deportes como si fueran prácticas abusivas o crueles.

2. Críticas mal fundamentadas y la influencia de los legisladores

Uno de los efectos colaterales más preocupantes es que estos errores y negligencias son utilizados como **munición por grupos animalistas** que, aunque en su mayoría bien intencionados, no siempre tienen una comprensión completa de las necesidades de los perros y de lo que realmente significa proporcionarles una vida equilibrada y plena. Desde su perspectiva, cualquier deporte canino puede parecer una **explotación** del perro, sin entender que muchas de estas actividades son esenciales para el bienestar físico y mental del animal.

Estas críticas, amplificadas por redes sociales y medios de comunicación, terminan llegando a **legisladores** que, bajo la presión de los grupos animalistas y de la opinión pública, pueden tomar decisiones que restringen o incluso prohíben ciertas disciplinas deportivas. **Prohibir** o limitar los deportes caninos basándose en percepciones erróneas, en lugar de en evidencia y conocimiento real sobre las necesidades de los perros, es un error que **desnaturaliza** la relación entre el humano y el perro, **limita** las oportunidades de los perros para tener una vida activa y satisfactoria.

3. La tergiversación del concepto de "bienestar animal"

El término "bienestar animal" ha sido, en muchos casos, **desvirtuado** y **"prostituido"**, en el sentido de que se ha convertido en una palabra vacía de significado real, usada para justificar prohibiciones que no siempre reflejan lo que es mejor para los animales. En lugar de abogar por el bienestar real, que implica **cobertura de sus necesidades físicas, mentales y emocionales**, se ha utilizado este término para promover una visión que, paradójicamente, priva a los perros de sus instintos y comportamientos naturales.

Por ejemplo, tener a un **galgo en un piso** sin proporcionarle el ejercicio y los desafíos mentales que necesita, o a un **San Bernardo en un clima de calor extremo**, no responde a las necesidades reales de estos animales, sino a las de los humanos que los adoptan sin considerar su verdadera naturaleza. Tener un perro simplemente como "mascota", como un **objeto decorativo** o compañía emocional para satisfacer carencias personales, es lo que realmente debería ser criticado. Un perro no es una **mascota pasiva**; es un ser que requiere **actividad, desafíos** y la **posibilidad de cumplir un propósito**, algo que los deportes caninos ofrecen de manera equilibrada cuando se practican correctamente.

4. La responsabilidad del ser humano y la necesidad de una convivencia ética

El ser humano tiene una **responsabilidad** cuando decide compartir su vida con un perro. Esto implica no solo darle refugio y alimento, sino también respetar su naturaleza. Necesitamos cambiar la mentalidad de que los perros son simplemente **mascotas** para adornar nuestra vida cotidiana y empezar a entender que tienen **necesidades** tan importantes como las nuestras: necesitan objetivos, actividad física, estimulación mental y sobre todo, **una vida equilibrada** que les permita ser **quienes son naturalmente**.

Los deportes caninos bien practicados no son una forma de explotación, sino todo lo contrario, son una forma de proporcionar a los perros una **vida completa y satisfactoria**. La clave está en que las personas que se dediquen a estos deportes tengan la formación y el conocimiento necesarios para garantizar que se respeten los límites del perro y que las actividades que realicen sean **enriquecedoras** y no dañinas.

Conclusión:

La **mala praxis** en el entrenamiento y las disciplinas deportivas caninas es uno de los mayores enemigos de estas actividades ya que da lugar a **críticas infundadas** por parte de sectores que desconocen su verdadero valor. Además, el término "bienestar animal" ha sido tergiversado en muchos casos, perdiendo su significado original y siendo utilizado para justificar prohibiciones que no benefician realmente a los perros. En lugar de prohibir estas actividades, deberíamos promover una **educación adecuada** para los entrenadores y dueños. Y asegurar que los perros puedan llevar una vida que respete su naturaleza, con objetivos claros, ejercicio físico y mental, y una convivencia ética.

A pesar de los muchos beneficios, es cierto que en algunos casos se puede dar una **mala praxis** en el entrenamiento o la competición. En ciertos deportes, algunos entrenadores o competidores pueden exigir demasiado a los perros, lo que puede llevar a **lesiones físicas** o **estrés emocional**. Es fundamental que los dueños y entrenadores prioricen siempre el bienestar del perro por encima del rendimiento deportivo, asegurándose de que el entrenamiento se realice de manera **positiva y ética** y que los perros reciban el **descanso y la atención necesarios**.

DISCIPLINAS DEPORTIVAS CANINAS

1. Agility

Descripción: En el **agility**, los perros deben completar un circuito de obstáculos bajo la guía de su dueño, quien los dirige sin tocarlos. El objetivo es realizar el recorrido lo más rápido posible y sin cometer errores, superando obstáculos como saltos, túneles, balancines y pasarelas. Es una disciplina que requiere gran agilidad física y mental tanto del perro como del guía.

2. Obedience (Obediencia Canina)

Descripción: El "**obedience**" es una disciplina que evalúa la precisión con la que un perro responde a las órdenes de su dueño. Los ejercicios incluyen caminar junto al dueño, sentarse, acostarse, quedarse quieto y otros comportamientos avanzados. Es un deporte muy técnico donde se valora la capacidad de atención y control del perro.

3. Dog Dancing (Freestyle Canino)

Descripción: En el **dog dancing**, el perro y su guía realizan una coreografía al ritmo de la música. Esta disciplina mezcla la obediencia con el arte, ya que el equipo debe realizar movimientos coordinados que incluyan saltos, giros y pasos sincronizados. La creatividad y la conexión entre el perro y su dueño son fundamentales.

4. Mondioring

Descripción: El **mondioring** es una combinación de obediencia, agilidad y trabajo de protección. Los perros deben realizar tareas como saltar obstáculos, proteger a su dueño de un ataque simulado y demostrar control y obediencia en diferentes situaciones. El escenario de cada competición varía, lo que obliga a los perros a adaptarse rápidamente. Nuestro campeón, **"Rafa Catalán"**, ha logrado posicionarse como un referente en esta disciplina, con varios campeonatos a nivel nacional e internacional. El **mondioring** es conocido por su enfoque abierto y creativo y los perros que compiten en este deporte deben demostrar habilidades en defensa, saltos y obediencia bajo escenarios cambiantes. La dedicación y técnica que Rafa Catalán ha aplicado a su entrenamiento le han permitido destacar entre los mejores a nivel mundial, obteniendo títulos en campeonatos de alto prestigio.

Este deporte es uno de los más exigentes dentro de las disciplinas caninas y requiere una preparación física y mental constante tanto del perro como de su guía.

5. Ring Francés

Descripción: Similar al mondioring, el **Ring Francés** es una disciplina que combina agilidad, obediencia y defensa, pero sigue estrictamente el estándar francés. Los perros deben realizar ejercicios avanzados de obediencia y trabajo de protección, como la defensa contra atacantes, saltos de altura y largos y ejercicios de resistencia.

6. Canicross

Descripción: El **canicross** es una modalidad de carrera en la que el perro corre unido a su dueño mediante una línea de tiro. La carrera se realiza en terrenos diversos, como bosques, montañas o parques. Es una actividad muy exigente físicamente y fortalece el vínculo entre el perro y su guía.

7. Flyball

Descripción: En **flyball**, equipos de perros compiten en una carrera de relevos a través de una pista de obstáculos. Cada perro debe correr, saltar una serie de vallas, activar una caja que suelta una pelota, y regresar con ella hasta la línea de salida. Luego, el siguiente perro repite la acción. Es una disciplina rápida y emocionante, donde la coordinación entre el equipo es clave.

8. Disc Dog (Disco Canino)

Descripción: El **disc dog** consiste en que el perro atrape discos lanzados por su dueño en el aire. Se evalúa la precisión con la que el perro atrapa el disco, así como la dificultad de los lanzamientos y las acrobacias que realiza el perro. Es un deporte muy popular en exhibiciones y competiciones.

9. Mushing

Descripción: El **mushing** es un deporte que se practica con perros de tiro, en el que los perros tiran de un trineo o un vehículo con ruedas sobre tierra. Existen varias modalidades, como **sled dog racing** (carreras de trineos), **bikejoring** (ciclismo con perros) y **scooter** (monopatín con perros). Es un deporte muy popular en climas fríos y montañosos.

"Tomás Ruiz", siendo muy joven, ha sobresalido en el **mushing** gracias a su dedicación, preparación y sobre todo, a su habilidad para trabajar en equipo con sus perros. Este deporte exige una conexión muy fuerte entre el musher (conductor) y su equipo de perros, quienes necesitan coordinarse perfectamente para completar carreras de resistencia o velocidad.

Ruiz, ha competido en importantes campeonatos nacionales e internacionales, consolidándose como un referente en este deporte en España.

10. Pastoreo Deportivo

Descripción: En el **pastoreo deportivo**, los perros deben guiar y controlar un rebaño de ovejas o ganado bajo la supervisión de su dueño. Se evalúa la habilidad del perro para mover a los animales de manera precisa y sin causarles estrés. Esta disciplina requiere gran inteligencia y capacidad de reacción rápida.

"Óscar Murguía", es un referente y admirado pastor y educador, no solo por un servidor, si no también dentro del mundo del pastoreo y las disciplinas caninas en España.

Su capacidad para comunicarse y **entender profundamente el comportamiento del perro** lo ha convertido en uno de los mejores en su campo. Murguía, ha demostrado que el pastoreo no solo se trata de dirigir rebaños, sino de una **conexión profunda entre el perro y el guía**, basada en la confianza, el respeto y la habilidad de leer las señales sutiles que los perros dan mientras trabajan.

- Lo que lo diferencia es su capacidad para aplicar una técnica natural y empática, sin forzar ni exigir más allá de las capacidades del animal. En un ambiente tan complejo como el pastoreo, donde se requiere control preciso de los movimientos del rebaño, Murguía ha sabido guiar a sus perros para que tomen decisiones de manera autónoma, pero siempre alineadas con su dirección. Esto es una clara señal de su **entendimiento innato** del comportamiento canino, algo que pocos pastores consiguen dominar a tan alto nivel.
- A través de años de dedicación, ha demostrado que el **equilibrio entre la técnica y el respeto** por el perro es lo que crea la verdadera maestría en el pastoreo.

11. Rally Obedience

Descripción: En **Rally Obedience**, el perro y su guía deben completar una serie de estaciones que contienen instrucciones específicas para realizar distintos ejercicios de obediencia. A diferencia de la obediencia tradicional, el guía puede animar verbalmente al perro durante la prueba, lo que lo convierte en un deporte más dinámico y accesible.

12. Herding (Pastoreo Tradicional)

Descripción: El **herding**, o pastoreo tradicional, es similar al pastoreo deportivo, pero en este caso, el perro debe trabajar en un ambiente real de campo, moviendo y controlando rebaños de ovejas o ganado en extensiones grandes de terreno. Es una disciplina fundamental para razas como el Border Collie, que fueron criadas para este tipo de trabajo.

13. Mantrailing

Descripción: El **mantrailing** es una disciplina en la que los perros utilizan su agudo sentido del olfato para seguir el rastro de una persona específica. Es una modalidad de búsqueda y rescate que pone a prueba la capacidad olfativa y la perseverancia del perro para localizar a la persona en diferentes tipos de terreno y condiciones.

14. Treibball

Descripción: El **treibball** es un deporte relativamente nuevo donde los perros deben empujar grandes pelotas inflables hacia una portería, guiados por las instrucciones de su dueño. Es una alternativa al pastoreo tradicional, que combina habilidades de obediencia y control.

Conclusión:

Las disciplinas deportivas caninas no solo proporcionan una forma divertida de interactuar con los perros, sino que también les ofrecen una salida para su energía física y mental, al tiempo que fortalecen el vínculo entre perros y humanos. Estas actividades requieren compromiso, entrenamiento y comprensión del comportamiento canino, lo que enriquece la vida tanto de los perros como de sus dueños, promoviendo su bienestar y fomentando un estilo de vida saludable para ambos.

4. Debates actuales

a. Adopción vs. Compra

El debate entre **adopción vs. compra** de perros ha generado controversias significativas en los últimos años, y quienes optan por **comprar perros de raza** a menudo son objeto de críticas por parte de sectores que promueven la adopción. Sin embargo, es crucial entender que la **selección de razas** ha sido parte del desarrollo de la relación entre humanos y perros desde hace miles de años y en muchos casos, los **perros de raza** cumplen funciones muy específicas que justifican su existencia.

1. Selección de razas con un fin específico

La compra de perros de raza con un fin específico, ya sea para **trabajo, deporte** o **compañía con características concretas**, no debería ser demonizada si está hecha de forma responsable. Desde los inicios de la domesticación del lobo, los humanos han seleccionado y criado perros con características particulares para cumplir funciones específicas como:

- **Pastoreo**: Razas como el **Border Collie** fueron seleccionadas por su inteligencia y capacidad de trabajar con rebaños.
- **Caza**: Razas como los **Pointer** o los **Beagle** fueron criadas para rastrear y cazar, gracias a su olfato y agilidad.
- **Trabajo de defensa y protección**: Razas como el **Pastor Belga Malinois** son criadas por su fuerza, inteligencia y capacidad de protección, siendo indispensables en roles de seguridad y protección.

Estas selecciones no son caprichosas, sino que obedecen a una **funcionalidad precisa**, donde el **objetivo** es maximizar las habilidades naturales del perro para cumplir una tarea. La crítica a quienes adquieren perros de raza muchas veces ignora que estos perros pueden estar siendo seleccionados para actividades esenciales, como deportes caninos, trabajo en granjas, o incluso para asistencia médica, como los **perros de alerta médica**.

2. El verdadero problema: Cruces indiscriminados y sin propósito

El problema no está en la compra de perros de raza con fines específicos, sino en la **cría irresponsable** y los **cruces indiscriminados** sin un objetivo claro. Estos cruces, que a menudo tienen lugar sin control ni selección adecuada, generan perros que no tienen las características ni físicas ni de comportamiento necesarias para un propósito definido y con frecuencia, llevan a problemas genéticos y de salud en los animales.

- **Criaderos irresponsables o "fábricas de cachorros".** Se centran únicamente en el lucro, produciendo perros en masa sin atención a la salud ni a su funcionalidad. Esto no solo crea un problema de "bienestar animal", sino que también aumenta la cantidad de perros que terminan en refugios.

Si no existieran estos cruces irresponsables y si la cría de perros se mantuviera con el objetivo claro de **preservar las razas** para sus funciones específicas (ya sea pastoreo, caza, deportes o compañía en casos justificados), no habría una diferenciación tan marcada entre los **perros de raza** y los **perros mestizos** o cruzados. La **selección genética responsable** es una práctica milenaria que asegura la **salud** y **funcionalidad** de los perros para cumplir roles valiosos en la sociedad.

3. Crítica a los que critican sin fundamento

Muchos defensores de la adopción critican a quienes compran perros de raza sin entender las razones de esa compra. Estas críticas, en muchos casos, se basan en una concepción **idealista y simplificada** del "bienestar animal", donde se asume que todo perro debe ser tratado igual, independientemente de sus necesidades o habilidades innatas. Sin embargo, adoptar un enfoque que promueve la **adopción sin discriminación** puede llevar a situaciones donde los perros terminan en hogares que no comprenden sus **necesidades específicas**, lo que también resulta en problemas de abandono y maltrato.

Adoptar perros es, sin duda, una opción positiva en muchos casos, pero **no debería ser la única vía válida** ni estar basada en juicios simplistas. Criticar a quienes adquieren un perro de raza, especialmente si lo hacen por una necesidad clara, es no reconocer la **historia y el valor de la selección de razas** para cumplir un papel en la sociedad.

b. Bienestar animal y derechos

El concepto de **"bienestar animal"** comentado ya antes en el tema anterior, ha sido tergiversado en muchos debates actuales sobre los derechos y las leyes que rigen la relación entre los humanos y los perros. Siendo objetivos, para abordar este tema de manera coherente, es esencial partir de la base de que el **perro** es un **lobo**

desnaturalizado, es decir, un ser moldeado por el ser humano a lo largo de la historia para cumplir funciones específicas, ya sea pastorear, cazar, proteger, o brindar compañía. El **bienestar real** del perro, por lo tanto, no debería medirse únicamente por el entorno físico en el que vive, sino por su **capacidad para ejercer su función natural**, la cual ha sido forjada durante miles de años de domesticación y selección artificial.

1. El perro como un ser funcional

La domesticación transformó al lobo en diferentes razas de perros, cada una con características físicas, mentales y comportamentales específicas, destinadas a cumplir roles fundamentales en la vida humana. Por ejemplo, los **Border Collie** fueron criados para **pastorear**, lo que les dotó de una energía inagotable y una alta capacidad de concentración para trabajar con rebaños. De igual manera, los **Labradores** y **Golden Retrievers** fueron moldeados para ser **perros de caza** y recuperación, mientras que razas como el **Pastor Alemán** o el **Rottweiler** fueron seleccionadas por su capacidad de protección y trabajo de defensa.

Cuando hablamos de **bienestar animal** y de los derechos del perro, debemos preguntarnos: ¿qué define realmente el bienestar de un animal que ha sido moldeado para una función específica? Es fundamental reconocer que un perro de trabajo que no puede **ejercer su función natural**, ya sea porque vive en un entorno que le impide hacerlo o porque es forzado a comportarse de una manera contraria a su naturaleza, está experimentando un tipo de **daño psicológico y físico** que no se resuelve con comodidad material.

Por ejemplo, un **Border Collie** en una ciudad, confinado en un apartamento y sin la oportunidad de correr, pastorear o cumplir alguna actividad funcional para la que fue creado, no está cumpliendo con su **potencial natural**. No basta con darle paseos o comida de calidad; su bienestar real está ligado a su capacidad de ejercer su **función genética**.

2. Las leyes deberían enfocarse en permitir el ejercicio funcional de los perros

Las leyes de bienestar animal y los **derechos caninos** deben estar orientadas a permitir que los perros puedan **desarrollarse en función** de su naturaleza y de los propósitos para los que fueron criados. Esta es una medida mucho más objetiva y efectiva para garantizar su bienestar que las reglas genéricas que se enfocan en aspectos superficiales, como el tamaño del espacio donde viven o la cantidad de paseos que reciben.

Un **Border Collie** no es un simple acompañante y mucho menos en una ciudad y no debería ser tratado como tal. No es justo ni saludable que un perro cuya genética lo empuja a ser un pastor vivaz y con gran energía, se mantenga inactivo solo porque la ley lo permita como "mascota". Las razas de trabajo, como los **Terriers**, **Sabuesos**, **Pastores** y muchas otras, no fueron diseñadas simplemente para estar acostados en un sofá o para acompañar emocionalmente al ser humano; tienen una **vocación funcional**.

3. Criadores y programas de cría responsable

Uno de los problemas más graves que enfrenta la selección de razas hoy en día es la **cría irresponsable** que no tiene en cuenta las funciones originales de las razas. Muchos criadores se centran en **características estéticas**, seleccionando rasgos físicos sin considerar el temperamento y las habilidades naturales para las que esas razas fueron diseñadas. Esto no solo es una amenaza para la **salud genética** de las razas, sino que también distorsiona las capacidades funcionales del perro.

Un **criador responsable** debe ser alguien que entienda y promueva las actividades funcionales de la raza que está criando. Si alguien cría **Border Collies**, por ejemplo, debería involucrarse en actividades de pastoreo o deportes que exploten las capacidades mentales y físicas del perro, para asegurarse de que los ejemplares que cría están alineados con lo que genéticamente fueron creados para hacer. De lo contrario, estamos perpetuando una **desconexión** entre el perro y su naturaleza, que es tan dañina como cualquier forma de maltrato físico.

4. Prohibiciones y regulaciones sin fundamento

En lugar de centrarse en **prohibir** actividades que permiten a los perros desarrollar sus habilidades, las regulaciones deberían enfocarse en **erradicar las prácticas que realmente dañan a los perros**, como los cruces indiscriminados y la cría irresponsable. Si cada perro fuera criado y seleccionado para cumplir con su propósito funcional, no veríamos problemas de **perros en entornos inadecuados**.

Conclusión:

El **bienestar animal** no debe ser una cuestión de comodidad material o cumplir con requisitos mínimos de espacio y alimentación, sino asegurar que cada perro pueda **ejercer su función natural** y vivir de acuerdo con su genética y capacidades. Las leyes y regulaciones deben enfocarse en garantizar que los perros, especialmente los de trabajo y razas funcionales, tengan acceso a actividades que respeten su naturaleza. Además, los **criadores** deberían comprometerse a **programas de cría responsable** que preserven las características y funciones para las que esas razas fueron creadas, garantizando la salud física y mental de las futuras generaciones de perros.

4. Perros y tecnología

a. Dispositivos para perros

La tecnología ha creado una nueva forma de cuidar y **monitorear** a los perros. Existen dispositivos que permiten a los dueños rastrear la salud y el bienestar de sus perros en tiempo real. Estos gadgets incluyen:

- **Collares GPS** para seguir la ubicación del perro en todo momento.
- **Monitores de actividad** que registran cuántos pasos ha dado el perro, sus patrones de sueño y su salud general.

Estudio destacado: Impacto en la salud mental humana

Varios estudios han demostrado que la convivencia con perros puede tener un impacto positivo en la **salud mental humana**. Los perros son compañeros que ofrecen **apoyo emocional** y su presencia puede reducir los síntomas de **depresión, ansiedad y estrés**.

- Un estudio realizado por el **Centro de Control y Prevención de Enfermedades** (CDC) reveló que los dueños de perros tienden a

tener niveles más bajos de presión arterial y cortisol, una hormona relacionada con el estrés. Además, la interacción diaria con un perro puede aumentar los niveles de **oxitocina**, la "hormona del amor", lo que mejora el bienestar emocional.
- Otro estudio de la *"Universidad de Missouri"* descubrió que pasar solo 15 minutos acariciando a un perro puede aumentar los niveles de serotonina y dopamina, neurotransmisores que están directamente relacionados con la **felicidad y la reducción del estrés**.

Estos estudios subrayan la importancia de la relación entre humanos y perros en la vida moderna, no solo como compañía, sino como una fuente significativa de **bienestar mental y emocional**.

Conclusión:

El perro en la cultura contemporánea ha trascendido su papel tradicional, adaptándose a nuevos roles que van desde la asistencia emocional hasta el entretenimiento. A medida que avanza la tecnología y cambia la percepción pública, los perros siguen siendo una parte integral de la vida humana, con implicaciones tanto positivas como desafíos éticos que deben ser abordados.

Contenido principal:

- **Perros de servicio y terapia:**
  - **Asistencia a personas con discapacidades:** Guía para ciegos, alertas médicas.
  - **Terapia asistida con animales:** Apoyo emocional en hospitales, escuelas y centros de rehabilitación.
- **Perros en los medios y el entretenimiento:**
  - **Perros famosos:** Caninos destacados en cine, televisión y redes sociales.
  - **Impacto en la percepción pública:** Influencia en tendencias de adopción y preferencias de raza.
- **Debates actuales:**
  - **Adopción vs. compra:** Fomento de la adopción de perros sin hogar.

- o **Bienestar animal y derechos:** Legislación y movimientos que buscan proteger a los perros de abuso y negligencia.
- **Perros deportivos:** disciplinas e importancia de funcionalidad
- **Perros y tecnología:**

  - o **Dispositivos para perros:** Gadgets para monitoreo de salud y actividad.

Ejercicio práctico:

- **Actividad:** Reflexiona sobre el papel que juega el perro en tu vida o en la de personas cercanas. Considera cómo los perros influyen en el bienestar emocional y en la dinámica familiar.

Pregunta reflexiva:

- ¿Cómo podrías contribuir al bienestar de los perros en tu comunidad y promover una relación saludable entre humanos y caninos?

Capítulo 8: Funcionamiento Cerebral y Neurológico del Perro

8.1. Estructura Cerebral y Capacidades Cognitivas

La **estructura cerebral** del perro es clave para entender sus **capacidades cognitivas**, que se han desarrollado a lo largo de miles de años de evolución y domesticación. Aunque el cerebro del perro es más pequeño en comparación con el del ser humano, su estructura contiene muchas similitudes, permitiendo que los perros desarrollen habilidades cognitivas avanzadas, como el aprendizaje, la memoria, el razonamiento social y la empatía.

1. Principales regiones del cerebro del perro

El cerebro del perro, como el del ser humano, está dividido en varias regiones principales, cada una con diferentes funciones cognitivas y de comportamiento.

- **Corteza cerebral**: La corteza cerebral es la parte del cerebro responsable del **procesamiento cognitivo avanzado**, como la resolución de problemas y el aprendizaje. Aunque la corteza cerebral de los perros es más pequeña que la humana, se ha demostrado que tienen la capacidad de procesar comandos complejos y resolver situaciones nuevas. Los perros pueden aprender hasta cientos de palabras y gestos, lo que demuestra su capacidad de adaptación cognitiva.
- **Sistema límbico**: El sistema límbico es la región del cerebro que controla las **emociones**. Es responsable de la **empatía**, el apego y la respuesta emocional a diferentes estímulos. Estudios han demostrado que los perros tienen una capacidad de conexión

emocional muy fuerte con los humanos, lo que explica su habilidad para detectar y responder a las emociones humanas. Este sistema es crucial para entender la relación profunda entre los perros y sus dueños.

- **Amígdala**: La amígdala juega un papel importante en el procesamiento de **emociones** y en la **respuesta al miedo**. Este aspecto del cerebro del perro está involucrado en sus respuestas instintivas de defensa y su capacidad para interpretar el lenguaje corporal de los humanos y otros animales.
- **Hipocampo**: El hipocampo es una región vital para la **memoria** y el **aprendizaje**. Los perros tienen una buena memoria espacial, lo que les permite recordar rutas, ubicaciones y comandos complejos. Esta capacidad de memoria es esencial en actividades como el trabajo de perros de búsqueda y rescate o el entrenamiento avanzado.

2. Capacidades cognitivas del perro

Las capacidades cognitivas del perro incluyen una combinación de **aprendizaje social, memoria, empatía** y **resolución de problemas**. Estas habilidades se han desarrollado en gran medida debido a la estrecha **coevolución** con los humanos.

a. Aprendizaje y memoria

Los perros son capaces de aprender nuevas tareas y comandos a través de varios mecanismos:

- **Condicionamiento clásico**: Este tipo de aprendizaje, identificado por "**Pavlov**", permite a los perros asociar estímulos con respuestas automáticas, como salivar al oír una campana si se ha asociado previamente con comida.
- **Condicionamiento operante**: Los perros también aprenden a través de **refuerzos** positivos o negativos, lo que les permite ajustar su comportamiento en función de las consecuencias que experimentan.

Además, los perros muestran **memoria episódica**, lo que les permite recordar eventos específicos, lo que es clave para el entrenamiento a largo plazo.

b. Resolución de problemas

Los estudios sugieren que los perros tienen una notable capacidad para **resolver problemas**. Pueden usar la observación de los humanos para resolver ciertas tareas, como abrir puertas o encontrar objetos escondidos y pueden hacer uso de herramientas rudimentarias si se les enseña.

c. Empatía y cognición social

Los perros muestran un notable grado de **cognición social**, lo que les permite interpretar las emociones humanas y responder adecuadamente. Investigaciones como las de "**Brian Hare**", han demostrado que los perros son especialmente buenos para leer las señales humanas, como el contacto visual y los gestos, algo que los lobos no domesticados no pueden hacer con la misma precisión.

3. Diferencias entre perros y lobos

Un aspecto fascinante de la estructura cerebral del perro es cómo ha cambiado en comparación con el lobo, su ancestro salvaje. Debido a la domesticación, el **cerebro del perro** es más pequeño proporcionalmente que el del lobo, lo que sugiere una reducción en algunas capacidades cognitivas instintivas en favor de habilidades que facilitan la **comunicación social** con los humanos. A cambio, los perros han desarrollado una capacidad para **cooperar** y seguir las órdenes humanas, algo que se ha vuelto clave en su relación con nosotros.

4. Conclusión:

El cerebro del perro, con su estructura compleja y capacidades cognitivas avanzadas, es lo que permite a estos animales no solo ser excelentes compañeros, sino también desempeñar roles fundamentales en la sociedad humana, como perros de trabajo, de terapia y de asistencia. Su habilidad para aprender, empatizar y resolver problemas es una prueba de cómo la **evolución compartida con los humanos** ha modelado su cerebro, dándoles una mezcla única de **instintos y habilidades cognitivas** que les permiten prosperar en una variedad de entornos.

Contenido principal:
- **Anatomía básica del cerebro canino:**
  o **Cerebro anterior (prosencéfalo):** Responsable de funciones cognitivas superiores, como el aprendizaje y la memoria.
  o **Cerebro medio (mesencéfalo):** Procesamiento de estímulos visuales y auditivos.
  o **Cerebro posterior (rombencéfalo):** Control de funciones motoras y autónomas, como la respiración y el equilibrio.
- **Lóbulos cerebrales y sus funciones:**
  o **Lóbulo frontal:** Implicado en el comportamiento, la resolución de problemas y la toma de decisiones.
  o **Lóbulo parietal:** Procesamiento sensorial y percepción espacial.
  o **Lóbulo temporal:** Audición y procesamiento de la memoria.
  o **Lóbulo occipital:** Procesamiento de la información visual.
- **Capacidades cognitivas:**
  o **Aprendizaje y memoria:** Los perros pueden aprender mediante condicionamiento y tienen memoria a corto y largo plazo.
  o **Resolución de problemas:** Capacidad para encontrar soluciones a situaciones nuevas o complejas.
  o **Comprensión de señales humanas:** Interpretación de gestos, tono de voz y expresiones faciales.

Estudio destacado:

- **Investigaciones de Gregory Berns:** Utilizando resonancia magnética funcional, Berns y su equipo estudiaron la actividad cerebral de perros conscientes, revelando cómo procesan recompensas y emociones.

Cita destacada:
"Los perros son más que simplemente mascotas; son seres inteligentes con una compleja vida emocional y cognitiva."
— **Gregory Berns**

Ejercicio práctico:

Actividad: Observa cómo tu perro responde a diferentes comandos y señales. Prueba con gestos nuevos y ve si puede asociarlos con acciones conocidas. Reflexiona sobre su capacidad para aprender e interpretar tus señales.

Pregunta reflexiva:

¿Cómo demuestra tu perro su inteligencia y comprensión del entorno y cómo puedes estimular su mente de manera positiva?

8.2. Emociones y Percepción en los Perros

Las **emociones y percepción** en los perros son campos complejos y profundamente interesantes dentro de la etología y la neurociencia animal. La investigación científica en las últimas décadas ha mostrado que los perros no solo experimentan una amplia gama de emociones, sino que también poseen una percepción avanzada del entorno y de los estados emocionales de los humanos. Estas capacidades están íntimamente relacionadas con su evolución como compañeros del ser humano y su desarrollo cognitivo a lo largo de la domesticación.

1. Emociones en los perros

Los perros, como los humanos y otros mamíferos, experimentan emociones básicas que incluyen **alegría, miedo, tristeza, ira y amor**. Estas emociones están profundamente arraigadas en su **sistema límbico**, una parte del cerebro que también regula las emociones en los seres humanos. Los estudios han mostrado que los perros exhiben conductas emocionales similares a las nuestras y es posible identificarlas a través de su **comportamiento corporal, vocalización y expresión facial**.

a. Alegría y afecto

Investigaciones recientes, como las realizadas por el neurocientífico "**Gregory Berns**", utilizando imágenes de resonancia magnética funcional (fMRI), han demostrado que los perros experimentan emociones de manera similar a los humanos. En su estudio, Berns, descubrió que cuando los perros anticipan la presencia de sus dueños o son recompensados con comida o atención, se activa el **núcleo caudado**, una región del cerebro asociada con la **sensación de placer y recompensa**. Esto sugiere que los perros no solo disfrutan de la compañía humana, sino que también forman lazos afectivos basados en el amor y la alegría.

b. Ansiedad y miedo

El **miedo** es otra emoción clave que los perros experimentan, y su percepción del entorno puede desencadenar respuestas claras de ansiedad o temor. Los estudios de "**Jessica Hekman**" y otros investigadores han mostrado que la **amígdala** del perro, una estructura cerebral involucrada en la respuesta al miedo, se activa ante situaciones de peligro percibido, como la presencia de extraños, sonidos fuertes o situaciones desconocidas. El miedo puede manifestarse en comportamientos de huida, temblores, ladridos excesivos o incluso agresión. En perros que sufren **ansiedad por separación**, por ejemplo, se ha documentado que experimentan altos niveles de **estrés** cuando están lejos de sus dueños.

c. Empatía y tristeza

Una característica fascinante de los perros es su **empatía**. La capacidad de los perros para responder a las emociones humanas se ha documentado en múltiples estudios. En un estudio llevado a cabo por "**Deborah Custance y Jennifer Mayer**" (2012), se observó que los perros muestran comportamientos de consuelo hacia personas que lloran, lo que sugiere que pueden detectar **señales emocionales** y responder de manera empática. Estos hallazgos refuerzan la idea de que los perros son sensibles no solo a las emociones de otros perros, sino también a las emociones humanas, lo que los convierte en **compañeros emocionales** altamente valiosos.

2. Percepción en los perros

La **percepción sensorial** de los perros es altamente especializada, en algunos casos, superior a la de los humanos. Los perros dependen de sus sentidos, especialmente del **olfato** y la **audición**, para interactuar con su entorno y con los humanos. A continuación, se detalla cómo los perros procesan el mundo a través de sus sentidos.

a. Olfato

El olfato es el sentido más desarrollado en los perros. Con entre **200 y 300 millones de receptores olfativos**, comparados con solo 5 millones en los humanos, los perros tienen una capacidad olfativa extremadamente superior. Y esta habilidad les permite detectar sustancias a niveles de concentración miles de veces más bajos que los que los humanos pueden percibir. Por ejemplo, los perros pueden detectar **hormonas** como la adrenalina, lo que les permite percibir cambios en el estado emocional de una persona, como el estrés o el miedo, lo que refuerza su capacidad de actuar de forma empática o de protección.

Los estudios también han demostrado que los perros pueden detectar **enfermedades** como el cáncer y las infecciones bacterianas mediante el olfato, lo que se ha aprovechado en el entrenamiento de **perros de alerta médica**. Este nivel de percepción olfativa no solo ayuda a los perros a explorar su entorno, sino también a interactuar de manera más significativa con los humanos.

b. Audición

Los perros también tienen una capacidad auditiva muy superior a la de los humanos. Pueden detectar frecuencias sonoras que van de los **40 Hz a 60,000 Hz**, mientras que el rango auditivo humano se limita a entre **20 Hz y 20,000 Hz**. Esto les permite oír sonidos que los humanos no pueden percibir, como el movimiento de pequeños animales a largas distancias o el crujido de ramas a gran distancia. Esta capacidad les ayuda en sus funciones de **vigilancia** y en la detección de peligros potenciales.

c. Visión

La visión en los perros está diseñada para detectar movimiento más que detalles o colores. Si bien los perros ven en una gama limitada de colores (lo que se conoce como **visión dicromática**, similar a las personas con daltonismo rojo-verde), son muy sensibles al movimiento y a las condiciones de poca luz. Esto los hace excelentes **cazadores y rastreadores** en la naturaleza. También perciben el lenguaje corporal de los humanos con gran precisión, una capacidad que ha sido fundamental para la **coevolución** con el ser humano.

3. Interacción entre emociones y percepción

La **interacción** entre la percepción sensorial avanzada de los perros y sus emociones crea una combinación única que les permite **adaptarse rápidamente** a su entorno y a las interacciones sociales, tanto con otros perros como con los humanos. Por ejemplo, los perros pueden utilizar su agudo olfato para detectar cambios emocionales en los humanos, como el miedo o la tristeza y luego actuar en consecuencia mediante conductas empáticas.

Los estudios sobre la relación entre humanos y perros han demostrado que los perros son capaces de **interpretar expresiones faciales**, tono de voz y otros **indicadores no verbales** para ajustar su comportamiento. Esta habilidad para leer las emociones y reaccionar en función de la percepción sensorial los convierte en **compañeros de terapia efectivos**, ayudando a reducir la ansiedad y proporcionar apoyo emocional.

Conclusión:

En resumen, los perros tienen una amplia gama de emociones que están estrechamente ligadas a sus capacidades cognitivas y sensoriales. Su habilidad para percibir el mundo a través de sus sentidos avanzados, como el olfato y la audición, se complementa con su capacidad para experimentar y expresar emociones, lo que les permite formar vínculos profundos con los humanos. A medida que los estudios sobre las emociones y la percepción en los perros avanzan, se sigue revelando la complejidad emocional y cognitiva de estos animales, fortaleciendo nuestra comprensión de por qué los perros son compañeros tan valiosos y únicos.

Contenido principal:

- **Emociones básicas:**
  - **Alegría y excitación:** Expresada mediante movimientos de la cola, saltos y vocalizaciones.
  - **Miedo y ansiedad:** Señales como orejas hacia atrás, temblores, esconderse.
  - **Ira y agresión:** Gruñidos, mostrar los dientes, postura tensa.
  - **Tristeza y apatía:** Falta de interés en actividades, letargo.

- **Empatía y reconocimiento emocional:**
  - **Respuesta a emociones humanas:** Los perros pueden percibir y responder a las emociones de sus dueños.
  - **Vínculo afectivo:** Desarrollo de relaciones profundas basadas en la confianza y el afecto.

- **Percepción sensorial:**
  - **Olfato altamente desarrollado:** Utilizado para comunicarse y entender el entorno.
  - **Audición aguda:** Capacidad para detectar sonidos de alta frecuencia.
  - **Visión adaptada:** Mayor sensibilidad al movimiento y visión nocturna.

Estudio destacado:

- **Investigación sobre empatía canina (Custance & Mayer, 2012):** Los perros mostraron comportamientos de consuelo hacia humanos que fingían llorar, indicando una respuesta empática.

Cita destacada:
"El perro es el único ser en el mundo que te ama más de lo que se ama a sí mismo."
— **Josh Billings**

Ejercicio práctico:

Actividad: Presta atención a cómo tu perro reacciona ante tus diferentes estados de ánimo. Por ejemplo, cuando estás triste o alegre, observa si cambia su comportamiento.

Pregunta reflexiva:

- ¿De qué maneras tu perro muestra empatía o responde a tus emociones y cómo afecta esto a vuestra relación?

8.3. Influencia Humana en el Desarrollo Neurológico Canino

La **influencia humana en el desarrollo neurológico canino** es un tema fascinante que explora cómo la domesticación y la interacción constante con los humanos han moldeado el cerebro y el comportamiento de los perros. Desde los primeros días de la domesticación del lobo, los perros han experimentado cambios neurológicos significativos que los hacen no solo más dóciles, sino también más aptos para interactuar y comunicarse con los humanos. Estos cambios se ven en las áreas relacionadas con el aprendizaje, la emoción y la cognición social.

1. La domesticación y el cambio estructural del cerebro

El proceso de domesticación, que se estima comenzó hace más de 15,000 años, provocó un **cambio evolutivo en el cerebro de los perros**. En comparación con los lobos salvajes, los perros muestran **cerebros más pequeños proporcionalmente** a su cuerpo, lo que está relacionado con la reducción de comportamientos instintivos agresivos o de supervivencia autónoma. Esta reducción de tamaño no implica una disminución en sus capacidades cognitivas, sino una adaptación a la **convivencia cercana con los humanos**.

2. Capacidades cognitivas y sociales

Uno de los cambios más significativos en el desarrollo neurológico canino es su capacidad de interactuar y comunicarse con los humanos.

Investigaciones de **"Brian Hare"**, han demostrado que los perros tienen una **capacidad única para leer señales sociales humanas**, algo que no se observa en los lobos. Estas habilidades incluyen la capacidad de seguir el **apuntamiento humano**, interpretar expresiones faciales, y entender el tono emocional de la voz. Esta capacidad para captar señales humanas es un claro ejemplo de cómo la **coevolución con los humanos** ha moldeado el cerebro del perro para favorecer la **cognición social**.

En el cerebro del perro, áreas como el **núcleo caudado** y la **amígdala** juegan un papel clave en la percepción de recompensas y emociones. Estos circuitos neurológicos permiten que los perros se sientan motivados y emocionados por la interacción humana, lo que refuerza los lazos entre ambas especies. Este desarrollo es el resultado de generaciones de **selección por comportamiento**, donde los perros que mejor podían leer las señales humanas tendían a sobrevivir y reproducirse.

3. Plasticidad cerebral canina y aprendizaje

Los perros tienen una notable **plasticidad cerebral**, es decir, la capacidad de su cerebro para cambiar y adaptarse en respuesta a experiencias. Esto se ve claramente en su capacidad de **aprendizaje** y su respuesta a la **formación basada en recompensas**. Los estudios muestran que los perros que se exponen a situaciones de **entrenamiento positivo** (refuerzos en lugar de castigos) desarrollan conexiones neuronales más sólidas en áreas relacionadas con el aprendizaje, como el **hipocampo**. Esto les permite recordar comandos y comportamientos complejos durante más tiempo.

Además, los perros que tienen una interacción rica y constante con los humanos muestran un **desarrollo más avanzado en la corteza prefrontal**, lo que mejora sus habilidades de resolución de problemas. Este tipo de entrenamiento y estimulación mental no solo mejora su comportamiento, sino que también contribuye a la **longevidad cognitiva**, ayudando a prevenir el deterioro mental con la edad.

4. Influencia humana en la memoria y la toma de decisiones

Se ha observado que los perros tienen una **memoria episódica limitada**, lo que les permite recordar eventos específicos, aunque de manera menos desarrollada que los humanos. Sin embargo, estudios como el de "**Claudia Fugazza**", sobre el método (*Do as I Do*) han demostrado que los perros pueden **imitar acciones humanas** después de observarlas y recordarlas durante un tiempo considerable. Esta capacidad se relaciona con la **activación del hipocampo** y otras áreas de la memoria y es una clara demostración de la **flexibilidad cognitiva** del perro, influenciada por la interacción con humanos.

La capacidad de los perros para tomar decisiones, particularmente en situaciones de incertidumbre, también ha sido moldeada por su relación con los humanos. Los perros son capaces de seguir la dirección de sus dueños y tomar decisiones basadas en **consejos humanos**, algo que es una clara desviación de los instintos más autónomos que siguen sus ancestros lobos.

5. Empatía y respuesta emocional

La **empatía** que los perros muestran hacia los humanos es otro resultado importante de su desarrollo neurológico bajo la influencia humana. El **circuito neural** que regula las emociones en los perros, especialmente en el sistema límbico, está altamente desarrollado para interpretar y reaccionar ante las emociones humanas. Los perros pueden detectar cambios en el estado emocional de sus dueños, como el miedo, la tristeza o el estrés y ajustan su comportamiento en consecuencia.

Un estudio realizado por "**Deborah Custance y Jennifer Mayer**" (2012), encontró que los perros respondían de manera empática cuando los humanos lloraban o mostraban signos de angustia, sugiriendo una capacidad innata para captar señales emocionales y proporcionar consuelo. Esto indica que la **domesticación no solo modificó la cognición social del perro**, sino también su capacidad para **empatizar** con las emociones humanas, lo que refuerza los lazos afectivos entre ambas especies.

La **influencia humana** en el desarrollo neurológico del perro ha sido fundamental en la evolución de sus capacidades cognitivas y emocionales. A través de la **domesticación**, el cerebro del perro ha cambiado estructuralmente para adaptarse a la **cooperación social** y la **comunicación con los humanos**, destacando su capacidad para aprender, empatizar y resolver problemas. Estos cambios neurológicos no solo han permitido que los perros se integren en nuestras vidas de manera única, sino que también han reforzado el vínculo emocional entre las dos especies, creando una relación de **coevolución sin precedentes**. El desarrollo psicológico de los perros está profundamente influenciado por la **socialización temprana**, el **entrenamiento y aprendizaje**, y el **ambiente en el que crecen**. Estos factores no solo afectan el comportamiento a lo largo de la vida del animal, sino también su **neurodesarrollo** y bienestar emocional. A continuación, se detalla cómo cada uno de estos aspectos contribuye al desarrollo mental y emocional de un perro, con un enfoque en el funcionamiento psicológico.

1. Socialización temprana

a. Período crítico de socialización (3-12 semanas)

La **socialización temprana** es uno de los pilares más importantes del desarrollo psicológico en los perros. Durante las **3 a 12 semanas de vida**, los perros atraviesan un **período crítico** en el que son especialmente receptivos a los estímulos y experiencias que formarán la base de su comportamiento futuro. Durante este tiempo, la **exposición a personas, otros perros, diferentes ambientes y estímulos** (sonidos, olores, texturas) es crucial para garantizar que el perro crezca con confianza y habilidades sociales.

- **Fisiológicamente**, este período coincide con un rápido desarrollo del **cerebro y los sistemas sensoriales**, lo que permite al perro formar asociaciones positivas o negativas con los estímulos a los que está expuesto. Si la socialización no es adecuada, el perro puede desarrollar miedos o comportamientos antisociales, lo que afecta su capacidad para **adaptarse emocionalmente** a diferentes situaciones.

b. Interacciones positivas

Las **interacciones positivas** con humanos y otros perros durante este período no solo fomentan la confianza, sino que también reducen la probabilidad de **fobias** o **comportamientos agresivos** en el futuro. Según estudios en **psicología animal**, las experiencias tempranas positivas generan un **efecto de amortiguación** frente a futuros traumas o situaciones estresantes, lo que prepara al perro para afrontar desafíos con una mayor resiliencia.

La **neuroplasticidad**, o la capacidad del cerebro para adaptarse y cambiar, es particularmente activa durante este período. Esto significa que las experiencias tempranas pueden moldear de manera efectiva el cerebro del perro, desarrollando **conexiones neuronales** que favorecen la adaptabilidad y la respuesta adecuada a estímulos futuros.

2. Entrenamiento y aprendizaje

a. Métodos de entrenamiento

El **entrenamiento** durante la etapa de desarrollo afecta de manera directa el **estado emocional y mental** del perro. Se ha demostrado que el uso de **refuerzo positivo** (recompensas por buen comportamiento) es mucho más efectivo que el uso de **castigos**. El **refuerzo positivo** estimula la **liberación de dopamina** en el cerebro, lo que genera una **respuesta emocional positiva** y fomenta el aprendizaje de una manera saludable.

Por el contrario, el uso de **castigos** o métodos de entrenamiento agresivos puede inducir **estrés crónico** en los perros. El **eje hipotálamo-pituitaria-adrenal (HPA)**, que regula la respuesta al estrés, puede activarse de manera constante en perros sometidos a castigos, lo que tiene efectos negativos en su **desarrollo emocional** y **funcionamiento cognitivo**. Los perros entrenados con castigos tienden a desarrollar **ansiedad**, lo que impacta su capacidad para aprender nuevas tareas o resolver problemas.
b. Estimulación mental

La **estimulación mental** es esencial para el desarrollo cognitivo y emocional. Juegos y actividades que promueven el **pensamiento crítico** y la **resolución de problemas** ayudan a mantener el cerebro del perro activo y en continuo desarrollo. Actividades como el uso de **rompecabezas para perros**, entrenamientos avanzados o la participación en deportes caninos, como el **agility** o el **obedience**, activan áreas del cerebro responsables del **aprendizaje**, la **memoria** y la **toma de decisiones**.

Este tipo de estimulación no solo refuerza las **habilidades cognitivas**, sino que también tiene un impacto en el **bienestar emocional** del perro, ya que se evita el aburrimiento, el estrés y la frustración que pueden surgir en animales que no reciben estímulos mentales adecuados.

3. Ambiente y bienestar

a. Entornos enriquecidos

El ambiente en el que se desarrolla un perro juega un papel crucial en su **bienestar psicológico**. Los **entornos enriquecidos**, que proporcionan una variedad de estímulos sensoriales y oportunidades para explorar, juegan un papel importante en la **neuroplasticidad**. Los estudios en neurociencia han demostrado que los perros que crecen en **ambientes enriquecidos** (con diferentes texturas, sonidos, oportunidades de socialización y acceso a actividades físicas y mentales) desarrollan un **cerebro más adaptable** y una mayor capacidad para **manejar el estrés**.

La **falta de estimulación ambiental** puede llevar a problemas de **comportamiento destructivo** o apatía en los perros. Perros que crecen en ambientes restringidos, con poca variación o estimulación, tienden a desarrollar comportamientos repetitivos o de **ansiedad**, lo que refleja la falta de oportunidades para **ejercer sus habilidades cognitivas**. Por el contrario, un ambiente enriquecido promueve la **exploración y el aprendizaje**, lo que refuerza las conexiones neuronales y mejora la **calidad de vida** del animal.

Conclusión:

El desarrollo psicológico de los perros es profundamente influenciado por la **socialización temprana**, el **entrenamiento basado en refuerzo positivo** y un **entorno enriquecido** que promueva la estimulación mental y física. Estos factores contribuyen a un desarrollo **neurológico saludable**, mejorando la **neuroplasticidad** y favoreciendo un **equilibrio emocional** en los perros a lo largo de su vida. La ciencia psicológica y la neurociencia canina subrayan la importancia de estos aspectos para garantizar que los perros puedan vivir vidas plenas, adaptativas y emocionalmente equilibradas.

Contenido principal:

- **Socialización temprana:**
  - **Período crítico de socialización (3-12 semanas):** La exposición a diversos estímulos y experiencias es crucial para un desarrollo saludable.
  - **Interacciones positivas:** Fomentan confianza y reducen miedos futuros.
- **Entrenamiento y aprendizaje:**
  - **Métodos de entrenamiento:** El uso de refuerzo positivo versus castigos afecta el desarrollo cerebral y emocional.
  - **Estimulación mental:** Juegos y actividades que promueven el pensamiento y la resolución de problemas.
- **Ambiente y bienestar:**
  - **Entornos enriquecidos:** Favorecen la neuroplasticidad y el desarrollo cognitivo.
  - **Estrés y ansiedad:** Ambientes negativos pueden causar cambios en la estructura y función cerebral.

Estudio destacado:

- **Efectos del estrés en cachorros (Battaglia, 2009):** La exposición a estrés moderado en etapas tempranas puede fortalecer la resistencia, pero el estrés excesivo tiene efectos negativos duraderos.

Cita destacada:
"El vínculo con un verdadero perro es tan duradero como los vínculos entre hombres. Solo aquellos que han vivido con un perro pueden

comprender completamente lo que significa que un animal forme parte de su vida".
Konrad Lorenz

Ejercicio práctico:

- **Actividad:** Evalúa el entorno en el que vive tu perro. ¿Tiene suficientes estímulos? Incorpora nuevos juguetes, juegos o experiencias que puedan enriquecer su ambiente.

Pregunta reflexiva:

- ¿Cómo puedes mejorar el entorno y las experiencias de tu perro para apoyar su desarrollo neurológico y bienestar emocional?

8.4. Impacto del Entorno Moderno en el Sistema Nervioso Canino

El **entorno moderno** en el que viven muchos perros hoy en día tiene un impacto profundo en su **sistema nervioso** y por ende, en su comportamiento y bienestar psicológico. Las ciudades, los apartamentos pequeños y la falta de estimulación adecuada pueden afectar negativamente el **sistema nervioso canino**, especialmente cuando se compara con los entornos más naturales para los que fueron diseñados evolutivamente.

1. El estrés crónico y su impacto en el sistema nervioso

Los entornos urbanos y modernos están llenos de **estímulos** como el ruido constante, la falta de espacios para correr y el confinamiento en espacios pequeños, lo que puede generar altos niveles de **estrés crónico** en los perros. Este estrés puede activar el **hipotálamo-pituitaria-adrenal (HPA)**, el sistema biológico que regula la respuesta al estrés. Cuando los perros experimentan estrés de manera constante, sus cuerpos liberan altos niveles de **cortisol**, la hormona del estrés, lo que afecta negativamente su **sistema nervioso**.

Estudios han demostrado que los perros que viven en entornos urbanos sin suficientes oportunidades para realizar ejercicio o interactuar socialmente tienen un mayor riesgo de desarrollar **trastornos de comportamiento** como ansiedad, miedo o incluso agresión. Según un estudio de "**Gácsi**" **(2009)**, los perros que no reciben una **estimulación ambiental adecuada** muestran **hiperactividad** y otros problemas de comportamiento asociados con el **estrés acumulado**.

2. Déficit de estimulación mental y la neuroplasticidad

La **neuroplasticidad** se refiere a la capacidad del cerebro para reorganizarse formando nuevas conexiones neuronales, lo que es esencial para el aprendizaje y el bienestar. En los perros, la **falta de estimulación mental** en ambientes modernos puede afectar esta plasticidad. Los perros que no reciben estímulos mentales suficientes (juegos, desafíos, interacción social) muestran una menor capacidad de **aprendizaje** y resolución de problemas.

Un estudio de "**McMillan**" **(2002)**, mostró que los perros criados en entornos pobres o en refugios desarrollan **niveles más bajos de neuroplasticidad**, lo que se traduce en una menor capacidad para adaptarse a nuevos entornos y estímulos. Esto implica que los entornos urbanos y modernos, que a menudo carecen de la **estimulación natural** que los perros necesitan, pueden limitar la **capacidad cognitiva** del animal, generando problemas de comportamiento a largo plazo.

3. Impacto del confinamiento en la salud emocional

El confinamiento, común en perros que viven en apartamentos pequeños o que pasan muchas horas solos, puede llevar a problemas emocionales como la **ansiedad por separación** y la **depresión canina**. Estas afecciones están vinculadas a la **alteración de los circuitos de recompensa** en el cerebro, lo que afecta el estado emocional y la capacidad del perro para **manejar el estrés**.

Un estudio realizado por "**Tiira y Lohi**" **(2015)**, encontró que los perros que no recibían suficiente ejercicio o que pasaban largas horas solos tenían niveles más altos de **ansiedad** y **comportamientos destructivos**. Este tipo de ambientes puede alterar la **liberación de neurotransmisores** como la **serotonina**, que juega un papel clave en la regulación del estado de ánimo. La **falta de actividad física** y el aislamiento contribuyen a la disminución de la liberación de serotonina, lo que resulta en perros más ansiosos y deprimidos.

4. Adaptación al ruido y sobrecarga sensorial

El **ruido constante** en las ciudades, como el tráfico, las sirenas o la actividad humana, afecta el **sistema auditivo** de los perros, lo que puede resultar en una **sobrecarga sensorial**. A diferencia de los humanos, los perros tienen una capacidad auditiva mucho más aguda, lo que significa que pueden percibir sonidos que para nosotros pasan desapercibidos pero que para ellos son **estresantes**.
Según un estudio de "**Levine**" **(2007)**, los perros expuestos de manera continua a ruidos fuertes presentan signos de **hiperactividad** y **ansiedad generalizada**. Estos cambios en el comportamiento están directamente relacionados con alteraciones en los **niveles de cortisol** y el impacto en la **amígdala**, que es la región del cerebro que procesa el miedo.

5. Falta de socialización y su impacto en el cerebro

En muchos entornos modernos, los perros no tienen tantas oportunidades de **socializar** con otros perros o personas como lo harían en un ambiente natural o rural. Esta falta de socialización afecta la **cognición social** y puede generar problemas de comportamiento, como **miedo hacia extraños** o **agresividad**. El aislamiento social puede alterar las áreas del cerebro relacionadas con la **empatía** y la **interacción social**, como la **corteza prefrontal** y el **sistema límbico**.
Un estudio de "**Hare**" **(2002)**, mostró que los perros que socializan de manera regular con otros animales y humanos desarrollan una mayor capacidad para resolver problemas sociales y adaptarse a situaciones nuevas. La falta de socialización durante el desarrollo crítico de un perro puede alterar la **estructura cerebral**, afectando la forma en que procesan las señales sociales y su comportamiento en general.

Conclusión:

El entorno moderno en el que viven muchos perros hoy en día tiene un impacto significativo en su sistema nervioso, afectando tanto su bienestar emocional como su desarrollo cognitivo. Factores como el estrés crónico, la falta de estimulación mental, el confinamiento, el ruido constante y la falta de socialización afectan profundamente su sistema nervioso, generando alteraciones en la neuroplasticidad, la regulación del estrés y la capacidad de adaptación. Estudios científicos destacan la necesidad de proporcionar a los perros entornos más ricos y estimulantes para asegurar su salud mental y neurológica.

Contenido principal:

- **Estímulos urbanos:**
  - **Ruido excesivo:** Tráfico, construcciones, sirenas que pueden causar estrés y ansiedad.
  - **Contaminación ambiental:** Aire y suelo contaminados pueden afectar la salud física y neurológica.
- **Sedentarismo y falta de ejercicio:**
  - **Obesidad y problemas de salud:** Menos actividad física conduce a enfermedades crónicas.
  - **Aburrimiento y comportamientos destructivos:** Falta de estimulación mental y física.
- **Aislamiento social:**
  - **Falta de interacción con otros perros:** Puede afectar habilidades sociales y causar ansiedad.
  - **Tiempo limitado con los dueños:** Horarios de trabajo largos pueden llevar a soledad y estrés.
- **Sobreexposición a estímulos artificiales:**
  - **Luces brillantes y pantallas:** Pueden interferir con los ritmos circadianos.
  - **Olores artificiales:** Productos químicos que afectan su agudo sentido del olfato.

Estudio destacado:

- **Efectos del entorno urbano en perros (McMillan, 2017):** Mayor incidencia de problemas de comportamiento y estrés en perros que viven en ciudades comparado con entornos rurales.

Ejercicio práctico:

- **Actividad:** Identifica posibles fuentes de estrés en el entorno de tu perro. Implementa cambios para reducir su exposición a estímulos negativos, como crear un espacio tranquilo y seguro en casa.

Pregunta reflexiva:

- ¿Qué ajustes puedes hacer en tu estilo de vida y entorno para minimizar el impacto negativo en la salud y bienestar de tu perro?

8.5. Beneficios de la Reconexión con la Naturaleza para los Perros

La **actividad física**, la **estimulación mental**, la **interacción social** y la **reducción del estrés** son componentes esenciales para el **bienestar integral de los perros**. Cada uno de estos factores afecta no solo su salud física, sino también su desarrollo neurológico y emocional, especialmente cuando se les permite actuar de acuerdo a sus funciones innatas y capacidades genéticas. A continuación, se desarrolla cada uno de estos elementos, subrayando la importancia de que los perros puedan enfocarse en sus **capacidades funcionales**, tal como fueron criados para desempeñarse.

1. Ejercicio y actividad física

a. Espacios abiertos

Los perros, especialmente aquellos criados para trabajos específicos como el pastoreo o la caza, tienen necesidades físicas que no se pueden satisfacer completamente en ambientes cerrados o urbanos. Los espacios abiertos permiten a los perros correr libremente, explorar, y jugar, lo que es esencial para su desarrollo físico y salud mental. Los perros que tienen acceso a entornos naturales con espacio para moverse muestran una mayor capacidad para liberar energía y menos tendencias a desarrollar **comportamientos destructivos** asociados con el estrés y la falta de ejercicio.

b. Variedad de terrenos y estímulos

Diferentes razas de perros están adaptadas a terrenos específicos. Los **pastores**, como el **Border Collie**, necesitan amplios terrenos irregulares para pastorear, mientras que los **Sabuesos** se benefician de los terrenos boscosos para seguir rastros. La variedad de terrenos no solo satisface sus necesidades físicas, sino que también ofrece **estimulación sensorial** constante, lo que es fundamental para mantener el cerebro activo y prevenir el aburrimiento. Además, caminar por terrenos variados mejora la **coordinación** y **resistencia muscular**, algo crucial en razas de trabajo.

2. Estimulación mental

a. Nuevos olores y sonidos

Los perros dependen mucho de sus sentidos, especialmente del **olfato**. Los **nuevos olores** y sonidos en entornos naturales proporcionan una **riqueza sensorial** que no se puede replicar en entornos urbanos. Exponer a los perros a estos estímulos enriquece su experiencia de vida y mantiene su cerebro activo. Esto es particularmente importante para razas como los **Beagles** o los **Bloodhounds**, que están genéticamente diseñadas para usar su olfato en tareas de rastreo y caza.

b. Oportunidades de aprendizaje

Entornos naturales y dinámicos brindan **oportunidades de aprendizaje** constantes, permitiendo que los perros resuelvan **desafíos** y se adapten a circunstancias cambiantes. Los perros que enfrentan estos retos desarrollan una mayor **capacidad cognitiva** y habilidades de **resolución de problemas**. Por ejemplo, un **Pastor Alemán** en un entorno que simula situaciones de protección o búsqueda se beneficia enormemente al ejercer sus capacidades innatas de vigilancia y trabajo de defensa.

3. Interacción social

a. Contacto con otros perros

El **contacto social** es fundamental para los perros, quienes son animales muy sociables por naturaleza. Interactuar con otros perros en un entorno controlado y abierto no solo mejora sus habilidades sociales, sino que también reduce el riesgo de agresividad o miedos. La falta de socialización puede generar problemas de comportamiento, mientras que las interacciones regulares con otros perros les permiten aprender comportamientos adecuados, ayudándoles a mantener el equilibrio emocional.

b. Vínculo con el dueño

El **vínculo entre el perro y su dueño** se fortalece cuando ambos comparten actividades que explotan las capacidades funcionales del perro. Las actividades conjuntas, como el **agility**, el **obedience** o los paseos por terrenos naturales, no solo mejoran la relación, sino que permiten al perro sentirse útil y cumplir una función, lo que es clave para su bienestar psicológico. Un **Border Collie**, por ejemplo, se siente realizado cuando trabaja en actividades de pastoreo o control de ganado junto a su pastor.

4. Reducción del estrés

a. Entornos naturales

Los **entornos naturales** ayudan a reducir los niveles de **cortisol** en los perros, la hormona del estrés. Esto ha sido comprobado en el estudio de **"Hiby" (2006)**, que demostró que los perros que pasean regularmente en entornos naturales muestran menos signos de **estrés** y **problemas de comportamiento**. El contacto con la naturaleza, con sus estímulos ricos y dinámicos, ofrece una válvula de escape emocional para los perros, permitiéndoles relajarse y recuperarse del estrés acumulado en ambientes urbanos.

Estudio destacado: Paseos en la naturaleza y bienestar

En el estudio realizado por **"Hiby" (2006)**, se evidenció que los perros que pasean regularmente en **entornos naturales** muestran niveles significativamente más bajos de **estrés** en comparación con aquellos que solo tienen acceso a paseos en áreas urbanas. Estos perros también exhiben menos **problemas de comportamiento** como la hiperactividad o la ansiedad por separación. El estudio subraya la importancia de permitir a los perros conectarse con entornos que les ofrezcan no solo espacio físico para moverse, sino también **oportunidades sensoriales** que nutren su bienestar mental.

Importancia de la funcionalidad genética

Cada raza fue creada con un **propósito específico** y para que un perro alcance su máximo bienestar, debe tener la oportunidad de **ejercer esa función** para la que fue criado. Un **Border Collie** criado para pastorear no estará satisfecho en un entorno urbano sin oportunidades para moverse y controlar rebaños, así como un **Sabueso** se frustra si no puede seguir rastros. La clave para mantener el bienestar físico y mental de los perros radica en permitirles expresar sus instintos y habilidades innatas, ya sea a través de deportes caninos, trabajos funcionales o simplemente recreando el tipo de actividades para las que fueron diseñados.

Conclusión:

El bienestar integral de un perro depende de la combinación de ejercicio físico, estimulación mental, interacción social y la reducción del estrés, todo ello proporcionado en entornos naturales. Es fundamental que los perros tengan la oportunidad de cumplir con las funciones para las que fueron criados, ya que esto no solo mejora su salud física, sino que también les permite alcanzar un equilibrio emocional y cognitivo.

Contenido principal:

- **Ejercicio y actividad física:Espacios abiertos:** Permiten correr, jugar y explorar, satisfaciendo sus necesidades físicas.

- o **Variedad de terrenos y estímulos:** Estimula sus sentidos y promueve el bienestar.
- **Estimulación mental:**
  - o **Nuevos olores y sonidos:** Enriquecen su experiencia sensorial.
  - o **Oportunidades de aprendizaje:** Resolver desafíos y adaptarse a entornos cambiantes.
- Interacción social:
  - o **Contacto con otros perros:** Mejora habilidades sociales y reduce comportamientos agresivos o temerosos.
  - o **Vínculo con el dueño:** Actividades compartidas fortalecen la relación.
- **Reducción del estrés:**
  - o **Entornos naturales:** Ayudan a disminuir niveles de cortisol y promueven la relajación.

Estudio destacado:

- **Efectos positivos de paseos en la naturaleza (Hiby et al., 2006):** Los perros que pasean regularmente en entornos naturales muestran menos signos de estrés y problemas de comportamiento.

Ejercicio práctico:

- **Actividad:** Planifica una tarea de desempeño parecida a la funcionalidad de tu perro, a ser posible en áreas naturales. Observa cambios en el comportamiento y ánimo de tu perro después de estas actividades.

Pregunta reflexiva:

- ¿Cómo afecta el trabajo específico y el contacto con la naturaleza al bienestar de tu perro y a vuestra relación, y cómo puedes integrar más de estas experiencias en su rutina?

Capítulo 9: Comportamiento y Psicología Canina en el Entorno Moderno

9.1. Adaptación a la Vida Urbana

La urbanización y el estilo de vida moderno han impuesto desafíos significativos para los perros, quienes deben adaptarse a entornos muy diferentes a sus condiciones naturales. Los perros, al igual que cualquier otra especie, están diseñados para desenvolverse en un entorno que satisfaga sus necesidades instintivas y comportamentales. Cuando se les aparta de ese entorno natural y funcional, pueden experimentar una serie de efectos negativos tanto a nivel físico como psicológico. A continuación, se explica cómo la falta de un entorno adecuado y la imposibilidad de cumplir con su propósito funcional pueden impactar negativamente en su bienestar.

Contenido principal:
- **Limitaciones de espacio:**
    - **Viviendas pequeñas:** Apartamentos y casas sin patios limitan el movimiento.
    - **Falta de áreas verdes:** Escasez de parques y espacios donde los perros puedan correr libremente.
- **Regulaciones y restricciones:**
    - **Normativas municipales:** Uso de correa obligatoria, restricciones en áreas públicas.
    - **Prohibición en ciertos lugares:** Acceso limitado a tiendas, restaurantes y transporte público.
- **Estimulación sensorial excesiva:**
    - **Ruido constante:** Tráfico, construcciones, sirenas.
    - **Multitudes y tráfico peatonal:** Puede ser abrumador para algunos perros.
    - **Horario del dueño:Ausencia prolongada:** Dueños que trabajan largas horas dejan al perro solo.

- o **Rutinas irregulares:** Dificultad para mantener horarios consistentes de alimentación y paseos.

Impacto en el comportamiento:

- **Ansiedad por separación:** Estrés al estar solos durante períodos prolongados.
- **Conductas destructivas:** Masticar muebles, objetos, como forma de liberar estrés o aburrimiento.
- **Problemas de socialización:** Miedo o agresión hacia otros perros y personas.

Ejercicio práctico:

- **Actividad:** Crea un horario estructurado para tu perro que incluya tiempos específicos para paseos, juego y entrenamiento. Intenta mantener la consistencia durante al menos dos semanas y observa cualquier cambio en su comportamiento.

Pregunta reflexiva:

- ¿Cómo afecta tu estilo de vida urbano a las necesidades físicas y emocionales de tu perro, y qué ajustes puedes hacer para mejorar su calidad de vida?

9.2. Problemas de Conducta Derivados de la Desnaturalización

Los **problemas de conducta derivados de la desnaturalización** en los perros son el resultado de una desconexión entre su genética, sus instintos innatos y el ambiente moderno en el que viven. Estos comportamientos anómalos se manifiestan debido a la **falta de oportunidades** para que los perros puedan expresar sus **instintos naturales** y satisfacer sus **necesidades físicas y mentales**. La desnaturalización implica que muchos perros viven en condiciones que no les permiten actuar de acuerdo con las funciones para las que fueron criados, lo que puede llevar a una variedad de **trastornos de conducta**.

1. Ansiedad por separación

Uno de los problemas más comunes asociados con la desnaturalización es la **ansiedad por separación**. Los perros, como animales sociales, han sido criados para trabajar en estrecha colaboración con los humanos, pero muchas veces se les deja solos durante largos períodos en hogares modernos, lo que puede provocar **estrés** y comportamientos destructivos.

Un estudio realizado por "**Overall**" **(1997)**, identificó que la ansiedad por separación afecta hasta al **20% de los perros domésticos**. Estos perros pueden experimentar síntomas de **estrés extremo**, como ladridos excesivos, destrucción de muebles o intentos de escapar. La causa principal de este problema radica en la desconexión entre la necesidad innata de compañía constante y el estilo de vida moderno, donde los perros pasan gran parte del tiempo sin interacción humana o canina.

2. Comportamientos destructivos

El **comportamiento destructivo** es otro trastorno común que surge cuando los perros no pueden satisfacer sus necesidades físicas y mentales. Los perros que no reciben suficiente **ejercicio físico** o estimulación mental pueden desarrollar comportamientos como masticar objetos, cavar en el suelo o dañar puertas y ventanas.
Un estudio de "**Bradshaw**" **(2002)**, destacó que los perros que no son estimulados de manera adecuada tienden a buscar maneras de liberar energía de manera inadecuada. Este comportamiento es especialmente prevalente en razas que han sido criadas para actividades laborales específicas, como los **Border Collies** o los **Labradores**, que necesitan grandes cantidades de ejercicio y estimulación.

3. Agresión relacionada con el miedo

La **agresión relacionada con el miedo** es otra consecuencia de la desnaturalización. En perros que no han sido adecuadamente socializados o que viven en ambientes urbanos ruidosos y estresantes, el miedo puede convertirse en un desencadenante de comportamientos agresivos.

Investigaciones de "**Hiby**" **(2004)**, encontraron que los perros que no fueron expuestos a una variedad de estímulos durante su período crítico de socialización (3-12 semanas de edad) son más propensos a desarrollar **fobia social**, en situaciones de estrés, pueden responder con comportamientos agresivos como gruñidos o mordiscos. El aislamiento temprano en la vida del perro puede dificultar su capacidad para interactuar con otros perros y humanos de manera segura, lo que exacerba estos problemas.

4. Comportamientos repetitivos y estereotipados

Los perros que viven en condiciones restrictivas, como confinamiento en espacios pequeños o falta de acceso a actividades que los desafíen mentalmente, pueden desarrollar **comportamientos repetitivos y estereotipados**, también conocidos como **estereotipias**. Estos comportamientos incluyen perseguirse la cola, lamerse obsesivamente, o caminar en círculos.

Un estudio realizado por "**Mills**" **(2003)**, mostró que los perros que no tienen suficiente libertad para moverse o explorar su entorno son más propensos a desarrollar estos comportamientos repetitivos, que a menudo son una señal de **estrés** y **aburrimiento crónico**. La falta de estímulos sensoriales y físicos puede generar un entorno de privación que afecta el bienestar emocional del perro.

5. Hiperactividad y falta de atención

La **hiperactividad** y la **falta de atención** son problemas comunes, especialmente en perros que han sido criados para trabajar en entornos rurales o laborales, como los perros de pastoreo o los perros de caza, que ahora se encuentran en hogares urbanos. Estos perros tienen un alto nivel de **energía** y necesitan mucha **estimulación mental y física** para mantenerse equilibrados. Sin un canal adecuado para esa energía, pueden volverse hiperactivos, exhibiendo comportamientos erráticos, saltos excesivos o falta de capacidad para concentrarse.

Un estudio de "**Casey**" **(2014)**, demostró que los perros criados para tareas específicas, como el **Border Collie** para el pastoreo o los

Terriers para la caza, son más propensos a desarrollar **hiperactividad** cuando no se les proporciona una salida para sus comportamientos instintivos. Este tipo de comportamiento, aunque a menudo se confunde con mal comportamiento o desobediencia, está más relacionado con la **frustración** de no poder realizar las tareas para las que han sido genéticamente predispuestos.

6. Miedos y fobias

Los **miedos y fobias** son comunes en perros que han sido expuestos a estímulos estresantes en el entorno urbano, como el tráfico, los ruidos fuertes, o la multitud de personas. Los perros que no han sido socializados adecuadamente o que no tienen oportunidades para experimentar diferentes ambientes de manera segura pueden desarrollar fobias que afectan su calidad de vida.

El **Dr. "Nicholas Dodman"**, experto en comportamiento animal, ha señalado que los perros urbanos muestran un mayor riesgo de desarrollar **fobias al ruido**, como a los fuegos artificiales o tormentas, debido a la constante exposición a estímulos sensoriales intensos y no naturales. Los perros que viven en ambientes donde no pueden adaptarse a estos sonidos pueden desarrollar problemas crónicos de **estrés** y **ansiedad**, que a menudo se manifiestan en comportamientos indeseados.

Conclusión:

La **desnaturalización** de los perros, es decir, el alejamiento de los roles funcionales para los que fueron creados y la vida en entornos que no les permiten expresar sus instintos, puede dar lugar a una serie de **problemas de conducta** que tienen profundas raíces psicológicas. La ansiedad por separación, los comportamientos destructivos, la agresión por miedo, las estereotipias, la hiperactividad, y las fobias son solo algunos de los resultados de esta desconexión entre la genética y el entorno. Para mejorar el bienestar de los perros, es fundamental proporcionarles entornos que les permitan **ejercer sus instintos naturales** y que les proporcionen la estimulación mental y física adecuada para prevenir estos problemas de conducta.

Contenido principal:

- **Falta de ejercicio y estimulación mental:**
  - **Comportamientos hiperactivos:** Energía acumulada que se traduce en inquietud.
  - **Aburrimiento:** Puede llevar a comportamientos destructivos o compulsivos.
- **Socialización insuficiente:**
  - **Miedos y fobias:** A personas, otros perros, ruidos o situaciones nuevas.
  - **Agresión reactiva:** Como respuesta al miedo o inseguridad.
- **Sobreprotección y dependencia:**
  - **Perros mimados en exceso:** Pueden desarrollar comportamientos demandantes.
  - **Ansiedad por separación:** Dependencia excesiva del dueño.
- **Reforzamiento inadvertido de conductas negativas:**
  - **Atención a comportamientos no deseados:** Premiar sin querer conductas problemáticas.
  - **Falta de límites claros:** Confusión sobre lo que se espera del perro.
  -

Estudio destacado:

- **Efectos de la desnaturalización en el comportamiento (Overall, 2013):** Analiza cómo la falta de cumplimiento de las necesidades naturales de los perros afecta su salud mental y comportamental.

Ejercicio práctico:

- **Actividad:** Identifica cualquier problema de conducta en tu perro y analiza posibles causas relacionadas con su estilo de vida. Consulta con un profesional si es necesario para abordar estos problemas.

Pregunta reflexiva:

- ¿Estás satisfaciendo las necesidades físicas, mentales y sociales de tu perro, y cómo puedes mejorar en este aspecto?

9.3. Necesidades Instintivas vs. Vida Doméstica

1. Instinto de exploración

a. Necesidad de olfatear y descubrir
Los perros exploran el mundo principalmente a través de su sentido del **olfato**, que es entre 10,000 y 100,000 veces más agudo que el de los humanos (Horowitz, 2010). Esto les permite percibir detalles de su entorno de manera mucho más rica y compleja. El acto de olfatear y descubrir nuevos olores es una parte esencial de su **bienestar mental**, ya que les permite entender su entorno y satisfacer una necesidad biológica fundamental. En ambientes abiertos, esta capacidad se ve potenciada, permitiendo a los perros explorar nuevas áreas y olores.

b. Restricción en ambientes cerrados

En ambientes cerrados, como apartamentos o casas, la capacidad de un perro para explorar olfativamente se ve gravemente limitada. Esta restricción puede llevar a **frustración** y **comportamientos indeseados** debido a la falta de estímulos sensoriales. Investigaciones en **psicología animal** han demostrado que la privación sensorial puede generar ansiedad y aburrimiento, lo que incrementa el riesgo de desarrollar problemas de conducta *(Coppinger & Coppinger, 2001)*.

2. Comportamiento de caza y pastoreo

a. Perros de razas específicas

Perros como los **Border Collie** y los **Terrier** fueron criados para realizar tareas específicas, como el **pastoreo** y la **caza de pequeños animales**. Estos perros tienen un fuerte impulso de **persecución**, lo que los lleva a perseguir cualquier objeto en movimiento. Este comportamiento es un remanente de su pasado como cazadores y pastores y sigue presente en sus instintos.

b. Comportamientos inapropiados

En ambientes urbanos, estos instintos pueden llevar a comportamientos problemáticos, como perseguir bicicletas, automóviles o incluso a otros animales pequeños. Un estudio de

"**Bradshaw**" **(2002)**, destacó que muchos comportamientos "inapropiados" son simplemente manifestaciones del instinto natural de un perro para seguir, cazar o controlar y que estos comportamientos son más comunes en perros de trabajo que no tienen una salida adecuada para sus instintos. Sin una forma de canalizar estas tendencias, los perros pueden volverse difíciles de manejar, lo que afecta su relación con los humanos.

3. Estructura social y liderazgo

a. Necesidad de guía clara

Los perros son animales **sociales** y jerárquicos por naturaleza, lo que significa que buscan una estructura social estable y un **líder claro** para seguir. Esta necesidad de liderazgo se origina en su historia como animales de manada, donde la consistencia y la claridad en las reglas eran esenciales para la supervivencia y la cooperación. Un hogar sin reglas claras o liderazgo puede crear **confusión y estrés**, lo que puede resultar en comportamientos indeseados, como agresión o desobediencia.

b. Confusión en el hogar

La **falta de reglas** claras en el hogar puede generar comportamientos erráticos o inseguros en los perros. Un estudio de "**Lindsay**" **(2000)**, señaló que los perros que carecen de un liderazgo claro o coherente son más propensos a mostrar signos de **ansiedad** y **estrés**. La confusión acerca de los límites o las expectativas en el hogar puede hacer que los perros sientan inseguridad, lo que agrava los problemas de conducta y afecta su bienestar emocional.

4. Necesidad de mordisquear y masticar

a. Comportamiento natural

El acto de **masticar** es una necesidad natural en los perros que cumple múltiples funciones: ayuda a mantener la higiene dental, aliviar el estrés y satisfacer la necesidad de manipular objetos. Los perros tienen una tendencia innata a masticar, especialmente durante la fase de

dentición en los cachorros. Este comportamiento les proporciona una forma de liberar energía y mantenerse ocupados, además de promover una mejor salud dental.

b. Destrucción de objetos

Cuando los perros no tienen acceso a objetos apropiados para masticar, pueden recurrir a **muebles** u otros elementos del hogar. La falta de juguetes adecuados o de materiales para masticar puede llevar a la **destrucción** de pertenencias y al desarrollo de comportamientos destructivos. Un estudio de "**Horowitz**" **(2009)** destacó que proporcionar a los perros una salida adecuada para masticar no solo reduce este tipo de comportamientos, sino que también mejora su **bienestar emocional** al ofrecer una forma natural de liberar el estrés.

Estrategias para equilibrar necesidades

a. Enriquecimiento ambiental

El **enriquecimiento ambiental** es clave para satisfacer las necesidades físicas y mentales de los perros, especialmente aquellos que viven en ambientes urbanos o ambientes confinados. Proporcionarles **juguetes interactivos** como rompecabezas y objetos para masticar les permite ejercer su **instinto de exploración** y mantener su mente ocupada. Según estudios de "**Clark y King**" **(2013)**, los perros que participan en actividades de enriquecimiento ambiental tienen menores niveles de estrés y muestran una mayor **flexibilidad cognitiva**.

- **Juguetes interactivos**: Los juguetes que estimulan el cerebro, como aquellos que requieren que el perro resuelva un problema para obtener una recompensa, son eficaces para mantener su mente activa y reducir el aburrimiento.
- **Espacios seguros al aire libre**: Proporcionar espacios donde los perros puedan explorar con seguridad, correr y olfatear libremente, como parques para perros o patios, satisface su necesidad de movimiento y exploración.

b. Entrenamiento y actividades

Las **actividades físicas** y los deportes caninos no solo son esenciales para mantener la salud física de los perros, sino también para proporcionarles una salida a sus instintos naturales. El **agility**, el **flyball**, y los **juegos de obediencia** son formas de canalizar su energía en un entorno controlado.

- **Deportes caninos**: Actividades como el **agility** permiten que los perros usen sus habilidades naturales de velocidad y agilidad mientras reciben refuerzos positivos y estimulación mental. Un estudio de **"Pullen" (2010)**, encontró que los perros que participan regularmente en deportes caninos tienen mejores niveles de comportamiento y bienestar psicológico.
- **Juegos de olfato**: Actividades como esconder golosinas u objetos para que el perro los encuentre activan su olfato y proporcionan una forma natural de resolver problemas. Estos juegos promueven la **estimulación mental** y pueden ser realizados tanto en interiores como en exteriores, ayudando a equilibrar las necesidades cognitivas del perro (Horowitz, 2010).

Conclusión:

El equilibrio entre las necesidades físicas y mentales de los perros requiere un enfoque holístico que tenga en cuenta su naturaleza instintiva. Las estrategias de **enriquecimiento ambiental** y el entrenamiento basado en deportes caninos no solo ayudan a satisfacer estas necesidades, sino que también promueven un mejor comportamiento y bienestar emocional. Los estudios científicos demuestran que al proporcionar a los perros un entorno adecuado y actividades que satisfacen sus instintos, se mejora significativamente su calidad de vida y se previenen problemas de conducta.

Contenido principal:

- **Instinto de exploración:**
    - **Necesidad de olfatear y descubrir:** Los perros exploran el mundo principalmente a través del olfato.
    - **Restricción en ambientes cerrados:** Limitaciones para satisfacer esta necesidad en interiores.

- **Comportamiento de caza y pastoreo:**
  - **Perros de razas específicas:** Pastores, terriers y otros tienen fuertes instintos de persecución.
  - **Comportamientos inapropiados:** Perseguir bicicletas, automóviles o animales pequeños.
- **Estructura social y liderazgo:**
  - **Necesidad de guía clara:** Los perros buscan líderes consistentes.
  - **Confusión en el hogar:** Falta de reglas claras puede generar estrés y comportamientos indeseados.
- **Necesidad de mordisquear y masticar:**
  - **Comportamiento natural:** Masticar ayuda en la higiene dental y reducción de estrés.
  - **Destrucción de objetos:** Sin opciones apropiadas, pueden dañar muebles y pertenencias.

Estrategias para equilibrar necesidades:

- **Enriquecimiento ambiental:**
  - **Juguetes interactivos:** Proporcionan estimulación mental y física.
  - **Espacios seguros al aire libre:** Permiten exploración y ejercicio.
- **Entrenamiento y actividades:**
  - **Deportes caninos:** Agilidad, obediencia, flyball, entre otros.
  - **Juegos de olfato:** Búsqueda de objetos o golosinas escondidas.

Ejercicio práctico:

- **Actividad:** Implementa una nueva actividad que satisfaga un instinto natural de tu perro, como juegos de rastreo o masticación apropiada. Observa cómo impacta en su comportamiento general.

Pregunta reflexiva:

- ¿Cómo puedes adaptar tu entorno y rutinas para permitir que tu perro exprese sus comportamientos naturales de manera adecuada?

9.4. Herramientas y Técnicas para Mejorar el Bienestar Canino en

La Vida Moderna

1. Entrenamiento positivo y refuerzo

a. Métodos basados en recompensas

El **entrenamiento positivo** se basa en la premisa de que los comportamientos deseables pueden ser reforzados mediante recompensas, como golosinas, elogios o juegos. Estudios de "**Schoenfeld y Mott**" **(2015)**, han demostrado que este enfoque no solo aumenta la tasa de aprendizaje en perros, sino que también fortalece el vínculo emocional entre el perro y su dueño. Al asociar comportamientos con recompensas positivas, los perros desarrollan una mayor disposición a seguir instrucciones, lo que facilita la enseñanza de nuevas habilidades y mejora la relación humano-animal.

b. Comunicación clara
Una comunicación efectiva es fundamental para el éxito del entrenamiento. Utilizar señales consistentes tanto verbales como no verbales facilita la comprensión de los comandos por parte del perro. Según un estudio de" **Miller y Warden**" **(2015)**, los perros son capaces de interpretar el **lenguaje corporal** humano, lo que significa que la claridad en la comunicación puede reducir la confusión y mejorar la efectividad del entrenamiento. Utilizar un sistema coherente de señales ayuda a los perros a entender lo que se espera de ellos y fomenta la confianza en el dueño.

2. Rutinas estructuradas

a. Horarios consistentes

Establecer **rutinas estructuradas** en la vida diaria del perro es esencial para su bienestar emocional. Los horarios consistentes para alimentación, paseos y descanso proporcionan una sensación de estabilidad. La investigación de "**Mason**" **(2008)**, ha indicado que los perros que viven en entornos con rutinas predecibles experimentan menos **estrés** y **ansiedad**, lo que se traduce en un comportamiento más calmado y equilibrado. La predictibilidad en las actividades diarias contribuye a la confianza del perro en su entorno.

b. Estabilidad y predictibilidad

La estabilidad en la vida del perro no solo reduce la ansiedad, sino que también mejora su capacidad para adaptarse a situaciones nuevas. Un estudio de "**Hiby**" **(2006)**, encontró que los perros que experimentan un ambiente predecible y estructurado son menos propensos a exhibir comportamientos problemáticos, como la agresión o el miedo. La previsibilidad en la rutina diaria también facilita el aprendizaje de nuevas habilidades y comportamientos.

3. Socialización continua

a. Interacción con otros perros y personas

La **socialización continua** es crucial para el desarrollo de habilidades sociales en los perros. La interacción regular con otros perros y personas ayuda a los perros a aprender a comunicarse adecuadamente, lo que puede reducir comportamientos temerosos o agresivos. Un estudio realizado por "**Serpell y Hsu**" **(2005)**, mostró que la socialización en la infancia y la adolescencia se correlacionan con una mejor adaptabilidad y comportamiento social en la edad adulta. Esta interacción fomenta una mayor confianza en situaciones nuevas y mejora la capacidad del perro para manejar el estrés social.

b. Exposición controlada a nuevos estímulos

La exposición controlada a diferentes estímulos, como sonidos, olores y entornos nuevos, ayuda a los perros a adaptarse y a desarrollar una mayor resiliencia. La investigación sugiere que permitir que los perros experimenten una variedad de situaciones les ayuda a procesar sus emociones y a reducir la ansiedad en situaciones desconocidas "**Bennett y Rohlf**" **(2007)**, Esta práctica fomenta una mayor apertura y adaptabilidad, lo que es esencial para su bienestar emocional.

4. Tecnología y gadgets

a. Dispositivos de monitoreo

Los **dispositivos de monitoreo** han revolucionado la forma en que los dueños pueden supervisar la actividad física y la salud de sus perros. Estos gadgets permiten rastrear la actividad diaria, el sueño y la ingesta de alimentos, proporcionando datos valiosos que pueden ayudar a identificar problemas de salud antes de que se conviertan en condiciones graves. Un estudio de "**Kirk**" **(2018)**, destacó que el uso de tecnología de monitoreo puede mejorar significativamente la calidad de vida de los perros al permitir intervenciones más rápidas y personalizadas.

b. Juguetes inteligentes

Los **juguetes inteligentes** son una excelente herramienta para proporcionar estimulación mental, especialmente cuando los perros están solos en casa. Estos juguetes pueden incluir funciones que requieren que el perro resuelva problemas o realice tareas para obtener recompensas. La investigación ha demostrado que la estimulación mental a través de juguetes interactivos puede reducir el aburrimiento y la ansiedad, lo que contribuye a un comportamiento más equilibrado y feliz "**Mason y Kershaw**" (2016). Estos juguetes no solo ayudan a mantener ocupados a los perros, sino que también promueven su capacidad de aprendizaje y resolución de problemas.

Conclusión:

Implementar estrategias basadas en entrenamiento positivo, rutinas estructuradas, socialización continua y el uso de tecnología puede mejorar significativamente el bienestar de los perros. Estas prácticas no solo ayudan a satisfacer sus necesidades físicas y emocionales, sino que también fomentan un vínculo más fuerte entre el perro y su dueño, lo que contribuye a una convivencia más armoniosa y feliz. La ciencia respalda la importancia de cada uno de estos aspectos, destacando que un enfoque integral en el cuidado y entrenamiento de los perros resulta en beneficios tangibles para su salud y comportamiento.

Contenido principal:
- **Entrenamiento positivo y refuerzo:**
  - **Métodos basados en recompensas:** Fomentan el aprendizaje y fortalecen el vínculo.
  - **Comunicación clara:** Uso de diferentes señales consistentes y comprensión del lenguaje corporal.
- **Rutinas estructuradas:**
  - **Horarios consistentes:** Alimentación, paseos y descanso a horas regulares.
  - **Estabilidad y predictibilidad:** Reducen la ansiedad y mejoran la confianza.
- **Socialización continua:**
  - **Interacción con otros perros y personas:** Mejora habilidades sociales y reduce comportamientos temerosos o agresivos.
  - **Exposición controlada a nuevos estímulos:** Ayuda a adaptarse a diferentes situaciones.
- **Tecnología y gadgets:**
  - **Dispositivos de monitoreo:** Seguimiento de actividades físicas y salud.
  - **Juguetes inteligentes:** Proporcionan estimulación mental cuando el perro está solo.

Ejercicio práctico:
- **Actividad:** Inscríbete con tu perro en una clase de entrenamiento o actividad grupal. Observa cómo mejora su comportamiento y vuestra relación a través de esta experiencia compartida.

Pregunta reflexiva:

- ¿Qué herramientas o prácticas puedes incorporar en tu rutina para mejorar el bienestar de tu perro y facilitar su adaptación al entorno moderno?

9.5. El Papel del Dueño en la Adaptación y Bienestar del Perro

1. Responsabilidad y compromiso

a. Conocimiento de necesidades. Un dueño responsable debe informarse sobre las características y requerimientos específicos de la raza o del individuo que elige. Cada raza tiene predisposiciones genéticas y necesidades particulares en términos de ejercicio, entrenamiento y salud. La falta de conocimiento puede llevar a malentendidos y frustraciones tanto para el perro como para el dueño. Por ejemplo, razas de alta energía, como los **Border Collies**, requieren una estimulación física y mental considerable para evitar problemas de comportamiento. La investigación indica que una adecuada comprensión de estas necesidades contribuye a una convivencia más armoniosa y a la prevención de problemas de conducta "Overall" (2014).

b. Tiempo y dedicación

Proporcionar el tiempo y la dedicación necesarios es fundamental para el bienestar de un perro. Esto incluye no solo el ejercicio físico regular, sino también la atención y la estimulación mental necesarias para mantenerlo feliz y saludable. Según un estudio de "**Bennett y Rohlf** "(2007), los perros que reciben suficiente ejercicio y atención son menos propensos a desarrollar ansiedad y comportamientos destructivos. La responsabilidad implica un compromiso a largo plazo para asegurar que el perro reciba la atención y el cuidado adecuados a lo largo de su vida.

2. Educación continua

a. Aprendizaje sobre comportamiento canino

La educación sobre el comportamiento canino es esencial para una comunicación efectiva entre el dueño y el perro. Comprender las señales que emite un perro—como el lenguaje corporal y vocalizaciones—ayuda a los dueños a responder adecuadamente a sus necesidades. La educación continua sobre comportamiento canino permite a los dueños interpretar correctamente las señales de estrés, miedo o felicidad, lo que mejora la calidad de vida del perro. La formación en este ámbito también facilita el desarrollo de una relación más fuerte y basada en la confianza "**McConnell**" (2002).

b. Actualización sobre prácticas de cuidado

Mantenerse actualizado sobre las mejores prácticas de cuidado, que incluyen nutrición, salud y bienestar, es vital. La ciencia avanza constantemente en el entendimiento de la salud canina y las necesidades nutricionales. Un estudio de **"Case" (2011)**, mostró que una nutrición adecuada puede influir significativamente en la longevidad y la calidad de vida de los perros. La educación continua permite a los dueños aplicar los últimos hallazgos científicos y prácticas recomendadas para el bienestar de sus mascotas.

3. Empatía y paciencia

a. Comprender perspectivas del perro

La empatía hacia el perro implica reconocer y entender sus limitaciones y desafíos. Cada perro es un individuo con su propia historia, temperamento y experiencias. Comprender que un perro puede tener miedo a ciertos estímulos o no ser naturalmente sociable ayuda a los dueños a adaptar su enfoque y proporcionar un ambiente seguro y de apoyo. La empatía fomenta una conexión más profunda y mejora la calidad de vida del perro "Fries" (2016).

b. Abordar problemas con calma

Abordar problemas de comportamiento con calma y paciencia es crucial. Evitar castigos severos y en su lugar buscar soluciones positivas es más efectivo a largo plazo. El uso de métodos de entrenamiento basados en el refuerzo positivo no solo mejora el comportamiento del perro, sino que también refuerza la confianza y el vínculo entre el perro y el dueño. La investigación sugiere que los perros que son entrenados con métodos positivos muestran menos signos de estrés y están más dispuestos a aprender **"Hiby"** (2004).

4. Promoción del bienestar animal

a. Fomentar prácticas éticas
Promover prácticas éticas en la tenencia de perros incluye apoyar la adopción de mascotas y oponerse a la cría irresponsable. La adopción

no solo da una segunda oportunidad a un perro en necesidad, sino que también ayuda a reducir la sobrepoblación animal en refugios. La cría irresponsable a menudo resulta en problemas de salud y comportamiento en los perros, lo que subraya la importancia de seleccionar criadores éticos y responsables que prioricen el bienestar de los animales *(American Kennel Club, 2017)*.

b. Participación comunitaria

Involucrarse en iniciativas comunitarias que beneficien a los perros y a la convivencia con humanos es una forma poderosa de promover el bienestar animal. Participar en campañas de concienciación, educación sobre tenencia responsable y eventos de adopción ayuda a crear un entorno más seguro y compasivo para los perros. La investigación ha demostrado que la participación comunitaria no solo beneficia a los animales, sino que también fortalece los lazos sociales entre los humanos y fomenta una cultura de cuidado y respeto hacia todos los seres vivos **"Bennett"** (2009).

Conclusión:

Asumir la responsabilidad y el compromiso en la tenencia de perros implica un profundo conocimiento de sus necesidades, dedicación en el cuidado diario y educación continua sobre su bienestar. La empatía y la paciencia son esenciales para abordar sus comportamientos de manera positiva, mientras que la promoción de prácticas éticas y la participación comunitaria son fundamentales para garantizar un entorno favorable para todos los perros. Adoptar un enfoque holístico y basado en la ciencia no solo mejora la calidad de vida del perro, sino que también fortalece la relación entre el animal y su dueño, creando una convivencia más armoniosa y enriquecedora.

Contenido principal:

- **Responsabilidad y compromiso:**
  - **Conocimiento de necesidades:** Informarse sobre las características y requerimientos de la raza o individuo.
  - **Tiempo y dedicación:** Proporcionar atención, ejercicio y estimulación adecuados.

- **Educación continua:**
  - **Aprendizaje sobre comportamiento canino:** Comprender señales y comunicarse efectivamente.
  - **Actualización sobre prácticas de cuidado:** Nutrición, salud y bienestar.
- **Empatía y paciencia:**
  - **Comprender perspectivas del perro:** Reconocer sus limitaciones y desafíos.
  - **Abordar problemas con calma:** Evitar castigos severos y buscar soluciones positivas.
- **Promoción del bienestar animal:**
  - **Fomentar prácticas éticas:** Apoyar la adopción y oponerse a la cría irresponsable.
  - **Participación comunitaria:** Involucrarse en iniciativas que beneficien a los perros y la convivencia con humanos.

Ejercicio práctico:

- **Actividad:** Dedica tiempo a aprender sobre un aspecto del cuidado canino que no conocías en profundidad (ej., nutrición, señales de estrés). Aplica este conocimiento para mejorar el cuidado de tu perro.

Pregunta reflexiva:

- ¿Cómo puedes crecer como dueño y qué pasos puedes tomar para asegurar que estás proporcionando el mejor entorno posible para tu perro?

Capítulo 10: Salud y Bienestar del Perro Desnaturalizado

10.1. Enfermedades Comunes por Estilos de Vida Inadecuados

Obesidad Canina
Causas:

1. **Dieta Inadecuada:**
   - La obesidad canina es un problema creciente en la sociedad actual. Según un estudio de "**Laflamme**" **(2005)**, hasta el 40% de los perros en los Estados Unidos son considerados obesos. Una dieta alta en calorías, incluyendo golosinas excesivas y restos de comida humana, contribuye significativamente a este problema. Muchos propietarios no son conscientes de que ciertos alimentos, como el chocolate, las uvas y las cebollas, son tóxicos para los perros, mientras que otros, como los productos lácteos y las grasas, pueden contribuir a la obesidad.
   - Además, el marketing de alimentos para mascotas puede llevar a una sobrealimentación, ya que muchas marcas promueven recetas que son ricas en calorías y no necesariamente adecuadas para todas las razas y tamaños. La falta de educación sobre las necesidades nutricionales específicas de cada perro es un factor que agrava la situación.
2. **Falta de Ejercicio:**
   - La vida sedentaria es otro factor crítico en el desarrollo de la obesidad. Según un estudio de "**Meyer**" **(2017)**, los perros que no realizan actividad física regular tienen un riesgo significativamente mayor de ser obesos. El sedentarismo se ha incrementado con la vida moderna, donde muchos perros pasan gran parte del día en casa sin estimulación adecuada.

- La falta de ejercicio no solo contribuye al aumento de peso, sino que también afecta el bienestar mental del perro. La falta de actividad puede llevar a problemas de comportamiento, como la ansiedad y la hiperactividad.

Consecuencias

1. **Problemas Cardiovasculares:**
   - La obesidad está asociada con un mayor riesgo de enfermedades cardiovasculares. Un estudio de **"Horne" (2019)**, reveló que los perros obesos tienen una probabilidad considerablemente mayor de desarrollar cardiopatías en comparación con aquellos que mantienen un peso saludable. La hipertensión y otros problemas circulatorios son más frecuentes en perros con sobrepeso.
   - La acumulación de grasa en el cuerpo no solo afecta el corazón, sino que también puede llevar a problemas en otros órganos, como el hígado y los riñones.
2. **Diabetes:**
   - La diabetes mellitus es una consecuencia común de la obesidad. Los perros obesos son más propensos a desarrollar resistencia a la insulina, lo que puede resultar en diabetes. Según un estudio de **"Courcier" (2010)**, la incidencia de diabetes en muchos perros han aumentado drásticamente, correlacionándose con el aumento de la obesidad en la población canina.
3. **Enfermedades Articulares:**
   - El exceso de peso ejerce presión adicional sobre las articulaciones, lo que puede resultar en enfermedades como la artritis. La ***"American Veterinary Medical Association"*** (AVMA) ha indicado que los perros con sobrepeso son mucho más propensos a desarrollar problemas articulares y de movilidad.
   - Un estudio de **"Hoffmann" (2015)**, mostró que los perros con sobrepeso tienen un riesgo considerablemente mayor de desarrollar displasia de cadera y otros problemas articulares.
4. **Reducción de la Esperanza de Vida:**
   - La obesidad afecta la longevidad de los perros. Un estudio de **"Fatima" (2017)**, concluyó que los perros con un peso

saludable viven en promedio de 1.5 a 2 años más que los perros obesos. Este hallazgo resalta la importancia de mantener un peso saludable no solo para el bienestar general, sino también para la calidad y duración de la vida.

Problemas Musculoesqueléticos

1. **Sobrecarga Articular:**
   o El sobrepeso y la falta de actividad física no solo contribuyen a la obesidad, sino que también generan una sobrecarga en los huesos y articulaciones. Esta presión adicional puede provocar un desgaste acelerado de las articulaciones, aumentando el riesgo de lesiones y condiciones dolorosas.
   o La *"Veterinary Orthopedic Society"*, ha informado que el riesgo de lesiones en los ligamentos y el desgaste del cartílago aumenta en perros obesos, lo que limita su capacidad de movimiento y calidad de vida.
2. **Enfermedades Hereditarias:**
   o Algunas razas son predispuestas a enfermedades musculoesqueléticas como la displasia de cadera y de codo. Estas condiciones son comunes en razas grandes como los **Labradores** y los **Pastores Alemanes**. La *"Federación Cinológica Internacional"*, estima que un porcentaje significativo de estas razas es afectado y la obesidad puede agravar estos problemas.
   o El control del peso y el ejercicio adecuado son esenciales para manejar estas condiciones y prevenir el desarrollo de síntomas severos.

Enfermedades Dermatológicas

1. **Alergias y Dermatitis Atópica:**
   o La exposición a alérgenos ambientales, como polen y ácaros del polvo, junto con el estrés, puede desencadenar alergias y dermatitis atópica. Un estudio de **"Rosser" (2016)**, encontró que los perros que viven en entornos estresantes son más susceptibles a desarrollar problemas dermatológicos.

- La higiene inadecuada y la falta de atención al pelaje también pueden contribuir a estos problemas, ya que un pelaje sucio puede ser un caldo de cultivo para bacterias y hongos.
2. **Infecciones Cutáneas:**
    - Las infecciones cutáneas son comunes en perros que tienen un sistema inmunológico debilitado o que no reciben atención veterinaria adecuada. La acumulación de suciedad y humedad en la piel puede favorecer la proliferación de bacterias y hongos, resultando en infecciones dolorosas **"Kahn"** (2018).
        - La higiene adecuada y el cuidado regular del pelaje son esenciales para prevenir estas condiciones.

Problemas Dentales

1. **Acumulación de Sarro y Placa Bacteriana:**
    - La falta de masticación adecuada y la alimentación blanda contribuyen a la acumulación de sarro y placa bacteriana. Esto es especialmente prevalente en razas pequeñas que tienden a tener problemas dentales a medida que envejecen **"Lund"** (1999).
    - La acumulación de sarro no solo afecta la boca, sino que puede llevar a infecciones que impacten otros órganos a través de la diseminación bacteriana.
2. **Enfermedad Periodontal:**
    - La enfermedad periodontal es una de las condiciones dentales más comunes en perros y puede conducir a la pérdida de dientes. Un estudio de **"Harrington" (2019)**, indicó que esta enfermedad no solo afecta la salud bucal, sino que también puede tener repercusiones en la salud general del perro, incluyendo problemas cardíacos y renales.
    - Mantener una rutina de higiene dental regular es esencial para prevenir enfermedades dentales y asegurar el bienestar general del perro.

Conclusión:

La salud y el bienestar de los perros dependen de múltiples factores interrelacionados, como una dieta equilibrada, ejercicio regular y atención veterinaria adecuada. La obesidad, los problemas musculoesqueléticos, las enfermedades dermatológicas y los problemas dentales son condiciones prevenibles que pueden tener un impacto significativo en la calidad de vida de los perros. La adopción de prácticas responsables en la alimentación y el cuidado, junto con el compromiso de todos los propietarios para educarse sobre el comportamiento y las necesidades de sus mascotas, puede ayudar a mitigar estos problemas y mejorar la salud canina en general.

Contenido principal:

- **Obesidad canina:**
  - **Causas:**
    - **Dieta inadecuada:** Alimentación rica en calorías, exceso de golosinas y restos de comida humana.
    - **Falta de ejercicio:** Vida sedentaria y poca actividad física diaria.
  - **Consecuencias:**
    - Problemas cardiovasculares, diabetes, enfermedades articulares y reducción de la esperanza de vida.
- **Problemas musculoesqueléticos:**
  - **Sobrecarga articular:** Sobrepeso y falta de actividad afectan huesos y articulaciones.
  - **Enfermedades hereditarias:** Displasias de caderas y codos, comunes en ciertas razas.
- **Enfermedades dermatológicas:**
  - **Alergias y dermatitis atópica:** Exposición a alérgenos ambientales y estrés.
  - **Infecciones cutáneas:** Por higiene inadecuada o sistemas inmunológicos debilitados.
- **Problemas dentales:**
  - **Acumulación de sarro y placa bacteriana:** Alimentación blanda y falta de masticación adecuada.
  - **Enfermedad periodontal:** Puede conducir a pérdida de dientes y afectar órganos internos.
  -

Estudio destacado:

- **Prevalencia de obesidad en perros urbanos "German" (2006):** Se estima que más del 40% de los perros en entornos urbanos sufren de sobrepeso u obesidad, asociada a estilos de vida sedentarios y alimentación inadecuada.

Cita destacada:
"La salud de nuestros perros refleja el cuidado y atención que les brindamos en el entorno que hemos creado para ellos."
— **Anónimo**

Ejercicio práctico:

- **Actividad:** Evalúa la dieta y nivel de actividad de tu perro. Consulta con un veterinario para establecer un plan de alimentación y ejercicio que se ajuste a sus necesidades individuales.

Pregunta reflexiva:

¿Estás proporcionando a tu perro una dieta equilibrada y suficiente ejercicio para mantenerlo en un estado óptimo de salud?

10.2. Estrés y Ansiedad en Perros

Causas del Estrés y la Ansiedad en Perros

1. Ansiedad por Separación

La ansiedad por separación es uno de los problemas de comportamiento más comunes en perros. Se presenta cuando los perros sienten angustia extrema al estar solos o separados de sus dueños. Según un estudio de "**Blackwell**" (2013), aproximadamente el 20% de los perros pueden experimentar este tipo de ansiedad, que puede ser provocada por largas horas de soledad debido a los horarios laborales de los dueños.
- **Mecanismos Psicológicos:** Cuando un perro se enfrenta a la soledad, su instinto de pertenencia y su necesidad de compañía se ven comprometidos. La liberación de hormonas como el cortisol durante estos episodios de estrés puede tener efectos negativos en su salud general.

- **Factores de Riesgo:** Las razas más propensas a la ansiedad por separación incluyen el **Pastor Alemán**, el **Labrador Retriever** y el **Cocker Spaniel**, según la *"American Veterinary Medical Association" (AVMA)*.

2. Entornos Ruidosos y Sobreestimulantes

Los perros tienen un sentido del oído muy desarrollado, que es hasta cuatro veces más sensible que el de los humanos. Esto los hace más susceptibles al estrés provocado por ruidos fuertes, como el tráfico, la construcción o los dispositivos electrónicos. Un estudio de **"McGreevy" (2007)**, destaca que los entornos sobreestimulantes pueden provocar un aumento de la ansiedad en los perros, llevando a comportamientos indeseados.

- **Efectos del Ruido:** Los sonidos abruptos pueden desencadenar respuestas de lucha o huida, afectando su bienestar emocional. En situaciones de alto ruido, se observa un aumento en los niveles de cortisol y adrenalina.

3. Falta de Socialización Adecuada

La socialización es crucial en las primeras etapas de la vida de un perro. La falta de exposición a diferentes animales, personas y situaciones puede llevar al desarrollo de miedos y fobias. Según un estudio de **"Serpell" (2004)**, los perros que no son socializados adecuadamente tienden a mostrar comportamientos temerosos y agresivos en situaciones sociales.

- **Consecuencias a Largo Plazo:** La falta de socialización puede perpetuar un ciclo de miedo y ansiedad, haciendo que los perros eviten situaciones que podrían ser normales o positivas, lo que contribuye al estrés general.

4. Cambios Frecuentes en la Rutina o Entorno

Los cambios en la rutina diaria, como mudanzas, la llegada de nuevas mascotas o variaciones en los horarios, pueden causar estrés en los perros. Un estudio de **"Overall" (2013)**, indica que los perros son animales de hábito que prosperan en entornos predecibles.

- **Adaptación a Nuevas Situaciones:** Los perros pueden mostrar resistencia a los cambios, lo que puede resultar en estrés y ansiedad. Esta falta de adaptación puede manifestarse en comportamientos problemáticos y en un deterioro de la salud mental.

Manifestaciones del Estrés en Perros

1. Comportamientos Destructivos

Los perros estresados a menudo muestran comportamientos destructivos, como masticar muebles, escarbar o destrozar objetos. Estos comportamientos son respuestas a la ansiedad que les ayuda a liberar tensiones acumuladas.

- **Estudios Relevantes:** Según un estudio de **"Schalke" (2007)**, los perros que muestran este tipo de comportamiento pueden estar buscando aliviar el estrés mediante actividades que les distraen de sus ansiedades.

2. Conductas Compulsivas

Las conductas compulsivas incluyen comportamientos repetitivos como lamerse excesivamente o perseguirse la cola. Según **"Haug" (2008)**, estas conductas pueden ser resultado de un intento del perro de manejar el estrés.

- **Causas Subyacentes:** Las conductas compulsivas pueden desarrollarse como una forma de auto-calmado, lo que puede llevar a problemas de piel y otros trastornos de salud.

3. Alteraciones Fisiológicas

El estrés también se manifiesta a nivel fisiológico. Los perros estresados pueden experimentar problemas digestivos, pérdida de apetito y cambios en los patrones de sueño. Un estudio de **"Harrison" (2018)**, encontró que los perros con altos niveles de estrés presentaban una mayor incidencia de trastornos gastrointestinales.

- **Impacto en la Salud:** La acumulación de estrés crónico puede llevar a problemas más serios, como gastritis y síndrome del intestino irritable.

4. Vocalizaciones Excesivas

Los perros bajo estrés pueden exhibir vocalizaciones excesivas, que incluyen ladridos, aullidos y gemidos. Según "**Mason**" **(2006)**, estos comportamientos pueden ser manifestaciones de angustia o frustración y pueden ser una señal de que el perro está sufriendo.

Impacto en la Salud General

1. Sistema Inmunológico Debilitado
El estrés crónico tiene un efecto debilitador en el sistema inmunológico. Un estudio de "**Chrousos**" **(1998)**, encontró que los niveles elevados de cortisol, una hormona liberada durante el estrés, pueden suprimir la función inmunológica, haciendo que los perros sean más susceptibles a enfermedades.
- **Consecuencias a Largo Plazo:** Los perros que experimentan estrés crónico pueden desarrollar infecciones recurrentes y otras enfermedades que podrían haber sido prevenibles.

2. Calidad de Vida Reducida

El estrés y la ansiedad afectan negativamente la calidad de vida de los perros. Un estudio de "**Mason**" **(2004)**, concluyó que el bienestar emocional de los perros está intrínsecamente relacionado con su comportamiento y salud física.

- **Trastornos de Comportamiento:** La ansiedad y el estrés pueden llevar a trastornos de comportamiento a largo plazo, afectando no solo la vida del perro, sino también la relación con sus dueños.

Conclusión:

La comprensión de las causas del estrés y la ansiedad en los perros es esencial para promover su bienestar. El reconocimiento de los signos de estrés y la implementación de estrategias adecuadas para abordarlo son cruciales para mejorar la calidad de vida de nuestras mascotas. Proporcionar un entorno enriquecedor, garantizar una socialización adecuada y establecer rutinas predecibles son pasos importantes para prevenir y tratar la ansiedad en perros.

Contenido principal:

- **Causas del estrés y la ansiedad:**
  - **Ansiedad por separación:** Largas horas de soledad debido a horarios laborales de los dueños.
  - **Entornos ruidosos y sobreestimulantes:** Tráfico, construcción, dispositivos electrónicos.
  - **Falta de socialización adecuada:** Temor a otros animales, personas o situaciones nuevas.
  - **Cambios frecuentes en la rutina o entorno:** Mudanzas, nuevas mascotas, variaciones en horarios.
- **Manifestaciones del estrés:**
  - **Comportamientos destructivos:** Masticar muebles, escarbar, destrozar objetos.
  - **Conductas compulsivas:** Lamerse excesivamente, perseguirse la cola.
  - **Alteraciones fisiológicas:** Problemas digestivos, pérdida de apetito, cambios en patrones de sueño.
  - **Vocalizaciones excesivas:** Ladridos, aullidos, gemidos.
- **Impacto en la salud:**
  - **Sistema inmunológico debilitado:** Mayor susceptibilidad a enfermedades.
  - **Calidad de vida reducida:** Menor bienestar y posibles trastornos de comportamiento a largo plazo.

Estudio destacado:
- **Efectos del estrés crónico en perros "Dreschel" (2010):** El estrés prolongado puede afectar negativamente la salud física y mental de los perros, disminuyendo su esperanza de vida.

Cita destacada:
"Un perro feliz es aquel cuyos dueños entienden y satisfacen sus necesidades emocionales y físicas."
— **Anónimo**

Ejercicio práctico:

- **Actividad:** Identifica posibles fuentes de estrés en la vida de tu perro. Implementa estrategias como establecer rutinas, crear un espacio seguro y utilizar técnicas de entrenamiento basadas en refuerzo positivo.

Pregunta reflexiva:

- ¿Cómo puedes ajustar tu estilo de vida y entorno para reducir el estrés en tu perro y mejorar su bienestar emocional?

10.3. Importancia del Enriquecimiento Ambiental y Ejercicio

Enriquecimiento Ambiental y su Impacto en el Bienestar Canino

1. Estimulación Mental

Juguetes Interactivos

La estimulación mental es crucial para el bienestar de los perros. Los juguetes interactivos, como rompecabezas y dispensadores de comida, proporcionan desafíos que estimulan el cerebro del perro. Según un estudio de **"Wells" (2004)**, la estimulación cognitiva puede reducir el estrés y la ansiedad en perros, ya que les permite canalizar su energía de manera constructiva.

- **Rompecabezas:** Estos juguetes requieren que el perro resuelva un desafío para obtener una recompensa, lo que activa áreas del cerebro relacionadas con la resolución de problemas.
- **Dispensadores de Comida:** Fomentan el comportamiento natural de búsqueda y forrajeo, alineando la actividad mental con instintos innatos.

Juegos de Olfato

El olfato es el sentido más desarrollado en los perros y es fundamental para su exploración y comprensión del mundo. Los juegos de olfato, como esconder golosinas para que el perro las encuentre, no solo proporcionan diversión, sino que también fortalecen su capacidad cognitiva.

- **Beneficios Cognitivos:** Un estudio de "**Bach**" **(2015)**, indica que las actividades olfativas pueden mejorar la memoria y la atención, lo que contribuye a un perro más equilibrado y feliz.

2. Variación en el Entorno

Nuevos Lugares de Paseo

La exploración de diferentes rutas y entornos es vital para el enriquecimiento ambiental. Cambiar de escenario puede estimular los sentidos del perro y prevenir el aburrimiento.

- **Efecto en el Comportamiento:** Según "**Rogers**" **(2017)**, los perros que experimentan variedad en sus paseos muestran una reducción en comportamientos indeseados y una mejora en su bienestar emocional.

Introducción de Elementos Naturales
Agregar elementos naturales, como plantas y texturas, permite que los perros exploren de manera más rica. Los objetos naturales les proporcionan estímulos que pueden ayudar a disminuir la ansiedad y el estrés

- **Impacto en el Comportamiento:** La exposición a diferentes texturas y olores naturales ha demostrado tener un efecto positivo en la salud mental de los perros, como se discute en un estudio de "**Kwan**" **(2020)**.

Ejercicio Físico y sus Beneficios

Beneficios Generales

El ejercicio regular es esencial para la salud física y mental de los perros. Sus beneficios incluyen:

- **Salud Cardiovascular:** El ejercicio mejora la función del corazón y la circulación sanguínea. Un estudio de *"***Vandewoude***" (2012)*, resalta que los perros físicamente activos tienen menor riesgo de enfermedades cardiovasculares.
- **Control de Peso:** Mantener un peso saludable previene la obesidad y las enfermedades asociadas, como la diabetes y problemas articulares, según la *"American Kennel Club" (AKC)*.
- **Fortalecimiento Muscular y Articular:** El ejercicio regular ayuda a fortalecer los músculos y las articulaciones, reduciendo el riesgo de lesiones y enfermedades musculoesqueléticas.

Actividades Recomendadas

Las actividades que promueven el ejercicio pueden variar según la energía y la capacidad del perro:

- **Paseos Diarios:** Ajustar la duración y la intensidad de los paseos a las necesidades individuales del perro es fundamental. Un estudio de *"***Wells***" (2008)*, sugiere que paseos regulares mejoran la salud mental y física.
- **Juegos Activos:** Actividades como buscar y traer, o tirar de cuerda, ofrecen tanto ejercicio como estimulación mental.
- **Deportes Caninos:** La participación en deportes caninos como el flyball y el canicross no solo proporciona ejercicio, sino que también mejora el vínculo entre el perro y el dueño.

Socialización y Bienestar Emocional

Interacción con Otros Perros y Personas

La socialización adecuada es vital para desarrollar habilidades sociales en los perros. La interacción regular con otros perros y personas puede reducir comportamientos temerosos o agresivos, como concluye un estudio de **"Blackwell" (2008)**.

- **Desarrollo de Habilidades Sociales:** Los perros que se socializan adecuadamente son menos propensos a mostrar agresividad y tienen una mejor respuesta a nuevas situaciones.

Fortalecimiento del Vínculo con el Dueño

Las actividades compartidas entre el perro y su dueño no solo mejoran la calidad de vida del animal, sino que también fomentan un vínculo emocional fuerte.

- **Comunicación y Confianza:** La participación en actividades conjuntas, como entrenamiento y juegos, refuerza la comunicación y la confianza mutua. Un estudio de **"Zentall" (2012)**, encontró que la interacción positiva puede conducir a una mejor obediencia y a un comportamiento más equilibrado.

Conclusión:

El enriquecimiento ambiental, el ejercicio físico y la socialización son pilares fundamentales para asegurar el bienestar físico y emocional de los perros. Implementar estas prácticas en la vida diaria no solo promueve la salud de nuestras mascotas, sino que también fortalece el vínculo entre el perro y su dueño, resultando en una relación más armoniosa y satisfactoria.

Contenido principal:
- **Enriquecimiento ambiental:**
  - **Estimulación mental:**
    - **Juguetes interactivos:** Rompecabezas, juguetes dispensadores de comida.
    - **Juegos de olfato:** Esconder golosinas para que el perro las encuentre.
  - **Variación en el entorno:**
    - **Nuevos lugares de paseo:** Explorar diferentes rutas y entornos.
    - **Introducción de elementos naturales:** Plantas, texturas y objetos para explorar.

- **Ejercicio físico:**
  - **Beneficios:**
    - **Salud cardiovascular:** Mejora la función del corazón y circulación.
    - **Control de peso:** Prevención de obesidad y enfermedades asociadas.
    - **Fortalecimiento muscular y articular.**
  - Actividades recomendadas:
    - **Paseos diarios:** Ajustados a la energía y capacidad del perro.
    - **Juegos activos:** Buscar y traer, tirar de cuerda, agility.
    - **Deportes caninos:** Flyball, obediencia competitiva, canicross.

- **Socialización y bienestar emocional:**
  - **Interacción con otros perros y personas:** Mejora habilidades sociales y reduce comportamientos temerosos o agresivos.
  - **Fortalecimiento del vínculo con el dueño:** Actividades compartidas que fomentan la confianza y comunicación.

Estudio destacado:

- **Impacto del ejercicio en el comportamiento canino "Herron" 2008):** Perros con actividad física regular muestran menos problemas de comportamiento y una mejor adaptación al entorno.

Cita destacada:
"El ejercicio no es solo una necesidad física para los perros, sino también una clave para su felicidad y equilibrio emocional."
— **Anónimo**

Ejercicio práctico:

- **Actividad:** Diseña un plan semanal que incluya variedad de actividades físicas y mentales para tu perro. Observa cómo afectan positivamente su comportamiento y bienestar general.

Pregunta reflexiva:
- ¿Estás proporcionando suficientes oportunidades para que tu perro se ejercite y estimule mentalmente cada día?

10.4. Alimentación y Nutrición Adecuada

Una dieta equilibrada es esencial para la salud y longevidad de los perros.

Principios de una Dieta Saludable para Perros

1. Nutrientes Esenciales

Una dieta saludable para perros debe incluir una variedad de nutrientes esenciales:
- **Proteínas:** Son fundamentales para el crecimiento, mantenimiento y reparación de tejidos. Según **"Case" (2011)**, las proteínas deben representar entre el 18-25% de la dieta, dependiendo de la etapa de vida y actividad del perro.
- **Grasas:** Proporcionan energía concentrada y son esenciales para la absorción de vitaminas liposolubles (A, D, E y K). Un estudio de **"Freeman", (2013)** indica que las grasas deben constituir entre el 5-15% de la dieta.
- **Carbohidratos:** Aunque no son estrictamente esenciales, los carbohidratos proporcionan energía y fibra, que es importante para la salud digestiva. Investigaciones han demostrado que una cantidad moderada de carbohidratos puede ser beneficiosa para el bienestar general del perro.
- **Vitaminas y Minerales:** Estos son cruciales para diversas funciones metabólicas. Las deficiencias pueden llevar a problemas de salud, como se detalla en el *"National Research Council"* **(2006)**.

2. Hidratación

La hidratación es clave para el bienestar general. Los perros deben tener acceso a agua fresca y limpia en todo momento, ya que la deshidratación puede provocar problemas renales y otras complicaciones de salud. Un estudio de **"Wills" (2016)**, señala que la ingesta adecuada de agua es esencial para la salud renal y la regulación de la temperatura corporal.

Tipos de Alimentación

1. Alimentos Comerciales de Calidad
Los alimentos comerciales, como el pienso seco y los alimentos húmedos, son convenientes y deben ser elegidos cuidadosamente.

- **Pienso Seco:** Debe ser formulado específicamente para la edad, tamaño y necesidades del perro. La elección de productos de confianza, como aquellos aprobados por la *"Association of American Feed Control Officials"* **(AAFCO)**, es crucial.
- **Alimentos Húmedos:** Pueden ser más palatables y útiles en perros que necesitan aumentar su ingesta de líquidos.

2. Dietas Caseras y BARF
Las dietas caseras y la alimentación cruda, como el enfoque BARF *(Biologically Appropriate Raw Food)*, han ganado popularidad, pero requieren una planificación cuidadosa.

- **Dieta BARF:** Se basa en la premisa de alimentar a los perros con alimentos que se asemejan a su dieta ancestral. Según **"Kymlicka" (2014)**, esta dieta puede proporcionar beneficios en la salud dental y en la energía general del perro. Sin embargo, es esencial que estas dietas estén equilibradas y formuladas con la guía de un veterinario para evitar deficiencias nutricionales.
- **Consideraciones de Seguridad:** Las dietas crudas pueden conllevar riesgos de contaminación bacteriana y es fundamental seguir prácticas de manejo seguro de alimentos.

Consideraciones Especiales

1. Etapa de Vida y Salud
La dieta debe adaptarse a las diferentes etapas de la vida del perro:

- **Cachorros:** Requieren un mayor contenido de proteínas y calorías para un crecimiento adecuado.

- **Perros Mayores:** Pueden necesitar fórmulas específicas que sean más bajas en calorías y que incluyan nutrientes que apoyen la salud articular.

2. Alimentos Tóxicos
Es crucial evitar alimentos que son tóxicos para los perros, como chocolate, cebolla, ajo y uvas. La toxicidad de estos alimentos puede resultar en problemas gastrointestinales y, en casos severos, daño renal o hepático, como se indica en un estudio de "**Schaer**" **(2017)**.

Beneficios de una Nutrición Adecuada

1. Prevención de Enfermedades
Una nutrición adecuada fortalece el sistema inmunológico y puede prevenir enfermedades crónicas. "**Hess**" **(2016)**, demostraron que una dieta equilibrada puede reducir el riesgo de enfermedades metabólicas y cardiovasculares.

2. Energía y Vitalidad
Una dieta bien balanceada proporciona la energía necesaria para el día a día, mejorando tanto el estado físico como mental del perro. La correcta ingesta de nutrientes se traduce en un mejor rendimiento y bienestar general.

3. Salud del Pelaje y Piel
Una nutrición adecuada contribuye a un pelaje brillante y una piel saludable. Según un estudio de "**Morris**" **(2014)**, las dietas ricas en ácidos grasos omega-3 y omega-6 pueden mejorar significativamente la salud dermatológica de los perros.

Conclusión:

La alimentación adecuada es un pilar fundamental para la salud y el bienestar de los perros. Es esencial elegir alimentos de calidad, considerar las necesidades específicas de cada etapa de vida y evitar los alimentos tóxicos. Las dietas como el enfoque (BARF), pueden ofrecer beneficios significativos, siempre que se sigan pautas nutricionales adecuadas y se consulten con veterinarios. A través de una dieta equilibrada y bien planificada, podemos asegurar que nuestras mascotas lleven vidas largas y saludables.

Contenido principal:

- **Principios de una dieta saludable:**
  - **Nutrientes esenciales:** Proteínas, grasas, carbohidratos, vitaminas y minerales.
  - **Hidratación:** Agua fresca y limpia disponible en todo momento.
- **Tipos de alimentación:**
  - **Alimentos comerciales de calidad:**
    - **Pienso seco y alimentos húmedos:** Elegir productos de confianza y adecuados a la edad, tamaño y necesidades del perro.
  - **Dietas caseras y BARF:**
    - **Alimentación cruda o casera:** Requiere asesoramiento veterinario para garantizar el equilibrio nutricional y seguridad.
  - **Consideraciones especiales:**
  - **Etapa de vida y salud:** Adaptar la dieta a cachorros, adultos, perros mayores o con condiciones médicas.
  - **Evitar alimentos tóxicos:** Chocolate, cebolla, ajo, uvas, entre otros.
- **Beneficios de una nutrición adecuada:**
  - **Prevención de enfermedades:** Fortalece el sistema inmunológico.
  - **Energía y vitalidad:** Mejora el estado físico y mental.
  - **Salud del pelaje y piel:** Mantiene un pelaje brillante y piel saludable.

Ejercicio práctico:

- **Actividad:** Revisa la etiqueta del alimento que das a tu perro. Investiga sobre los ingredientes y nutrientes que contiene. Consulta con tu veterinario si es necesario hacer cambios para mejorar su dieta.

Pregunta reflexiva:¿Estás proporcionando a tu perro una alimentación que cubre todas sus necesidades nutricionales y promueve su salud a largo plazo?

10.5. Atención Veterinaria y Prevención

La atención veterinaria regular y la prevención de enfermedades son esenciales para el bienestar de los perros.

Chequeos Periódicos y Cuidados Veterinarios

Chequeos Periódicos:

- **Visitas al veterinario:** Se recomienda llevar a los perros al veterinario al menos una vez al año para evaluaciones generales. Sin embargo, es fundamental cuestionar la frecuencia y necesidad de ciertos tratamientos, como la vacunación y la desparasitación, que pueden ser innecesarios en algunas circunstancias.
- **Detección temprana de problemas:** Las evaluaciones rutinarias son útiles, pero se deben considerar las intervenciones oportunas sólo ante signos claros de enfermedad.

Vacunación y Desparasitación:

- **Esquema de vacunación:** Aunque tradicionalmente se ha creído que las vacunas son esenciales para proteger a los perros de enfermedades infecciosas, es crucial leer bien los prospectos. Algunas vacunas pueden tener efectos secundarios graves y en ciertos casos, la duración de su eficacia puede ser de hasta tres veces más de lo que la normativa exige, lo que podría llevar a un exceso de vacunación.
- **Desparasitación:** En lugar de seguir un esquema rígido de desparasitación, se pueden considerar alternativas más naturales y menos invasivas. La desparasitación debería basarse en análisis de heces y observación de síntomas, evitando tratamientos preventivos innecesarios que pueden dañar el microbioma intestinal del perro.

Cuidado Dental:

- **Higiene bucal:** Es esencial mantener una buena higiene dental mediante el cepillado regular y el uso de productos específicos. Ignorar este aspecto puede llevar a enfermedades periodontales que, a su vez, pueden causar problemas sistémicos.
- **Prevención de enfermedades periodontales:** Las enfermedades bucales no sólo afectan la calidad de vida del perro, sino que también pueden influir en su salud general.

Salud Reproductiva:

- **Esterilización:** Si bien la esterilización se ha promovido como una solución para evitar algunos problemas reproductivos y reducir comportamientos "no deseados", es importante resaltar los potenciales efectos adversos que puede ocasionar. La esterilización puede llevar a problemas hormonales, obesidad y alteraciones en el comportamiento. También puede afectar la salud física y mental del perro, disminuyendo su calidad de vida, en mi humilde opinión es una atrocidad.
- **Control de natalidad:** En lugar de esterilizar, se pueden considerar alternativas como el control de natalidad a través de métodos naturales y responsables, que no alteran la fisiología del animal.

Reflexión Final

La atención veterinaria y los cuidados deben ser abordados de manera crítica y reflexiva, considerando no sólo las recomendaciones estándar, sino también las necesidades individuales de cada perro. Mantenerse informado y leer detenidamente sobre las implicaciones de los tratamientos es esencial para asegurar el bienestar y la salud óptima de nuestras mascotas.

Contenido principal:

- **Chequeos periódicos:**
    - **Visitas al veterinario:** Al menos una vez al año para evaluaciones generales.

- o **Detección temprana de problemas:** Intervenciones oportunas ante signos de enfermedad.
- **Vacunación y desparasitación:**
  - o **Esquema de vacunación:** Protege contra enfermedades infecciosas.
  - o **Desparasitación interna y externa:** Previene infestaciones de parásitos que afectan la salud.
- **Cuidado dental:**
  - o **Higiene bucal:** Cepillado regular y uso de productos específicos.
  - o **Prevención de enfermedades periodontales:** Evita complicaciones sistémicas.
- **Salud reproductiva:**
  - o **No a la esterilización:** Previene enfermedades reproductivas y reduce comportamientos no deseados.
  - o **Control de natalidad:** Evita la sobrepoblación y abandono.

Estudio destacado:
- **Importancia de la medicina preventiva en perros (Reif, 2011):** La prevención y el cuidado regular prolongan la vida y mejoran la calidad de vida de los perros.

Cita destacada:
"Cuidar de la salud de nuestros perros es una inversión en su felicidad y en los momentos que compartimos juntos."
— Anónimo

Ejercicio práctico:

- **Actividad:** Programa una revisión veterinaria si no lo has hecho en el último año. Prepara una lista de preguntas o inquietudes sobre la salud de tu perro para discutir con el profesional.

Pregunta reflexiva:

- ¿Estás al día con las revisiones veterinarias y medidas preventivas para asegurar la salud óptima de tu perro?

Parte III:
La Interacción del Hombre con el Perro

Capítulo 11: Historia y Evolución de la Relación Hombre-Perro

11.1. Simbiosis y Mutualismo a lo Largo de la Historia

En el libro ya hemos tratado la relación entre humanos y perros es una de las más antiguas y significativas en la historia de la humanidad. A lo largo de miles de años, esta relación ha evolucionado desde una asociación pragmática hasta un vínculo emocional profundo.

Contenido principal:
- **Origen de la relación:**
  - **Asociación inicial:** Los primeros contactos entre humanos y lobos probablemente ocurrieron cuando los lobos se acercaron a los asentamientos humanos en busca de alimento, aprovechando los desechos.
  - **Beneficios mutuos:**
    - **Para los humanos:** Ayuda en la caza, protección y vigilancia de los asentamientos.
    - **Para los lobos/perros:** Acceso a alimentos y refugio, protección contra depredadores.
- **Desarrollo de la simbiosis:**
  - **Coevolución:** Los humanos y los perros han influido mutuamente en su evolución genética y comportamental.
  - **Adaptación cultural:** Los perros se integraron en las sociedades humanas, participando en rituales, mitologías y estructuras sociales.

Estudio destacado:
Investigación de Pat Shipman (2015): Propone que la domesticación del perro dio a los humanos modernos una ventaja competitiva sobre los neandertales, facilitando la caza y la supervivencia.

Cita destacada:
"Los perros no son todo en nuestra vida, pero ellos la completan."
— **Roger Caras**

Ejercicio práctico:

- **Actividad:** Reflexiona sobre cómo tu perro (o un perro que conozcas) contribuye a tu vida diaria. Anota las formas en que ambos se benefician mutuamente y cómo esta relación enriquece tu bienestar.

Pregunta reflexiva:
- ¿De qué manera crees que la relación entre humanos y perros ha influido en el desarrollo de nuestra sociedad y cultura?

11.2. Cambios en la Percepción del Perro en la Sociedad

La relación que compartimos con los perros va más allá de la simple compañía; implica una responsabilidad que debemos reconocer y atender. La conexión entre humanos y perros es profunda y se fundamenta en el respeto por sus necesidades naturales y emocionales.

Importancia del Entorno
Los perros necesitan espacios que les permitan explorar y expresar su comportamiento natural. Ignorar su instinto de exploración puede llevar a problemas de ansiedad y conductas destructivas. Por ello, es esencial crear entornos enriquecedores, donde puedan jugar, olfatear y descubrir nuevos estímulos. Actividades como paseos en diferentes lugares y juegos que estimulen sus sentidos son cruciales para su bienestar.

Responsabilidad Social

Como sociedad, tenemos el deber de fomentar prácticas éticas en la adopción y cuidado de los perros. La educación sobre el bienestar animal y la promoción de la adopción responsable son fundamentales. Al concienciar a las personas sobre las necesidades de los perros, contribuimos a crear un ambiente más seguro y amoroso para ellos.

Educación Continua

El aprendizaje sobre el comportamiento canino y sus necesidades es vital. Este conocimiento nos permite abordar problemas con empatía y paciencia, en lugar de recurrir a castigos. Además, al compartir esta información con otros, podemos generar un cambio positivo en la percepción y el cuidado de los perros en nuestras comunidades.

La relación entre humanos y perros ha evolucionado notablemente a lo largo de la historia, reflejando cambios culturales, sociales y económicos. Esta evolución se puede dividir en varias etapas significativas.

Antigüedad

Desde los inicios de la civilización, los perros han ocupado un lugar destacado en la mitología y la religión. En el antiguo Egipto, por ejemplo, Anubis, el dios con cabeza de chacal, era venerado como el guardián de los muertos, simbolizando la conexión entre el mundo de los vivos y los muertos. Esta asociación con lo espiritual refleja el respeto que se tenía hacia estos animales.

En las culturas de Grecia y Roma, los perros eran vistos como símbolos de lealtad y valentía. Eran utilizados como guardianes y en batallas, lo que reforzó su estatus como compañeros fieles. Además, en algunas culturas, poseer perros de razas exóticas se consideraba un signo de riqueza y poder, simbolizando el estatus social de sus dueños.

Edad Media

Durante la Edad Media, los roles de los perros se diversificaron. Eran entrenados para cazar, proteger propiedades y trabajar en labores agrícolas. En esta época, los perros de caza eran muy valorados por su habilidad para rastrear y atrapar presas.

Sin embargo, la percepción de los perros no fue homogénea. En ciertos períodos, se les asociaba con supersticiones y prácticas de brujería. Esto llevó a una visión negativa de algunos perros, especialmente aquellos que vagaban por las calles o eran considerados "no deseados".

Edad Moderna

Con la Revolución Industrial y la urbanización en el siglo XVIII y XIX, el papel de los perros comenzó a cambiar drásticamente. Pasaron de ser trabajadores esenciales en entornos rurales a convertirse en compañeros en contextos urbanos. Este cambio se tradujo en un aumento en la popularidad de las razas pequeñas como mascotas domésticas, adaptándose a la vida en espacios reducidos.
En el siglo XX, especialmente tras las guerras mundiales, el concepto de los perros como miembros de la familia ganó prominencia. Se empezó a prestar mayor atención al bienestar y derechos de los animales, impulsando un movimiento hacia la adopción responsable y el respeto por la vida animal.

Siglo XXI

En la actualidad, los perros son considerados miembros integral de la familia en muchos hogares. La industria de mascotas ha crecido exponencialmente, ofreciendo una amplia gama de productos y servicios, desde alimentos especializados hasta servicios de entrenamiento y cuidado. Este auge refleja un cambio hacia una mayor preocupación por el bienestar animal, así como un reconocimiento del papel que los perros desempeñan en la salud emocional y física de sus dueños.

Conclusión:
La relación entre humanos y perros ha recorrido un largo camino desde sus inicios. Lo que comenzó como una asociación basada en la funcionalidad ha evolucionado hacia un vínculo emocional y simbólico profundo. A medida que avanzamos en el tiempo, es fundamental seguir promoviendo el respeto y el cuidado hacia nuestros compañeros caninos, asegurando que su bienestar siga siendo una prioridad en la sociedad contemporánea.

Contenido principal:
- **Antigüedad:**
  - **Perros en la mitología y religión:**
    - **Egipto:** Anubis, dios con cabeza de chacal, asociado con el más allá y la protección de los muertos.
    - **Grecia y Roma:** Perros como guardianes y símbolos de lealtad.
  - **Perros como símbolos de estatus:** En algunas culturas, poseer perros exóticos era un signo de riqueza y poder.
- **Edad Media:**
  - **Roles funcionales:**
    - **Caza y protección:** Perros entrenados para cazar y proteger propiedades.
    - **Perros de trabajo:** Utilizados en labores agrícolas y pastorales.
  - **Percepción negativa en algunos contextos:** Asociaciones con supersticiones y brujería en ciertos periodos.
- **Edad Moderna:**
  - **Revolución Industrial:**
    - **Urbanización:** Cambio en el rol de los perros, pasando de trabajadores a compañeros.
    - **Perros de compañía:** Aumento en la popularidad de las razas pequeñas como mascotas domésticas.
  - **Siglo XX y XXI:**
    - **Perros como miembros de la familia:** Mayor énfasis en el bienestar y derechos de los animales.
    - **Industria de mascotas:** Crecimiento de productos y servicios especializados para perros.

Estudio destacado:
- **Análisis de la antropóloga "Katherine C. Grier" (2006):** Explora cómo el perro pasó de ser un animal de trabajo a un compañero íntimo en el hogar estadounidense.

Cita destacada:
"Hasta que no hayas amado a un animal, una parte de tu alma permanecerá dormida."
— **Anatole France**

Ejercicio práctico:

- **Actividad:** Investiga sobre una época histórica específica y cómo se percibía a los perros en ese momento. Comparte tus hallazgos con amigos o familiares y discute las diferencias con la percepción actual.

Pregunta reflexiva:

- ¿Cómo crees que los cambios en la percepción del perro reflejan las transformaciones en los valores y prioridades de la sociedad?

11.3. El Perro en la Cultura Contemporánea

En la actualidad, los perros ocupan un lugar destacado en la cultura popular y en la vida cotidiana de muchas personas en todo el mundo.
La relación entre humanos y perros se ha transformado notablemente en la actualidad, manifestándose en diversas áreas como el entretenimiento, la terapia, la legislación y la economía.

Perros en los Medios y el Entretenimiento

Los perros han encontrado un lugar destacado en el cine y la televisión, protagonizando películas y series que han tocado el corazón de millones. Títulos icónicos como "Lassie", "Hachiko" y "Marley y yo" no solo entretienen, sino que también resaltan las emociones profundas y el vínculo entre humanos y caninos. Estas historias han generado un mayor aprecio por los perros en la cultura popular, fomentando la adopción y el respeto hacia ellos.
En la era digital, las redes sociales han proporcionado una plataforma para que los perros tengan perfiles propios, acumulando seguidores masivos y convirtiéndose en influenciadores. Estas cuentas a menudo promueven el bienestar animal, hábitos de cuidado responsable y la adopción, creando conciencia sobre la importancia de los perros en nuestras vidas.

Perros como Terapia y Apoyo Emocional

El uso de algunos perros en contextos terapéuticos ha crecido significativamente. Los perros de terapia son llevados a hospitales, escuelas y centros de rehabilitación para ofrecer apoyo emocional y mejorar el bienestar de las personas. Su presencia ha demostrado reducir el estrés, la ansiedad y mejorar la salud emocional de pacientes y estudiantes.

Además, los perros de servicio juegan un papel crucial en la vida de personas con discapacidades físicas o psicológicas. Estos perros están entrenados para realizar tareas específicas que facilitan la independencia de sus dueños, desde guiar a personas con discapacidades visuales hasta alertar a quienes sufren de condiciones como la epilepsia.

Movimientos y Legislaciones a Favor de los Derechos de los Animales

En las últimas décadas, ha habido un aumento en los movimientos a favor de los derechos de los animales. Las legislaciones han evolucionado para incluir leyes que protegen el bienestar animal y penalizan el maltrato. Estas normativas son esenciales para garantizar que los perros y otros animales sean tratados con respeto y dignidad.

Las campañas de adopción responsable también han cobrado fuerza, promoviendo la adopción de perros de refugios en lugar de la compra en criaderos. Estas iniciativas no solo ayudan a reducir la sobrepoblación de animales en refugios, sino que también fomentan un cambio en la percepción de la adopción como una opción válida y valiosa.

Perros en la Economía y el Mercado Laboral

La industria de mascotas ha experimentado una expansión considerable, abarcando negocios relacionados con el cuidado, alimentación y entretenimiento de los perros. Desde alimentos especializados hasta servicios de entrenamiento y cuidado, esta industria no solo beneficia a los perros, sino que también crea miles de empleos.

Los perros de trabajo han evolucionado para desempeñar roles modernos, como la detección de enfermedades, búsqueda y rescate, y seguridad. Su capacidad para realizar tareas especializadas y su entrenamiento los convierten en aliados valiosos en diversas áreas profesionales.

Conclusión:

Los perros no solo son compañeros leales, sino que también juegan un papel fundamental en la sociedad moderna. Su presencia en los medios, su capacidad para ofrecer apoyo emocional, los avances en la protección de sus derechos y su contribución a la economía resaltan la importancia de estos animales en nuestras vidas. Fomentar un entorno donde se respete y valore a los perros es esencial para continuar fortaleciendo este vínculo único y significativo.

Contenido principal:
- **Perros en los medios y el entretenimiento:**
  - **Cine y televisión:** Películas y series protagonizadas por perros, como "Lassie", "Hachiko" o "Marley y yo".
  - **Redes sociales:** Perros con perfiles propios y seguidores masivos, influyendo en tendencias y comportamientos.
- **Perros como terapia y apoyo emocional:**
  - **Perros de terapia:** Utilizados en hospitales, escuelas y centros de rehabilitación para mejorar el bienestar de las personas.
  - **Perros de servicio:** Asisten a personas con discapacidades físicas o psicológicas, facilitando su independencia.
- **Movimientos y legislaciones a favor de los derechos de los animales:**
  - **Protección legal:** Leyes que protegen el bienestar animal y penalizan el maltrato.
  - **Adopción responsable:** Campañas que promueven la adopción de perros en lugar de la compra.
- **Perros en la economía y el mercado laboral:**
  - **Industria de mascotas:** Expansión de negocios relacionados con el cuidado, alimentación y entretenimiento de los perros.
  - **Perros de trabajo en roles modernos:** Detección de enfermedades, búsqueda y rescate, seguridad.

Estudio destacado:

- **Impacto económico de la industria de mascotas:** Según estudios recientes, el gasto global en mascotas supera los cientos de miles de millones de dólares anuales, reflejando la importancia económica y social de los animales de compañía.

Cita destacada:
"La grandeza de una nación y su progreso moral pueden ser juzgados por la forma en que trata a sus animales."
— **Mahatma Gandhi**

Ejercicio práctico:

- **Actividad:** Participa en una actividad comunitaria que promueva el bienestar de los perros, como voluntariado en un refugio, donaciones o campañas de concienciación.

Pregunta reflexiva:

- ¿Cómo puedes contribuir de manera positiva al bienestar de los perros en tu comunidad y promover una relación saludable entre humanos y animales?

Capítulo 12: Impacto Mutuo de la Desnaturalización

12.1. Cómo la Desnaturalización Humana Afecta a los Perros

La desnaturalización del ser humano, es decir, el alejamiento de nuestro entorno natural y de estilos de vida más equilibrados, tiene un impacto directo en nuestros compañeros caninos.

Impacto psicológico de los cambios en el entorno doméstico en los perros

En la actualidad, muchos perros viven en entornos domésticos que no siempre son propicios para su bienestar. La urbanización y el estilo de vida moderno han transformado la relación entre los perros y sus dueños, planteando serias preguntas sobre la idoneidad de estos espacios para compartir la vida con nuestras mascotas.

Espacios Reducidos
Las viviendas pequeñas, especialmente en áreas urbanas, limitan la capacidad de los perros para moverse y explorar. Los espacios reducidos no solo restringen su actividad física, sino que también afectan su bienestar psicológico. Los perros, como animales que necesitan ejercitarse y explorar su entorno, pueden desarrollar problemas de ansiedad y estrés en condiciones de hacinamiento. Esta falta de espacio natural para correr, jugar y olfatear puede llevar a comportamientos destructivos, como masticar muebles o rasgar objetos.
Además, los perros que no tienen acceso a un entorno adecuado pueden experimentar frustración. Esta frustración no se limita a la falta de ejercicio físico; también incluye la privación de estímulos mentales

y sensoriales. La exploración es fundamental para su desarrollo y al no poder realizarla, se encuentran en un estado constante de inquietud.

Ambientes Artificiales

La exposición a ambientes artificiales, caracterizados por ruidos constantes, luces brillantes y olores sintéticos, también tiene un impacto significativo en la salud psicológica de los perros. Los sonidos de la ciudad, como el tráfico, la construcción y otros ruidos fuertes, pueden ser abrumadores para ellos. Esta sobreestimulación auditiva puede causar ansiedad, haciendo que algunos perros se sientan inseguros en su propio hogar. La exposición a luces brillantes y cambios constantes de iluminación puede alterar sus ciclos de sueño y vigilia, contribuyendo a un estado de estrés crónico.

Los olores artificiales, como los productos de limpieza, ambientadores y otros químicos, pueden ser desconcertantes para los perros, ya que su sentido del olfato es mucho más agudo que el nuestro. Un entorno saturado de olores artificiales puede causar confusión y desasosiego, afectando su capacidad para relajarse y sentirse seguros.

Reflexiones Críticas

La convivencia en espacios reducidos y artificiales plantea serias preguntas sobre la ética de tener perros en tales condiciones. Si el entorno doméstico no satisface las necesidades físicas y psicológicas de nuestros compañeros caninos, debemos cuestionar si es apropiado tener un perro en estas circunstancias.

Los dueños deben ser conscientes de las limitaciones que sus entornos pueden imponer en la vida de sus perros. La falta de espacio y la exposición a ambientes que pueden generar estrés no solo afectan la salud mental de los perros, sino que también pueden llevar a una disminución en la calidad de la relación humano-animal. Es fundamental que los dueños busquen soluciones, como el acceso regular a espacios al aire libre donde los perros puedan ejercitarse y explorar, además de proporcionar estímulos mentales adecuados a través de juegos y actividades interactivas.

Impacto de Rutinas y Estilos de Vida Humanos en la Salud de los Perros

Las rutinas y estilos de vida de los humanos han cambiado drásticamente en las últimas décadas, y estos cambios han tenido un efecto notable en la salud física y psicológica de nuestros perros. Dos aspectos críticos son los horarios irregulares y la falta de actividad física, que pueden ser perjudiciales para el bienestar de nuestras mascotas.

Horarios Irregulares

Los horarios laborales extensos y las jornadas irregulares dejan a los perros solos durante largos períodos. Este aislamiento puede llevar a la ansiedad por separación, un trastorno que se manifiesta en comportamientos destructivos, vocalizaciones excesivas y problemas de salud como la pérdida de apetito y problemas digestivos. Los perros son animales sociales que prosperan en la compañía, y la soledad prolongada puede afectar su salud mental, generando estrés y desasosiego.

Además, los perros que pasan mucho tiempo solos a menudo no reciben la estimulación necesaria, lo que puede resultar en un comportamiento hiperactivo o por el contrario, en apatía. La falta de interacción social y enriquecimiento ambiental puede causarles una sensación de vacío, lo que, a su vez, repercute en su bienestar general.

Falta de Actividad Física

La vida sedentaria de los dueños también tiene un impacto directo en la salud de sus perros. La falta de ejercicio físico no solo contribuye a problemas de obesidad en los perros, sino que también afecta su salud mental. La actividad física es fundamental para liberar energía acumulada y promover la producción de endorfinas, que son esenciales para mantener un estado de ánimo positivo.

Sin suficiente ejercicio, los perros pueden desarrollar problemas de comportamiento, como agresividad o ansiedad. La falta de ejercicio físico también puede llevar a problemas ortopédicos y enfermedades crónicas, afectando la calidad de vida a largo plazo. Los perros necesitan una variedad de actividades que estimulen tanto su cuerpo como su mente, y cuando estos elementos son escasos, su salud integral se ve comprometida.

Conclusiones:

La interrelación entre los horarios irregulares y la falta de actividad física de los dueños de perros plantea serias preocupaciones sobre el bienestar de nuestras mascotas. Para garantizar que nuestros perros se mantengan saludables y felices, es fundamental que busquemos un equilibrio en nuestras rutinas diarias que les permita recibir la atención, el ejercicio y la estimulación que necesitan. Esta responsabilidad no solo mejora la calidad de vida de los perros, sino que también fortalece el vínculo entre ellos y sus dueños, creando un entorno más armonioso para ambos.

Expectativas Antropomórficas y su Impacto en el Bienestar Canino

La humanización de los perros, aunque nace de un deseo genuino de amor y conexión, puede tener consecuencias negativas tanto para las mascotas como para sus dueños. Este fenómeno se manifiesta en diversas formas, desde el tratamiento de los perros como si fueran seres humanos hasta la adopción de modas y tendencias que ignoran sus necesidades naturales. Desde una perspectiva psicológica, es importante criticar y analizar estas tendencias.

Humanización del Perro

La tendencia de tratar a los perros como si fueran humanos puede llevar a una falta de comprensión de su verdadera naturaleza. Al ignorar sus instintos y comportamientos naturales, los dueños a menudo crean expectativas irreales sobre cómo debería comportarse su mascota. Esto puede resultar en frustración tanto para el perro como para el dueño, generando un ciclo de insatisfacción.

Desde la psicología, esta humanización puede ser vista como una proyección de las propias inseguridades y necesidades de los dueños. Las personas a menudo buscan en sus mascotas una conexión emocional que les falta en sus relaciones humanas. Sin embargo, al imponerles características humanas, se corre el riesgo de despojar a los perros de su esencia y de crear un ambiente de confusión, donde no se satisfacen las necesidades fundamentales de la mascota.

Moda y Tendencias

La adopción de modas y accesorios para perros, como ropa, joyas y prácticas estéticas, puede ser perjudicial para su bienestar. Muchos de estos artículos no solo son innecesarios, sino que pueden incomodar o incluso dañar a los perros. Por ejemplo, prendas ajustadas pueden limitar su movimiento y provocar estrés, mientras que ciertos accesorios pueden interferir con su capacidad de comunicarse a través de su lenguaje corporal.

Esta búsqueda de moda refleja un deseo de estatus social por parte de los dueños, quienes pueden usar a sus perros como símbolos de estatus. Sin embargo, es fundamental cuestionar la coherencia de esta práctica: ¿realmente estamos priorizando el bienestar de nuestros animales al adoptar estas tendencias, o estamos simplemente buscando satisfacer nuestras propias necesidades de aceptación social?

Crítica y Reflexión

Desde una perspectiva crítica, la humanización y la adopción de modas en el cuidado de los perros pone de manifiesto la necesidad de una mayor educación y conciencia sobre la naturaleza canina. Los dueños deben esforzarse por entender y respetar los instintos y comportamientos naturales de sus mascotas, en lugar de imponerles expectativas basadas en ideales humanos.

Para promover un bienestar real, es esencial que los dueños adopten un enfoque que priorice la salud física y mental de sus perros. Esto implica aprender sobre su comportamiento, necesidades y límites, en lugar de simplemente buscar validación a través de la humanización y las modas. Al hacerlo, no solo se beneficiarán los perros, sino que también se fomentará una relación más auténtica y satisfactoria entre humanos y animales.

Contenido principal:
- **Cambios en el entorno doméstico:**
    - **Espacios reducidos:** Viviendas pequeñas y urbanas limitan el movimiento y exploración natural de los perros.

- **Ambientes artificiales:** Exposición a ruidos, luces y olores no naturales que pueden causar estrés.
- **Rutinas y estilos de vida humanos:**
  - **Horarios irregulares:** Jornadas laborales extensas que dejan a los perros solos por largos períodos.
  - **Falta de actividad física:** Estilos de vida sedentarios que reducen las oportunidades de ejercicio conjunto.
- **Expectativas antropomórficas:**
  - **Humanización del perro:** Tratar a los perros como humanos, ignorando sus necesidades y comportamientos naturales.
  - **Moda y tendencias:** Uso de accesorios o prácticas que pueden incomodar o dañar al perro.

Impacto en los perros:

- **Problemas de comportamiento:** Ansiedad por separación, agresividad, comportamientos destructivos.
- **Salud física deteriorada:** Obesidad, problemas articulares, enfermedades derivadas del estrés.
- **Confusión y frustración:** Incompatibilidad entre las expectativas humanas y las necesidades caninas.

Estudio destacado:

- **Investigación de "John Bradshaw" (2011):** Explora cómo la comprensión errónea de la naturaleza canina por parte de los humanos afecta negativamente el bienestar de los perros.

Ejercicio práctico:

- **Actividad:** Observa y anota cómo tus hábitos y estilo de vida pueden estar afectando a tu perro. Identifica al menos tres áreas donde puedas hacer ajustes para satisfacer mejor sus necesidades naturales.

Pregunta reflexiva:

¿En qué formas tu estilo de vida podría estar contribuyendo al estrés o malestar de tu perro y qué cambios puedes implementar para mejorar su calidad de vida?

12.2. Cómo la Desnaturalización Canina Afecta al Ser Humano

La desnaturalización de los perros también tiene consecuencias en la vida de los humanos, afectando nuestra salud y bienestar.

Perspectivas psicológicas

La desnaturalización canina, entendida como la alteración o desconexión de las necesidades naturales y comportamientos inherentes de los perros debido a la influencia humana, tiene un impacto significativo no solo en los animales, sino también en la salud mental y emocional de sus dueños. Este fenómeno se ha convertido en un área de interés en la psicología, donde se examinan los efectos de la humanización excesiva y la desconexión con la naturaleza sobre el bienestar humano.

La Desnaturalización Canina: Un Contexto

La desnaturalización canina ocurre cuando los perros son tratados más como objetos de compañía que como seres vivos con instintos y necesidades propias. Esto puede incluir prácticas como la vestimenta excesiva, la alimentación inadecuada, o la imposición de comportamientos que no se alinean con su naturaleza. Estas prácticas no solo afectan la salud y el bienestar de los perros, sino que también generan disonancias en la relación humano-animal.

Impacto en la Salud Mental de los Dueños

1. Proyecciones Emocionales y Expectativas Irreales

La psicología contemporánea sugiere que los seres humanos a menudo proyectan sus propias inseguridades, deseos y necesidades emocionales sobre sus mascotas. Un estudio de "**Mason**", (2009) mostró que las personas que ven a sus perros como compañeros emocionales tienden a experimentar una mayor satisfacción emocional, pero también pueden desarrollar expectativas poco realistas sobre el comportamiento de sus mascotas. Cuando los perros no cumplen con estas expectativas, los dueños pueden experimentar frustración y decepción, lo que puede llevar a un deterioro en la salud mental.

2. Aumento de la Ansiedad y Estrés

La presión por cumplir con las demandas sociales y las tendencias de la moda en la tenencia de mascotas puede generar ansiedad en los dueños. Según un estudio publicado en *"The Journal of Veterinary Behavior",* (2013), los propietarios que humanizan a sus perros tienden a experimentar niveles más altos de ansiedad, lo que puede ser contraproducente para el bienestar general de ambos. Esta ansiedad puede manifestarse en comportamientos obsesivos, como la necesidad de que sus perros sean "perfectos" en situaciones sociales, lo que genera un círculo vicioso de estrés.

3. Relaciones Interpersonales Deterioradas

El enfoque excesivo en las necesidades y deseos de los perros puede llevar a la negligencia de las relaciones humanas. Un estudio realizado por *"Cohen",* (2020) revela que los dueños que dedican un tiempo desproporcionado a sus mascotas pueden experimentar dificultades en sus relaciones interpersonales, ya que su atención se desplaza de amigos y familiares hacia sus perros. Esta desconexión puede resultar en un sentimiento de aislamiento social, que a su vez puede contribuir a la depresión y otros trastornos emocionales.

1. Aislamiento Social

Cuando un dueño de mascota prioriza las necesidades y deseos de su animal sobre las interacciones humanas, puede resultar en un aislamiento social involuntario. Este comportamiento puede manifestarse de las siguientes maneras:
- **Negligencia de Amistades y Relaciones Familiares**: La dedicación excesiva a la mascota puede llevar a la disminución de la interacción con amigos y familiares. Por ejemplo, los dueños pueden evitar salir con amigos para no dejar solos a sus perros, lo que puede llevar a la erosión de relaciones significativas.
- **Reducción de Actividades Sociales**: Al optar por actividades centradas en las mascotas, como paseos o visitas a parques para

perros, los dueños pueden perder oportunidades para participar en eventos sociales. Este comportamiento puede derivar en sentimientos de soledad y tristeza, contribuyendo a un estado de aislamiento emocional.

2. Ansiedad y Estrés Relacionados con la Tenencia de Mascotas

La ansiedad por la percepción de los demás hacia la tenencia de mascotas y su comportamiento puede afectar las relaciones interpersonales de varias formas:

- **Miedo a la Crítica**: Los dueños que humanizan a sus perros pueden temer el juicio de otros sobre sus decisiones de cuidado, lo que puede causar una ansiedad constante en interacciones sociales. Este temor puede llevar a evitar situaciones donde se pueda discutir o criticar sus elecciones.
- **Sobreprotección de la Mascota**: Este comportamiento puede traducirse en una actitud posesiva, donde el dueño se vuelve excesivamente protector, dificultando la interacción con otras personas. Esta sobreprotección puede ser percibida como falta de confianza o incluso hostilidad hacia otros, lo que deteriora las relaciones.

3. **Dependencia Emocional y Abandono.** La dependencia emocional hacia una mascota puede resultar en un deterioro de la capacidad de formar vínculos humanos saludables:

- **Sustitución de Relaciones**: Algunos dueños pueden ver a sus mascotas como un sustituto emocional de las relaciones humanas, llevando a una dependencia poco saludable. Esto puede llevar a la incapacidad de formar relaciones profundas con otros, dado que el perro se convierte en el único foco de afecto.
- **Temor al Abandono**: El apego excesivo a una mascota puede intensificar el miedo al abandono. Este miedo puede extrapolarse a las relaciones humanas, haciendo que los dueños sean menos propensos a abrirse o comprometerse emocionalmente con otros, por temor a ser lastimados.

4. Trastornos de Ansiedad y Depresión

La falta de conexión con otras personas y la dedicación excesiva a las mascotas pueden contribuir a trastornos de ansiedad y depresión:

- **Trastorno de Ansiedad Social**: Los dueños que priorizan a sus mascotas pueden desarrollar un trastorno de ansiedad social, donde la interacción con otros se vuelve ansiosa y temida. La incapacidad de manejar la ansiedad puede llevar a evitar situaciones sociales, lo que perpetúa el ciclo de aislamiento.
- **Depresión**: La pérdida de relaciones significativas puede contribuir al desarrollo de síntomas depresivos. La soledad y el aislamiento, junto con la presión para cumplir con las expectativas de cuidado de la mascota, pueden resultar en una sensación general de desesperanza y tristeza.

5. Interacciones Conflictivas con Otros Propietarios de Mascotas

La interacción con otros dueños de mascotas puede convertirse en un campo de batalla social, exacerbando las tensiones interpersonales:

- **Competitividad**: Algunos dueños pueden sentir la necesidad de competir con otros en cuanto a la calidad del cuidado de sus mascotas, lo que puede llevar a conflictos. Esta competencia puede resultar en hostilidad y malentendidos, deteriorando las relaciones.
- **Comportamientos Agresivos**: La frustración relacionada con la tenencia de mascotas puede llevar a comportamientos agresivos o defensivos hacia otros propietarios. Esto puede resultar en discusiones o enfrentamientos, lo que provoca una atmósfera de desconfianza.

La Necesidad de Reconectar con la Naturaleza

La desnaturalización canina también refleja una desconexión más amplia de los seres humanos con la naturaleza. La investigación muestra que pasar tiempo en entornos naturales está asociado con una reducción del estrés, mejora en el estado de ánimo y mayor bienestar general. Al humanizar a los perros y tratar de moldear su comportamiento a estándares humanos, se pierde la oportunidad de disfrutar de la conexión que se puede establecer a través de la interacción con sus instintos naturales.

Conclusión:

La desnaturalización canina no es solo un problema que afecta a los perros, sino que también tiene implicaciones profundas para la salud mental y emocional de sus dueños. La psicología contemporánea invita a una reflexión crítica sobre cómo nuestras expectativas y prácticas en la tenencia de mascotas pueden influir en nuestro bienestar. Para contrarrestar estos efectos, es esencial adoptar un enfoque más equilibrado y consciente en la relación con nuestros animales, promoviendo un entendimiento profundo de sus necesidades y fomentando una conexión más auténtica con la naturaleza. Esto no solo beneficiará a los perros, sino que también mejorará la calidad de vida de sus dueños, creando una relación más enriquecedora y saludable.

Contenido principal:
- **Pérdida de beneficios naturales:**
  - **Actividad física reducida:** Menos paseos y juegos activos con el perro disminuyen nuestra propia actividad física.
  - **Menor contacto con la naturaleza:** Al limitar las actividades al aire libre con el perro, perdemos oportunidades de reconexión con el entorno natural.
- **Aumento del estrés y la ansiedad:**
  - **Problemas de comportamiento en perros:** Pueden generar frustración y estrés en los dueños.
  - **Falta de interacción significativa:** La relación se vuelve superficial, reduciendo los beneficios emocionales de la compañía canina.
- **Desconexión emocional:**
  - **Expectativas no cumplidas:** Frustración al no entender o satisfacer las necesidades del perro.
  - **Sentimiento de culpa:** Al percibir que el perro no está feliz o saludable.

Impacto en los humanos:
- **Salud mental afectada:** Estrés, ansiedad y posible depresión debido a una relación problemática con el perro.
- **Relaciones sociales:** Problemas de comportamiento del perro pueden limitar las interacciones sociales del dueño.
- **Bienestar general disminuido:** Falta de ejercicio y actividades al aire libre afecta la salud física y emocional.

Estudio destacado:

- **Investigación sobre el vínculo humano-animal "McConnell",** (2011): Destaca cómo las relaciones positivas con mascotas mejoran la salud mental y física, mientras que relaciones problemáticas pueden tener el efecto contrario.

Ejercicio práctico:

- **Actividad:** Reflexiona sobre tu relación con tu perro y cómo te afecta emocional y físicamente. Identifica áreas de mejora y establece objetivos para fortalecer el vínculo de manera saludable.

Pregunta reflexiva:
- ¿Cómo influye el bienestar de tu perro en tu propio bienestar y qué acciones puedes tomar para mejorar la relación y beneficios mutuos?

12.3. La Interdependencia entre Hombre y Perro en la Vida Moderna

Una Relación Sana

La relación entre el ser humano y el perro ha evolucionado a lo largo de milenios, transformándose en una conexión profunda y multifacética. En la vida moderna, es fundamental cultivar esta interdependencia de manera que se respete la naturaleza y las necesidades de ambos. A continuación, se analizan los aspectos clave para lograr una relación saludable que reconozca la identidad única de cada uno.

1. Reconocimiento de la Naturaleza del Perro

Para fomentar una relación sana, es crucial entender que los perros son animales con instintos y necesidades propias. Esto implica:

- **Respeto por su Naturaleza Animal**: Los perros tienen instintos naturales que deben ser satisfechos. Esto incluye la necesidad de socialización, ejercicio, exploración y estimulación mental. Al ofrecerles oportunidades para comportamientos naturales, como jugar, olfatear y correr, se contribuye a su bienestar emocional y físico.
- **Establecimiento de Límites Claros**: Los perros prosperan en entornos donde se establecen reglas y límites. Esto no solo promueve un comportamiento adecuado, sino que también ayuda al perro a entender su rol dentro de la familia humana. La consistencia en la formación y la disciplina proporciona seguridad al perro y mejora la dinámica de la relación.

2. Empatía y Comprensión del Comportamiento Canino

Entender cómo piensan y sienten los perros es esencial para una interdependencia saludable. Esto se logra mediante:

- **Observación y Aprendizaje**: Los propietarios deben esforzarse por aprender sobre el comportamiento canino y sus señales de comunicación. Esto incluye reconocer cuándo un perro está feliz, ansioso o incómodo y responder adecuadamente a sus necesidades.
- **Adaptación a sus Necesidades**: Cada perro es único, con su propia personalidad y preferencias. Adaptar el estilo de vida a las necesidades individuales del perro, como su nivel de energía y tipo de interacción social, fomenta una relación más fuerte y significativa.

3. Desarrollo de una Relación de Confianza

La confianza es la base de cualquier relación sana y esto se aplica también a la relación con los perros:

- **Interacción Positiva**: Las interacciones deben ser agradables y positivas. Esto se puede lograr a través del juego, el entrenamiento y el tiempo de calidad juntos. Reforzar el comportamiento positivo mediante recompensas y elogios fortalece la confianza del perro en su dueño.
- **Consistencia en el Cuidado**: Proporcionar un entorno estable y predecible contribuye a la confianza. Esto incluye horarios regulares para alimentarse, pasear y jugar, lo que ayuda al perro a sentirse seguro y protegido.

4. Interacción Mutua y Beneficios Compartidos

La interdependencia entre humanos y perros se basa en beneficios mutuos que enriquecen la vida de ambos:

- **Bienestar Emocional**: Los perros ofrecen compañía, apoyo emocional y una conexión incondicional que puede ayudar a reducir el estrés y la ansiedad en los humanos. Por su parte, los perros se benefician de la atención, el cuidado y el amor que reciben.
- **Estímulo Físico**: La tenencia de un perro motiva a los humanos a ser más activos. Pasear, jugar y participar en actividades al aire libre con un perro fomenta un estilo de vida más saludable para ambos.

5. Fomento de la Educación y la Conciencia

La educación sobre el bienestar animal y la responsabilidad de la tenencia de mascotas es vital para una interdependencia saludable:
- **Conciencia sobre la Tenencia Responsable**: Promover la educación sobre la salud y el cuidado adecuado de los perros, así como la importancia de la socialización y el entrenamiento, es esencial para evitar problemas de comportamiento y asegurar una convivencia armoniosa.

- **Responsabilidad Compartida**: La relación debe basarse en la responsabilidad mutua. Los humanos deben ser conscientes de las necesidades de sus perros, mientras que los perros, al ser educados y socializados adecuadamente, pueden convertirse en compañeros leales y equilibrados.

Conclusión:

La interdependencia entre el hombre y el perro en la vida moderna debe ser una relación equilibrada que respete y valore la naturaleza de ambos. Reconocer las diferencias y necesidades únicas de cada uno es clave para construir una conexión sólida y saludable. Al fomentar la empatía, el respeto y la educación, se puede cultivar una relación que no solo beneficia a los individuos involucrados, sino que también enriquece la sociedad en su conjunto, promoviendo un entendimiento más profundo entre humanos y perros.

Contenido principal:
- **Beneficios mutuos:**
  - **Compañía y apoyo emocional:** Los perros ofrecen lealtad y afecto, reduciendo sentimientos de soledad.
  - **Motivación para el ejercicio:** Pasear y jugar con el perro fomenta la actividad física en los dueños.
  - **Desarrollo de empatía y responsabilidad:** Cuidar de un ser vivo promueve valores positivos.
- **Desafíos compartidos:**
  - **Estilos de vida sedentarios:** Afectan negativamente la salud de ambos.
  - **Estrés ambiental:** Entornos urbanos afectan el bienestar de humanos y perros.
  - **Falta de tiempo y atención:** Impacta en la calidad de vida y salud emocional de ambos.
- **Necesidad de adaptación conjunta:**
  - **Establecer rutinas saludables:** Beneficia a ambos en términos de salud y bienestar.
  - **Educación y comprensión mutua:** Aprender sobre las necesidades del otro mejora la convivencia.

Cita destacada:
"El vínculo más grande entre un hombre y su perro es la comprensión y respeto de las necesidades y naturaleza del otro."
— **Anónimo**

Ejercicio práctico:

- **Actividad:** Planifica actividades que tanto tú como tu perro puedan disfrutar juntos, sin dejar de ser cada uno lo que su propia naturaleza ya a defino. Establece un horario regular para estas actividades y observa cómo mejora el bienestar de ambos.

Pregunta reflexiva:

- ¿Cómo puedes fortalecer la interdependencia guía y perro de una manera positiva para mejorar la calidad de vida de ambos?

Capítulo 13: Reconstruyendo el Vínculo Natural

13.1. Comprendiendo las Necesidades Naturales de Humanos y Perros

Para reconstruir el vínculo natural entre humanos y perros, es esencial comprender, la relación entre humanos y perros.
 A menudo se basa en una comprensión profunda de las necesidades naturales de ambos. Al igual que un pastor y su perro trabajan en conjunto para cuidar de un rebaño, cada vínculo refleja una simbiosis que satisface necesidades esenciales.
Un pastor, por ejemplo, no solo necesita a su perro para manejar y guiar las ovejas, sino que también se beneficia de la compañía y el apoyo emocional que este brinda. El perro, a su vez, encuentra un propósito en su trabajo, activando su instinto natural de pastoreo. Esta relación va más allá de la mera funcionalidad; es un lazo de confianza y colaboración.
De manera similar, un cazador y su perro forman un equipo en el que ambos comparten un objetivo común. El perro utiliza su agudo sentido del olfato y su entrenamiento para ayudar a localizar la presa, mientras que el cazador proporciona dirección y protección. Esta conexión es fundamental para la eficacia de la caza y al mismo tiempo, permite que el perro ejerza su instinto natural de caza.
En el caso de un perro guía para personas ciegas, la relación es igualmente significativa. El perro ayuda a su dueño a navegar por el mundo, brindando no solo seguridad, sino también una conexión emocional vital. La persona ciega, a su vez, ofrece amor y cuidado al perro, lo que contribuye a un ambiente de confianza y respeto mutuo.
Estas interacciones demuestran que, al comprender y respetar las necesidades naturales tanto de humanos como de perros, se fomenta una relación armoniosa que beneficia a ambas partes. La colaboración se convierte en un reflejo de las capacidades innatas de cada uno,

creando un vínculo que trasciende lo funcional y se adentra en lo emocional y lo espiritual.

Contenido principal:
- **Necesidades humanas:**
  - **Conexión con la naturaleza:** Los humanos se benefician emocional y físicamente al interactuar con entornos naturales.
  - **Actividad física y bienestar mental:** El ejercicio al aire libre mejora la salud y reduce el estrés.
  - **Relaciones significativas:** Los vínculos profundos con otros seres, incluyendo animales, enriquecen nuestras vidas.
- **Necesidades caninas:**
  - **Ejercicio y exploración:** Los perros requieren actividad física y oportunidades para explorar su entorno.
  - **Estimulación mental:** Desafíos cognitivos y nuevos estímulos mantienen su mente activa.
  - **Interacción social:** Necesitan compañía y comunicación tanto con humanos como con otros perros.

Estrategias para satisfacer necesidades mutuas:

- **Actividades conjuntas al aire libre:** Paseos, juegos y deportes caninos fortalecen el vínculo y satisfacen necesidades físicas.
- **Comunicación efectiva:** Aprender a interpretar el lenguaje corporal y señales del perro mejora la comprensión mutua.
- **Tiempo de calidad:** Dedicar atención plena durante las interacciones enriquece la relación.

Ejercicio práctico:

- **Actividad:** Haz una lista de las necesidades naturales que compartes con tu perro. Planifica actividades que aborden estas necesidades simultáneamente.

Pregunta reflexiva:

- ¿Cómo puedes integrar mejor las necesidades naturales de ambos en tu rutina diaria?

13.2. Prácticas para Fomentar una Convivencia Más Natural

Implementar prácticas que acerquen la vida cotidiana a un estilo más natural beneficia tanto a humanos como a perros. Fomentar una convivencia más natural entre humanos y perros implica observar y comprender sus necesidades y comportamientos a través de experiencias compartidas. Por ejemplo, un estudio de **"Konrad Lorenz"**, sobre el comportamiento animal destaca cómo la observación de la interacción entre especies puede revelar patrones de comunicación y empatía. En una experiencia diaria, un dueño que pasea a su perro puede notar cómo este responde a señales ambientales, como la presencia de otros perros o ruidos. Esta intuición permite al dueño ajustar su enfoque, proporcionando un ambiente enriquecedor.

Además, la práctica del "juego libre", donde los perros pueden explorar y jugar en entornos naturales bajo la supervisión de sus dueños, fomenta la confianza y el entendimiento. Investigaciones sugieren que estas interacciones fortalecen el vínculo, mejoran la salud emocional y física de ambos y disminuyen comportamientos problemáticos.

Un ejemplo clásico es el trabajo de perros de terapia, donde la interacción controlada entre humanos y perros ayuda a mejorar el bienestar emocional de personas con discapacidades. Esto demuestra que, al crear espacios donde ambas especies puedan expresarse y colaborar, se fomenta una relación sana y mutuamente beneficiosa.

Ejemplo: Picoteadores e Hipopótamos

Interacción: Los pájaros picoteadores se alimentan de parásitos y restos de comida que se encuentran en la piel de los hipopótamos. Mientras los hipopótamos se sumergen en el agua o descansan en la orilla, los picoteadores se posan sobre ellos y a cambio de su alimento, ayudan a mantener la piel del hipopótamo libre de parásitos.

Beneficios Mutuos:
- **Para los hipopótamos:** La presencia de los pájaros ayuda a reducir la carga de parásitos, lo que puede prevenir enfermedades y mejorar la salud general del animal.
- **Para los picoteadores:** Obtienen una fuente constante de alimento y, además, se benefician de la protección que les brinda el tamaño y la fuerza de los hipopótamos.

Otro Ejemplo: Las Rémoras y los Tiburones

Interacción: Las rémoras, también conocidas como peces limpiadores, tienen una ventosa en la parte superior de sus cuerpos que les permite adherirse a tiburones y otros grandes peces. Viajan junto a estos depredadores y se alimentan de los restos de comida que quedan de sus presas.

Beneficios Mutuos:
- **Para los tiburones:** Las rémoras ayudan a mantener la piel de los tiburones limpia, eliminando parásitos y restos de comida.
- **Para las rémoras:** Obtienen un transporte fácil y acceso a una fuente constante de alimento.

Estos ejemplos destacan cómo diferentes especies pueden colaborar de manera beneficiosa, creando un equilibrio ecológico que favorece a ambas partes, sin que ninguno salga perjudicado por culpa de la falta de equilibrio y expectativa.

Contenido principal:
- **Establecer rutinas al aire libre:**
  - **Paseos regulares en la naturaleza:** Visitar parques, bosques o playas caninas.
  - **Actividades físicas compartidas:** Correr, senderismo, nadar juntos.
- **Estimulación mental y sensorial:**
  - **Juegos de olfato y búsqueda:** Esconder objetos o golosinas para que el perro los encuentre.
  - **Entrenamiento positivo:** Enseñar nuevos comandos o trucos fortalece el vínculo y estimula la mente.

- **Participación en comunidades caninas:**
  - **Grupos de juego:** Socialización con otros perros y dueños.
  - **Eventos y talleres:** Aprender y compartir experiencias sobre cuidado y entrenamiento.
- **Integración de elementos naturales en el hogar:**
  - **Espacios verdes:** Crear áreas con plantas seguras para perros.
  - **Materiales naturales en juguetes y accesorios:** Utilizar madera, cuerda y otros materiales orgánicos.

Ejercicio práctico:

- **Actividad:** Organiza una excursión de fin de semana a un entorno natural que no hayas visitado antes con tu perro. Observa cómo ambos reaccionan al nuevo ambiente.

Pregunta reflexiva:
- ¿Qué beneficios percibes al realizar actividades en entornos naturales con tu perro?

13.3. Educación y Conciencia sobre las Necesidades Caninas

Informarse y educarse sobre el comportamiento y necesidades de los perros es clave para una convivencia armoniosa Aprendizaje Continuo

El aprendizaje continuo es fundamental para cualquier dueño de perro que desee mejorar la relación con su mascota y garantizar su bienestar. Participar en cursos y talleres sobre comportamiento canino no solo enriquece el conocimiento del dueño, sino que también proporciona herramientas prácticas para manejar situaciones cotidianas. Estos cursos suelen abordar temas como la socialización, el entrenamiento positivo y la resolución de problemas de conducta, lo que permite a los dueños aplicar técnicas efectivas y basadas en la ciencia.

Además, la lectura de libros y recursos educativos de expertos en comportamiento animal amplía la comprensión del dueño sobre las necesidades y el comportamiento de su perro. Autores reconocidos, como **"Patricia McConnell o John Paul Scott"**, ofrecen perspectivas valiosas que ayudan a los dueños a entender mejor a sus perros, fomentando una conexión más profunda y un ambiente más armonioso.

Entendimiento del Lenguaje Canino

Para fomentar una convivencia saludable, es esencial que los dueños aprendan a interpretar el lenguaje canino. Reconocer señales de calma y estrés es crucial para entender el estado emocional del perro. Por ejemplo, un perro que se lame los labios o evita el contacto visual puede estar sintiendo incomodidad o estrés. Al reconocer estas señales, los dueños pueden actuar de manera apropiada, proporcionando un espacio seguro y reduciendo situaciones de tensión.

Además, las expresiones faciales y las posturas del cuerpo son indicadores clave de cómo se siente un perro. Un perro con la cola baja y las orejas hacia atrás puede estar asustado o sumiso, mientras que uno con una postura erguida y la cola en alto probablemente esté confiado y feliz. Aprender a interpretar estas señales no verbales permite a los dueños crear un entorno más comprensivo y respetuoso.

Promoción del Bienestar Real

La promoción del bienestar Real va más allá del cuidado físico; incluye prácticas éticas de entrenamiento y atención. Los métodos de entrenamiento aversivos, que a menudo implican castigos o intimidaciones, pueden causar daño emocional y físico a los perros. En cambio, el entrenamiento positivo, que se basa en recompensas y refuerzos, no solo es más efectivo, sino que también fortalece el vínculo entre el dueño y el perro.

Asimismo, es vital tener conciencia sobre la salud y la nutrición del perro. Proporcionar una alimentación adecuada, rica en nutrientes y adecuada a la etapa de vida del perro, es fundamental para su salud a largo plazo. Consultar regularmente con un veterinario garantiza que se aborden las necesidades de salud específicas del perro, desde las vacunaciones hasta el control de parásitos. Esto no solo mejora la calidad de vida del perro, sino que también proporciona tranquilidad al dueño al saber que su mascota está bien cuidada.

Conclusión:

A través del aprendizaje continuo, la comprensión del lenguaje canino y la promoción del bienestar animal, los dueños pueden cultivar una relación rica y saludable con sus perros. Estas prácticas no solo benefician a los animales, sino que también enriquecen la vida de los humanos, creando un ambiente de respeto mutuo y felicidad compartida.

Contenido principal:
- **Aprendizaje continuo:**
  - **Cursos y talleres:** Participar en distintas formaciones sobre comportamiento canino.
  - **Lectura y recursos:** Consultar libros y materiales educativos de expertos.
- **Entendimiento del lenguaje canino:**
  - **Señales de calma y estrés:** Reconocer cuándo el perro está cómodo o necesita espacio.
  - **Expresiones faciales y posturas:** Interpretar su comunicación no verbal.
- **Promoción del bienestar animal:**
  - **Prácticas éticas de cuidado:** Evitar métodos de entrenamiento aversivos.
  - **Conciencia sobre salud y nutrición:** Proporcionar alimentación adecuada y cuidados veterinarios.

Ejercicio práctico:
Actividad: Dedica tiempo a observar a tu perro en diferentes situaciones. Anota sus reacciones y lo que crees que está comunicando. Investiga para confirmar tus interpretaciones.

Pregunta reflexiva:
- ¿Cómo mejora la relación con tu perro al comprender mejor su forma de comunicarse?

13.4. Plan de Acción para una Vida Más Natural con tu Perro

Establecer un plan de acción concreto facilita la implementación de cambios hacia una vida más conectada con la naturaleza y las necesidades reales de tu perro.

Pasos para el plan de acción:

1. **Evaluar el estado actual:**
   - **Rutinas diarias:** Identificar cuánto tiempo pasas al aire libre con tu perro.
   - **Necesidades no satisfechas:** Detectar áreas donde tu perro pueda requerir más atención.
2. **Establecer objetivos claros:**
   - **Corto plazo:** Incrementar las actividades al aire libre en un 20% durante las próximas dos semanas.
   - **Mediano plazo:** Participar en un deporte canino o curso de entrenamiento.
   - **Largo plazo:** Planificar viajes o vacaciones que incluyan experiencias en la naturaleza con tu perro.

3. **Implementar cambios graduales:**

   - **Añadir nuevas actividades semanalmente:** Integrar juegos, paseos o ejercicios nuevos.
   - **Ajustar rutinas:** Modificar horarios para incluir tiempo de calidad con el perro.
4. **Monitorear y ajustar:**
   - **Observación continua:** Evaluar el comportamiento y bienestar del perro.
   - **Flexibilidad:** Adaptar el plan según las necesidades del perro y las preferencias que surjan.

Ejercicio práctico:

- **Actividad:** Crea tu propio plan de acción siguiendo los pasos mencionados. Establece fechas y objetivos específicos.

Pregunta reflexiva:

- ¿Qué obstáculos podrías enfrentar al implementar este plan y cómo puedes superarlos?

Resumen del Capítulo

En este capítulo, hemos explorado cómo reconstruir el vínculo natural entre humanos y perros mediante la comprensión de sus necesidades innatas, la implementación de prácticas más naturales y la educación continua. Al reconectar con la naturaleza y fomentar una convivencia armoniosa, ambos pueden disfrutar de una mejor calidad de vida y una relación más profunda.

Reflexión final:

- Al integrar actividades naturales y satisfacer las necesidades de nuestros perros, no solo mejoramos su bienestar, sino que también enriquecemos nuestras propias vidas, encontrando equilibrio y plenitud en una relación basada en el respeto y la conexión con la naturaleza.

Conclusión General del Libro

A lo largo de este libro, hemos recorrido el camino de la desnaturalización tanto del hombre como del perro y cómo este alejamiento de la naturaleza ha afectado nuestras vidas y relaciones. Hemos comprendido la importancia de reconectar con nuestro entorno natural y con nuestros compañeros caninos para alcanzar un bienestar integral.

Puntos clave:
- **Conciencia y autoconocimiento:** Reconocer cómo la desnaturalización nos afecta es el primer paso hacia el cambio.
- **Responsabilidad compartida:** Tanto humanos como perros se benefician de una relación equilibrada y consciente.
- **Acción y compromiso:** Implementar cambios en nuestro estilo de vida requiere dedicación, pero los beneficios son significativos y duraderos.

Invitación al lector:

- Te animamos a aplicar los conocimientos y prácticas presentadas en este libro en tu vida diaria. Al hacerlo, contribuirás a crear un mundo más armonioso donde humanos y perros puedan prosperar juntos en conexión con la naturaleza.

Preguntas Finales para la Reflexión

- ¿Qué has aprendido sobre ti mismo y tu relación con tu perro a través de este libro?
- ¿Qué pasos estás dispuesto a tomar para fomentar una vida más natural y equilibrada?
- ¿Cómo puedes influir positivamente en tu comunidad para promover el bienestar de humanos y perros?

Agradecimientos:

Este libro está dedicado a todos aquellos que, con pasión y dedicación, estudian, trabajan y se esfuerzan por entender y mejorar la psicología humana y canina. A todos los profesionales, investigadores y educadores que, desde el ámbito académico y práctico, buscan desentrañar los misterios del comportamiento y las emociones, contribuyendo a construir un puente de comunicación entre nuestras especies.

Gracias a todos ellos, hoy contamos con un conocimiento más profundo sobre la mente humana y canina. Y con herramientas que nos permiten entender mejor a nuestros compañeros de cuatro patas y establecer con ellos una relación basada en el respeto, la comprensión y el amor mutuo. Vuestra labor no solo enriquece el campo de la psicología, sino que también tiene un impacto real en el bienestar de millones de personas y animales alrededor del mundo.

Este libro es, en gran medida, un reflejo de vuestra influencia, de vuestra incansable búsqueda de mejorar la convivencia entre humanos y perros, de vuestro compromiso por lograr un entendimiento más genuino y armonioso entre ambas especies. Gracias por abrirnos el camino hacia una convivencia más plena y un bienestar compartido.

Epílogo

Al llegar al final de este viaje, es mi deseo que las ideas aquí presentadas te hayan permitido reflexionar sobre tu relación con el mundo natural y con tu perro. Hemos explorado cómo la desnaturalización ha afectado a ambas especies y las maneras en que podemos trabajar para sanar esa fractura que nos ha separado de nuestra esencia.

La buena noticia es que no todo está perdido. A pesar de las complejidades de la vida moderna, existe un camino hacia la reconexión. Ese camino no necesariamente implica grandes cambios radicales, sino pequeños actos cotidianos de consciencia: un paseo más largo por el parque, un tiempo de juego al aire libre, un momento de quietud compartido bajo el cielo. Es en esos momentos donde comenzamos a recordar quiénes somos y lo que verdaderamente necesitamos.

Este libro es solo el principio. Ahora, el desafío está en tus manos. Reconectar con la naturaleza, redescubrir la relación contigo mismo y con tu perro, es una tarea continua, pero una que promete un gran retorno, una vida más equilibrada, más plena y más en sintonía con el mundo que nos rodea.

Mi invitación final es que no te detengas aquí. Sigue explorando, aprendiendo y conectando. Y, sobre todo, sigue caminando junto a tu perro, ese guardián de un pasado natural que nunca ha dejado de caminar a nuestro lado, recordándonos que la verdadera felicidad está en los pasos que damos, juntos, en este vasto y hermoso mundo

Referencias Bibliográficas

A continuación, se presentan las referencias bibliográficas que han servido como base para la investigación y desarrollo de los temas tratados en este libro.

- **Bradshaw, J.** (2011). *In Defense of Dogs: Why Dogs Need Our Understanding*. Penguin Books.
- **Coren, S.** (2004). *How Dogs Think: Understanding the Canine Mind*. Free Press.
- **Hare, B., & Woods, V.** (2013). *The Genius of Dogs: How Dogs Are Smarter Than You Think*. Dutton.
- **Louv, R.** (2008). *Last Child in the Woods: Saving Our Children from Nature-Deficit Disorder*. Algonquin Books.
- **McConnell, P.** (2002). *The Other End of the Leash: Why We Do What We Do Around Dogs*. Ballantine Books.
- **Mitchell, R., & Popham, F.** (2008). "Effect of Exposure to Natural Environment on Health Inequalities: An Observational Population Study". *The Lancet*, 372(9650), 1655-1660.
- **Overall, K.** (2013). *Manual of Clinical Behavioral Medicine for Dogs and Cats*. Elsevier.
- **Shipman, P.** (2015). *The Invaders: How Humans and Their Dogs Drove Neanderthals to Extinction*. Belknap Press.
- **Wilson, E. O.** (1984). *Biophilia*. Harvard University Press.

PURO FLORIDO DEL VALLE

PURO FLORIDO DEL VALLE

www.ingramcontent.com/pod-product-compliance
Lightning Source LLC
Chambersburg PA
CBHW020625220526
45464CB00001B/27